科学出版社“十三五”普通高等教育本科规划教材

概率论与数理统计

（第二版）

王炳章　吕　文　主编

科学出版社

北　京

内 容 简 介

本书系统地介绍了概率论与数理统计的基本概念、基本理论和基本方法. 主要包括随机事件及其概率、随机变量及其分布、多维随机变量及其分布、随机变量的数字特征、极限定理、样本和抽样分布、参数估计、假设检验及方差分析与回归分析等内容.

本书可作为高等学校非数学类理工科各专业及经济管理类各专业的概率论与数理统计课程的教材，也可作为相关专业教师、工程技术人员或具备微积分基础的读者学习概率论与数理统计的参考书.

图书在版编目(CIP)数据

概率论与数理统计/王炳章，吕文主编. —2 版. —北京：科学出版社，2017.8

科学出版社"十三五"普通高等教育本科规划教材

ISBN 978-7-03-054115-4

Ⅰ. ①概… Ⅱ. ①王…②吕… Ⅲ. ①概率论-高等学校-教材②数理统计-高等学校-教材 Ⅳ. ①O21

中国版本图书馆 CIP 数据核字(2017)第 191791 号

责任编辑：王 静 / 责任校对：彭 涛
责任印制：赵 博 / 封面设计：陈 敬

科 学 出 版 社 出版
北京东黄城根北街 16 号
邮政编码：100717
http://www.sciencep.com

保定市中画美凯印刷有限公司印刷

科学出版社发行 各地新华书店经销

*

2009 年 7 月第 一 版 开本：720×1000 1/16
2017 年 8 月第 二 版 印张：14 1/4
2025 年 7 月第二十二次印刷 字数：285 000

定价：34.00 元

(如有印装质量问题，我社负责调换)

第二版前言

本书自 2009 年 7 月出版以来，除了作为本校非数学类理工科各专业及经济管理类各专业学习概率论与数理统计课程的教材以外，也被其他一些院校所采用，取得了良好的效果．但一本好的教材只有在反复教学实践的基础上不断修改，才能日臻完善．

借本书再版的机会，作者根据数年的教学实践和对本书第一版多年的试用，对原书的部分内容作了适当的修订，改写了部分章节的内容，补充了近年来硕士研究生入学考试屡屡涉及的帕斯卡分布，增补了比较实用的方差分析理论与方法，使全书的内容更为系统和完善．

本次修订，虽然工作十分认真和细致，但囿于编者的水平，书中难免会有许多不妥或疏漏，诚望各位读者不吝指正．

编　者

2017 年 4 月于烟台大学

第一版前言

在高等学校非数学类理工科专业及经济管理类专业的课程体系中，概率论与数理统计一直是具有重要地位的数学基础课. 进入 21 世纪以来，我国的高等教育有了突飞猛进的发展，高等学校的教材建设工作也取得了令人瞩目的成就. 随着计算机技术的广泛应用以及数学软件的普及，应用数学的理论与方法在其他学科和其他领域的应用日益广泛并日臻成熟起来. 这些无疑对高等学校的数学基础课程的教材建设提出了新的要求. 在这种形势下，作者以教育部数学与统计学教学指导委员会最新修订的《工科类本科数学基础课程教学基本要求》与《经济管理类本科数学基础课程教学基本要求》中对概率论与数理统计部分所做的规定为指导，结合作者多年来的教学实践经验，编写了这本概率论与数理统计课程的教材. 在本书编写过程中，作者力求使全书具有清晰易懂的语言表述和轮廓鲜明的内容结构，以增强本书的可读性. 同时始终遵循在系统地介绍基本概念和清楚地阐述基本理论的基础上，强调基本方法的训练和重视培养学生的基本能力这样的原则来安排和统筹概率论与数理统计的各部分内容. 在各章的例题及课后习题的选择上，安排了一定数量的具有应用意义的题目，这使全书不仅具有系统规范的教学内容和相对严密的理论体系，也较好地体现了概率统计理论的应用性强的特点.

本书共分八章，包括随机事件及其概率、随机变量及其分布、多维随机变量及其分布、随机变量的数字特征、极限定理、样本和抽样分布、参数估计和假设检验等内容，其中第 1～5 章和第 9 章由王炳章编写，第 6～8 章由吕文编写，全书由王炳章负责统稿.

讲授全书约需 60 学时，这对于经济管理类本科专业是必需的. 对于工科类本科专业，若只讲授《工科类本科数学基础课程教学基本要求》规定的前 8 章内容，则只需 54 学时. 但如果学时充分，作者建议讲授全书. 因为第 9 章的线性回归分析是非常有实用价值的内容，不仅经济管理类专业学生的一些专业课程（如计量经济学）要以回归分析理论为基础，理工类专业的学生在毕业后的实际工作中或考取研究生后继续深造时有时也会用到这部分知识.

本书可作为高等学校非数学类理工科各专业及经济管理类各专业的概率论与数理统计课程的教材，也可作为相关专业教师、工程技术人员或具备微积分基础的读者学习概率论与数理统计的参考书.

由于编者水平有限，加之时间较为仓促，书中难免存在不妥甚至错误之处，诚恳希望各位读者批评指正.

编　者

2009年3月1日

目　　录

第 1 章　随机事件及其概率

概率论是研究随机现象的统计规律性的一门数学学科.

在自然界和人类社会中，人们会遇到各种各样、形形色色的现象. 这些现象大体上可以分为两类. 其中一类是可以预言其结果的，即在保持条件不变的情况下，重复试验或观察，其结果总是确定不变的. 这类现象称为**决定性现象**. 例如，在标准大气压下，纯水加热至 100℃必然开始汽化；又如，在不受外力作用下，物体将保持原有的运动状态(匀速直线运动或静止)不变；再如，在空中抛掷一枚硬币，硬币必将落至地面等都是决定性现象. 决定性现象也称为必然现象. 另一类现象是不能预言其结果的，即在保持条件不变的情况下，重复试验或观察会得到不同的结果. 换句话说，就个别的试验或观察而言，它时而出现这种结果，时而出现那种结果，呈现出一种偶然性. 这种现象称为**随机现象**或偶然现象. 例如，掷一枚硬币，落地后是出现正面还是反面，试验前是无法预知的；又如，用同一把尺子多次测量一个物体的长度，所得结果彼此总是略有差异；同样地，在射击方面，同一门炮向同一目标发射多发同种炮弹，弹落点也不尽相同；再如，从某一生产线上用同一种工艺生产出来的灯泡的寿命也有差异；等等. 随机现象比比皆是，随处可见. 然而概率论以外的数学学科或自然科学都只研究决定性现象的规律，在概率论出现之前，几乎从未涉足随机现象领域. 概率论即是为研究随机现象的规律性而诞生的一门数学学科.

1.1　随机试验和样本空间

尽管随机现象在一次试验或观察中其结果不可把握，呈现出一种偶然性(或随机性)，但在多次重复试验或观察时，它却呈现出明显的规律性. 为了研究随机现象的规律需要进行试验. 概率论中通常讨论具有以下特点的试验：

(1) **可重复**：试验可以在相同的条件下多次重复进行.

(2) **多结果**：试验有多个可能结果，这些结果试验前是已知的.

(3) **随机性**：每次试验将会出现哪个结果试验前是无法预知的.

具备上述三个特点的试验称为**随机试验**，简称为**试验**.

下面是试验的一些例子.

E_1——掷一颗骰子，观察落地时出现的点数；

E_2——掷两枚硬币，观察正、反面出现的情况；

E_3——记录一段时间内，某部电话收到的呼叫次数；

E_4——从一批灯管中任取一只，观察无故障运行时间；

E_5——同一门炮向同一目标进行多次射击，观察弹落点；

E_6——在南美洲地区，观测地震发生时震源的精确位置.

这些试验都具有上述(1)～(3)的性质，所以都是随机试验.

如上所述，随机试验有多个可能的结果. 我们称随机试验 E 的所有可能结果组成的集合为 E 的**样本空间**(或**基本事件空间**)，记为 Ω. 称样本空间中的每个元素(即试验 E 的每个可能结果)为 E 的**样本点**，用 ω 表示. 即 $\Omega=\{\omega|\omega$ 是随机试验 E 的样本点$\}$. 而称由单个样本点组成的集合为**基本事件**.

例 1.1　写出随机试验 $E_i(i=1,2,\cdots,6)$的样本空间.

解　E_1 有 6 个样本点，即出现 1 点，出现 2 点，……出现 6 点. 故 E_1 的样本空间为 $\Omega_1'=\{\omega_1,\omega_2,\omega_3,\omega_4,\omega_5,\omega_6\}$，其中 ω_i 表示出现 i 点. 或简单地表示成 $\Omega_1=\{1,2,3,4,5,6\}$.

同样，E_2 的样本空间为 $\Omega_2=\{(T,T),(T,F),(F,T),(F,F)\}$，其中$(T,F)$表示第一枚硬币出现正面，第二枚硬币出现反面，等等.

E_3 的样本空间为 $\Omega_3=\{0,1,2,\cdots\}$.

E_4 的样本空间为 $\Omega_4=\{x|x\geqslant 0\}$，其中 x 为任一灯管的无故障运行时间.

在 E_5 中，选定平面直角坐标系，用(x,y)表示弹落点的坐标，从而 E_5 的样本空间为 $\Omega_5=\{(x,y)|-\infty<x,y<+\infty\}$.

对于 E_6，用和 E_5 同样的方法，可以确定 E_6 的样本空间为

$$\Omega_6=\{(h,\varphi,\theta)\mid h\geqslant 0,\ |\varphi|\leqslant 90,\ |\theta|\leqslant 180\},$$

其中 h 为震源的深度，φ 为震源的纬度，θ 为震源的经度.

在研究随机试验时，不仅要考虑由试验的单个样本点所表示的结果(即每个基本事件)是否会发生，也要考察由多个样本点组成的集合所表示的结果是否会发生. 这种结果称为**复合事件**. 无论是基本事件还是复合事件，它们在试验中是否会发生，都带有随机性，所以都称为**随机事件**，简称为事件，一般用 $A,B,C,\cdots$表示. 随机事件是概率论中最基本的概念.

例 1.2　在随机试验 E_1 中，$A=$“出现 2 点”，$B=$“出现 2 点或 5 点”，$C=$“出现奇数点”，$D=$“出现偶数点”，$E=$“点数<4”，$F=$“点数$\leqslant 3$ ”，$G=$“点数>6”，$H=$“点数<7”，等都是随机事件，因为它们都可表示为某些样本点的集合. 例如，$D=\{2,4,6\}$，$F=\{1,2,3\}$，等等. 其中，只有 A 是基本事件，而除了 A 与 G 之外，其他都是复合事件.

在任何随机试验中都有两个特殊的事件值得注意，一个是每次试验都会发生的事件，称为**必然事件**，如上面例 1.2 中的事件 H. 另一个是每次试验都不会发生的事件，称为**不可能事件**，如上面例子中的事件 G. 必然事件与不可能事件可以说不是随机事件，但我们仍然把它们看作随机事件，这将会给问题的讨论带来方便.

在上面的讨论中，值得注意的是：

(1) 随机试验 E 的任一事件都对应于 E 的样本空间 Ω 的一个子集.

基本事件是由单个样本点构成的集合，复合事件是由多个样本点构成的集合. 因为不可能事件不含有任何样本点，所以不可能事件对应于空集 $\varnothing$. 而必然事件是由所有的样本点构成的集合，所以必然事件对应于全集 Ω(即样本空间).

(2) 样本点 ω 属于事件 $A(\omega\in A)$ 与事件 A 发生是等价的，即：

$$\omega\in A\Leftrightarrow A \text{ 发生}.$$

因为样本点 ω 表示试验的结果，若试验结果 $\omega\in A$，则表示事件 A 发生了；反之，若事件 A 发生了，显然也必有试验结果 $\omega\in A$.

例如，在上面掷一颗骰子的试验 E_1 中，事件 $B=\{2, 5\}$，显然，$2\in B$，因此当掷骰子出现点数 2 时，事件 B 发生了；反之，若事件 B 发生了，则试验结果 ω 只能是 2 或 5. 而无论 ω 是 2 还是 5，都有 $\omega\in B$.

同样，样本点 ω 不属于 $A(\omega\notin A)$ 与事件 A 不发生也是等价的：

$$\omega\notin A\Leftrightarrow A \text{ 不发生}.$$

1.2 事件的运算和关系

如上所述，一个随机试验 E 联系着多个随机事件，这些随机事件都是试验 E 的样本空间的子集. 因此，像集合之间的关系和运算一样，我们也可以讨论事件之间的关系和运算，讨论如何用简单事件表示复杂事件，为研究复杂事件的规律性作准备.

1.2.1 事件的运算

设 E 是随机试验，Ω 是 E 的样本空间，A,B,C 及 $A_1,A_2,\cdots,A_n,\cdots$ 是 E 的随机事件.

1. 事件的和

事件“A 与 B 至少有一个发生”称为事件 A 与 B 的**和**，记为 $A\cup B$. 即

$$A\cup B=\{\omega \mid \omega\in A \text{ 或 } \omega\in B\}.$$

一般地，事件“$A_1,A_2,\cdots,A_n$ 至少有一个发生”称为这 n 个事件的和，记为 $A_1\cup A_2\cup\cdots\cup A_n$，简记为 $\bigcup\limits_{i=1}^{n}A_i$. 类似地，事件的和也可以推广至可列无穷多个事件的场合，称事件“$A_1,A_2,\cdots,A_n,\cdots$ 中至少有一个发生”为这可列个事件的和，记为 $\bigcup\limits_{i=1}^{\infty}A_i$.

例如,在例 1.2 中,我们有 $A\cup C=\{1,2,3,5\}$,$C\cup D=\Omega$.

2. 事件的积

事件"A 与 B 同时发生"称为事件 A 与 B 的**积**,记为 $A\cap B$ 或 AB. 即

$$AB=\{\omega \mid \omega\in A \text{ 且 } \omega\in B\}.$$

一般地,事件"$A_1,A_2,\cdots,A_n$ 同时发生"称为这 n 个事件的积,记为 $A_1\cap A_2\cap\cdots\cap A_n$ 或 $A_1A_2\cdots A_n$,简记为 $\bigcap\limits_{i=1}^{n}A_i$. 类似地,事件的积也可以推广至可列无穷多个事件的场合,称事件"$A_1,A_2,\cdots,A_n,\cdots$ 同时发生"为这可列个事件的积,记为 $\bigcap\limits_{i=1}^{\infty}A_i$.

例如,在例 1.2 中,我们有 $C\cap D=\varnothing$,$B\cap D=A$.

3. 事件的差

事件"A 发生而 B 不发生"称为事件 A 与 B 的差,记为 $A-B$. 即

$$A-B=\{\omega \mid \omega\in A \text{ 且 } \omega\notin B\}.$$

例如,在例 1.2 中,我们有 $B-C=A$,$E-C=A$.

1.2.2　事件的关系

1. 包含关系

若事件 A 发生必然导致事件 B 发生,即 $\omega\in A\Rightarrow\omega\in B$,则称事件 A **含于**事件 B,或称事件 B **包含**事件 A,记为 $A\subset B$ 或 $B\supset A$. 这时事件 A 的样本点一定都在事件 B 中.

易见

$$A\subset B\Leftrightarrow AB=A\Leftrightarrow A\cup B=B.$$

在例 1.2 中,$A=$"出现 2 点"含于 $B=$"出现 2 点或 5 点",即 $A\subset B$. 若事件用样本点的集合表示,则 $A=\{2\}$,$B=\{2,5\}$. 显然也有 $A\subset B$.

2. 相等(等价)关系

若 A 发生一定导致 B 发生,同时 B 发生也一定导致 A 发生,则称事件 A 与 B **相等**(或**等价**),记为 $A=B$. 即

$$A=B\Leftrightarrow A\subset B \text{ 且 } B\subset A.$$

在例 1.2 中,事件 $E=$"点数小于 4"与事件 $F=$"点数小于或等于 3" 相等,即 $E=F$.

3. 互不相容(互斥)关系

若事件 A 与 B 不可能同时发生,即有 $AB=\varnothing$,则称事件 A 与 B **互不相容**(或**互斥**).

一般地,如果 n 个事件 $A_1,A_2,\cdots,A_n$ 两两互不相容,则称它们互不相容,即

$$A_1,A_2,\cdots,A_n \text{ 互不相容} \Leftrightarrow A_iA_j=\varnothing,\quad i\neq j.$$

同样,如果可列个事件 $A_1,A_2,\cdots,A_n,\cdots$两两互不相容,则称它们互不相容.

在例 1.2 中,事件 A 与 C 是互不相容的. 任意一个试验的所有基本事件也是互不相容的.

我们约定,若事件 A 与 B 互不相容,则它们的和记为 $A+B$,若 n 个事件 $A_1,A_2,\cdots,A_n$ 互不相容,则它们的和记为 $A_1+A_2+\cdots+A_n$ 或 $\sum\limits_{i=1}^{n}A_i$,即当用符号"+"或"$\sum$"表示事件的和时,隐含了参与求和的事件是互不相容的.

4. 对立(互逆)关系

若事件 A 与 B 有且仅有一个发生,则称 A 与 B 为**对立事件**(或**互逆事件**). 即

$$A \text{ 与 } B \text{ 对立} \Leftrightarrow A\cup B=\Omega \text{ 且 } AB=\varnothing.$$

这时也称 A 是 B 的对立(逆)事件,或 B 是 A 的对立(逆)事件,记为 $A=\overline{B}$ 或 $B=\overline{A}$. 显然有 $\overline{\overline{A}}=A$.

事件的对立关系与事件的减法运算有密切的关系. 一方面,一个事件 A 的对立事件实际上就是样本空间 Ω 与事件 A 的差,即有

$$\overline{A}=\Omega-A.$$

另一方面,事件 A 与 B 的差总是等于 A 与 B 的对立事件的乘积,即总有

$$A-B=A\overline{B}.$$

在例 1.2 中,事件 C 与 D 是相互对立的,即 $C=\overline{D}$ 或 $D=\overline{C}$.

若用平面上一矩形区域表示样本空间 Ω,矩形区域内的点表示样本点,两个小圆分别表示事件 A 和事件 B,则事件间的关系和运算可以用几何图形直观地表示出来. 这种图称为**维恩**(Venn)**图**. 图 1.1 给出了 $A\subset B$,$A\cup B$,$A\cap B$,$A-B$,$\overline{A}$ 以及 $AB=\varnothing$的维恩图.

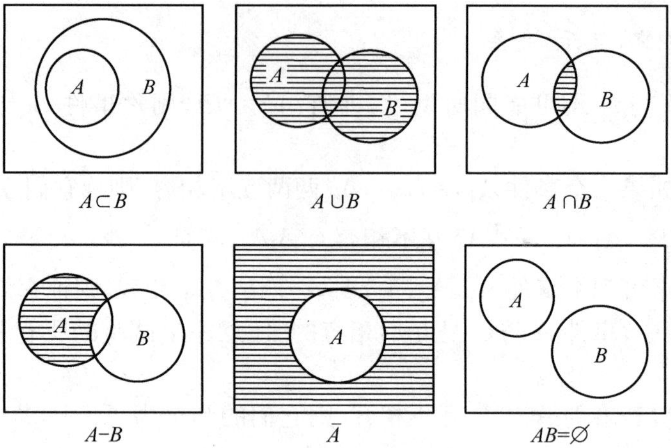

图 1.1

熟悉集合论的读者会发现，上面介绍的事件之间的运算和关系与集合之间的运算和关系是完全类似的. 为了帮助大家更好地理解这些概念，现将集合论的有关结论与事件的运算和关系的对应情况列于表 1.1 中.

表 1.1

符　号	集合论	概率论
Ω	全集	样本空间或必然事件
$\varnothing$	空集	不可能事件
ω	集合的元素	试验的结果(样本点)
$\omega \in A$	ω 是集合 A 的元素	事件 A 发生
$A \cup B$	集合 A 与 B 的并集	A 与 B 的和(A 与 B 至少一个发生)
$A \cap B$	集合 A 与 B 的交集	A 与 B 的积(A 与 B 同时都发生)
$A-B$	集合 A 与 B 的差集	A 与 B 的差(A 发生而 B 不发生)
$A \subset B$	A 是 B 的子集	A 含于 B(A 发生导致 B 发生)
$A=B$	集合 A 与 B 相等	事件 A 与事件 B 相等
$\bar{A}$	集合 A 的补集	A 的对立事件
$AB=\varnothing$	集合 A 与 B 不相交	A 与 B 互不相容

1.2.3　事件的运算法则

事件的运算法则与集合之间的运算法则是类似的，我们列出如下：

(1) 交换律：$A \cup B = B \cup A$，$A \cap B = B \cap A$；

(2) 结合律：$(A \cup B) \cup C = A \cup (B \cup C)$，$(A \cap B) \cap C = A \cap (B \cap C)$；

(3) 分配律：$(A \cup B) \cap C = (A \cap C) \cup (B \cap C)$；

$(A \cap B) \cup C = (A \cup C) \cap (B \cup C)$；

(4) 德摩根(De Morgan)对偶律:$\overline{A\cup B}=\overline{A}\cap\overline{B}$,$\overline{A\cap B}=\overline{A}\cup\overline{B}$.

分配律和对偶律都可以推广至有限个或可列个事件的情形. 例如,对于分配律,有

$$(\bigcup_{i\in I}A_i)\cap B=\bigcup_{i\in I}(A_i\cap B),$$
$$(\bigcap_{i\in I}A_i)\cup B=\bigcap_{i\in I}(A_i\cup B),$$

其中 I 是有限指标集或可列指标集.

例 1.3 对同一目标连续射击三次,记

$$A_i=\{第\ i\ 次击中目标\},\quad i=1,2,3.$$
$$B_j=\{恰好有\ j\ 次击中目标\},\quad j=0,1,2,3.$$
$$C_k=\{至少有\ k\ 次击中目标\},\quad k=0,1,2,3.$$

则有

$$B_0=\overline{A_1}\,\overline{A_2}\,\overline{A_3},$$
$$B_1=\overline{A_1}\,\overline{A_2}A_3+\overline{A_1}A_2\overline{A_3}+A_1\overline{A_2}\,\overline{A_3},$$
$$B_2=A_1A_2\overline{A_3}+A_1\overline{A_2}A_3+\overline{A_1}A_2A_3,$$
$$B_3=A_1A_2A_3.$$
$$C_0=B_0+B_1+B_2+B_3=\Omega,$$
$$C_1=B_1+B_2+B_3=A_1\cup A_2\cup A_3,$$
$$C_2=B_2+B_3=A_1A_2\cup A_2A_3\cup A_3A_1,$$
$$C_3=B_3=A_1A_2A_3.$$

1.3 古典概型与几何概率

如上所述,随机事件在一次试验中可能出现,也可能不出现,呈现出随机性. 但在多次重复试验或观察时,它却呈现出明显的规律性. 人们在大量的重复试验中发现,随机现象的发生是有规律的,随机事件出现的可能性大小也是能够计量的. 研究随机现象的目的,就是要获得随机现象各种可能结果发生的可能性大小的度量. 对于一个随机事件 A,用一个数 $P(A)$ 表示事件 A 发生的可能性的大小,这个数就称为事件 A 的概率. 因此,概率即是随机事件发生的可能性大小的度量. 研究随机现象时,只讨论它可能出现什么结果价值不大,而指出各个结果(事件)出现的概率则具有更大的意义.

1.3.1 古典概型

在讨论一般的随机现象之前,先讨论一种最简单的随机现象.

定义 1.1　设随机试验 E 的样本空间 Ω 是只含有 n 个样本点的有限集合，A 是由其中 m 个样本点组成的随机事件. 如果 Ω 中的每个样本点的出现具有等可能性，则称

$$P(A)=\frac{m}{n}=\frac{\text{事件}A\text{的有利场合数}}{\text{样本点总数}} \tag{1.1}$$

为事件 A 的概率，其中事件 A 的有利场合是指 A 所含有的基本事件. 按等可能性的假定容易理解上述定义的合理性.

这种随机现象在概率论发展的初期首先受到注意，得到了较多的讨论和研究. 一般把这类随机现象的数学模型称为**古典概型**，而其中概率的定义(1.1)式称为**概率的古典定义**. 古典概型在概率论中占有重要的地位，对它的讨论有助于直观地理解概率论的基本概念.

例 1.4　掷一颗均匀对称的骰子，分别求下列事件的概率：

(1) A="出现 6 点"；(2)B="出现偶数点".

解　样本空间为 $\Omega=\{1,2,3,4,5,6\}$. 由于骰子是均匀对称的，因此各个样本点出现的概率相等. 故此试验可看作古典概型. 因为 $A=\{6\}$，于是由古典概率的定义有 $P(A)=\frac{1}{6}$；而 $B=\{2,4,6\}$，故事件 B 的概率为 $P(B)=\frac{3}{6}=0.5$.

例 1.5　一部四册的文集随机地放到书架上去，问各册自左向右或自右向左恰成自然顺序的概率是多少？

解　这本四册的文集在书架上共有 $4!=24$ 种不同的排列方式，由于文集是随机地放到书架上去的，因此这 24 种排列中出现任意一种的可能性都相同，因此这是古典概型问题. 其有利场合有两种，即自左向右或自右向左恰成 1,2,3,4 顺序. 因此所求概率为 $\frac{2}{24}=\frac{1}{12}$.

例 1.6　用 $0,1,2,\cdots,9$ 共 10 个数字中的任意两个组成一个两位数的字码(可重复使用)，求字码和为 3 的概率.

解　这是古典概型问题. 样本空间中共有 $10\times10=100$ 个样本点，而有利场合有四种：03,12,21,30. 因此所求概率为 $\frac{4}{100}=0.04$.

例 1.7　一枚均匀对称的骰子抛掷两次，事件 A 表示"点数和为 10"，B 表示"点数和为 12"，C 表示"第一次出现奇数点"，试求事件 A,B,C 的概率.

解　样本空间共含有 $6\times6=36$ 个样本点，即 $\Omega=\{(i,j)\,|\,i,j=1,2,\cdots,6\}$. 而每个样本点 (i,j) 出现的可能性相同，这是古典概型问题. 因为 $A=\{(4,6),(5,5),(6,4)\}$，故 $P(A)=3/36=1/12$. 同样可以求出，点数和为 12 的概率 $P(B)=1/36$. 不难看出事件 C 含有 18 个基本事件，即事件 C 的有利场合为 18 种，因此

$P(C)=18/36=0.5$.

在例 1.7 中,若取样本空间 $\Omega'=\{2,3,4,\cdots,12\}$,即一切两次抛掷的点数之和,则会得出 $P(A)=P(B)=1/11$ 的错误结果. 出现错误的原因是样本空间 Ω' 中各样本点的出现不具有等可能性,因此不能用古典概型方法计算事件的概率. 类似的例子还有抛掷两枚均匀对称的硬币,若选取样本空间 $\Omega''=\{$两个正面,一正一反,两个反面$\}$,则会得出出现两个正面的概率是 1/3 的错误结果. 出现错误的原因同样是样本空间 Ω'' 中各样本点的出现不具有等可能性,因此不能用古典概型方法计算事件的概率. 为了应用古典概型解决问题,正确的样本空间应当取为为 $\Omega=\{$(正,正),(正,反),(反,正),(反,反)$\}$,因此出现两个正面的概率应是 1/4. 所以在解决这一类概率问题时,如何选取正确(即具有等可能性)的样本空间是重要的.

下面研究产品的抽样问题. 产品抽样通常有以下两种不同的方式:(a)每次任取一件,观察后放回箱中,再进行下一次抽取. 这种抽取方式称为有放回抽样;(b)每次任取一件,观察后不放回,在剩余的产品中进行下一次抽取. 这种抽取方式称为无放回抽样.

例 1.8(抽样检验) 假设箱中有 100 件外形相同的同批产品,其中 40 件为不合格品,其余 60 件为合格品. 现分别用有放回及不放回两种抽样方式从这批产品中随机地进行 3 次抽样,问其中恰有两次抽到不合格品的概率是多少?

解 显然这是古典概型问题. 记 A 为事件"3 次取样恰有两次取到不合格品".

(1) 有放回抽样:此时,样本点总数为 $n=100^3$,事件 A 的有利场合数 $m=\mathrm{C}_3^2\times 40^2\times 60$,故

$$P(A)=\frac{m}{n}=\frac{\mathrm{C}_3^2\times 40^2\times 60}{100^3}=0.288.$$

(2) 无放回抽样:此时,样本点总数 $n=100\times 99\times 98$,而有利场合数 $m=\mathrm{C}_3^2\times 40\times 39\times 60$,故

$$P(A)=\frac{m}{n}=\frac{\mathrm{C}_3^2\times 40\times 39\times 60}{100\times 99\times 98}=0.289,$$

或

$$P(A)=\frac{m}{n}=\frac{\mathrm{C}_{40}^2\mathrm{C}_{60}^1}{\mathrm{C}_{100}^3}=0.289.$$

一般说来,采用有放回抽样或无放回抽样计算事件的概率时,结果是不一样的. 特别,当被抽取对象的数目较少时,差异会比较大;但当被抽取对象的数目较大,而抽取的数目又较少时,按照两种抽样方式所计算的概率数值相差不大. 这一事实已由本例的计算结果清楚地显示出来.

此外，在上例的无放回抽样中，我们给出了事件 A 的概率的两种不同的计算方法. 注意考察一下两种解法的不同，就会发现主要在于样本空间的选取不同，但两种解法的答案相同. 这说明对于同一随机现象，可以用不同的模型来描述，只要方法正确，结论总是一致的. 值得注意的是，在计算样本点总数及有利场合数时，必须对同一个确定的样本空间考虑，因此其中一个考虑顺序，另一个也必须考虑顺序，否则结果一定不正确.

本例可以推广到一般情况. 设一批产品共有 N 件，其中 M 件为不合格品，其余 $N-M$ 件为合格品. 从这批产品中随机地进行 n 次抽样，用 A 表示事件"n 次抽样恰有 m 次抽到不合格品"，则：

(1) 在有放回抽样的方式下，事件 A 的概率为

$$P(A)=\frac{\mathrm{C}_n^m M^m(N-M)^{n-m}}{N^n}=\mathrm{C}_n^m\left(\frac{M}{N}\right)^m\left(1-\frac{M}{N}\right)^{n-m}.$$

上述概率称为二项分布.

(2)在无放回抽样的方式下，事件 A 的概率为

$$P(A)=\frac{\mathrm{C}_n^m \mathrm{P}_M^m \mathrm{P}_{N-M}^{n-m}}{\mathrm{P}_N^n},$$

或

$$P(A)=\frac{\mathrm{C}_M^m \mathrm{C}_{N-M}^{n-m}}{\mathrm{C}_N^n}.$$

这个概率称为超几何分布.

例 1.9(抽签的公平性) 箱中有 a 只白球、b 只黑球，把球随机地一只只取出来，求事件 $A_k=$"第 k 次取出的球是白球"的概率($1\leqslant k\leqslant a+b$).

解法一(排列) 把 a 只白球及 b 只黑球都看作是不同的(如可以设想将它们编号)，若把球全部取出并依次放在排列成一条直线的 $a+b$ 个位置上，则所有可能的排列法有$(a+b)!$ 种，而有利场合数为 $a(a+b-1)!$，故所求概率为

$$P(A_k)=\frac{a(a+b-1)!}{(a+b)!}=\frac{a}{a+b}.$$

解法二(组合) 把 a 只白球看成是没有区别的，b 只黑球也看成是没有区别的，仍把球全部取出并依次放在排列成一条直线的 $a+b$ 个位置上. 因为只要 a 只白球的位置固定下来，则 b 只黑球的位置也就随之完全确定了，所以样本点总数为 C_{a+b}^a，而有利场合数为 C_{a+b-1}^{a-1}，故所求概率为

$$P(A_k)=\frac{\mathrm{C}_{a+b-1}^{a-1}}{\mathrm{C}_{a+b}^a}=\frac{a}{a+b}.$$

两种解法的答案相同，所得结果与 k 无关！这表明无论哪一次取得白球的概率都是一样的，或者说，取得白球的概率与取球的先后次序无关. 这个结果与我们

日常生活的经验是一致的.例如,在体育比赛或其他活动中进行抽签,对各队机会均等,与抽签的先后次序无关.而抽签的公平性,已通过上述例子用古典概率方法获得了证明.

不难证明,在古典概型中,事件的概率满足下面三个基本性质:

(1) 非负性:任一事件 A 的概率 $P(A)\geqslant 0$;

(2) 规范性:必然事件 Ω 的概率 $P(\Omega)=1$;

(3) 可加性:若事件 $A_1,A_2,\cdots,A_n$ 互不相容,则

$$P\left(\sum_{i=1}^{n}A_i\right)=\sum_{i=1}^{n}P(A_i).$$

1.3.2 几何概率

在古典概型中利用基本事件的等可能性,成功地计算了这一类问题的概率.不过,古典概型要求基本事件的总数必须有限.对于有无穷多个基本事件的情形,概率的古典定义并不适用.但如果基本事件仍具有某种等可能性,则可以通过几何方法确定事件的概率.

定义 1.2 设随机试验 E 的可能结果是某区域 Ω 中的任一点,区域 Ω 的度量(视区域 Ω 的维数而定,当 Ω 是一维的,其度量为长度;若 Ω 是二维或三维的,则其度量为面积或体积)是有限的,且试验结果落在区域 Ω 的任意子区域 A 内的概率只与区域 A 的度量成正比,而与区域 A 的位置和形状无关.若用 $\widetilde{A}$ 表示"试验结果落入 Ω 的子区域 A"这一事件,则称

$$P(\widetilde{A})=\frac{\mu(A)}{\mu(\Omega)} \tag{1.2}$$

为事件 $\widetilde{A}$ 的概率,其中 $\mu(\cdot)$表示区域的几何度量.由于用到区域的几何度量,故上述定义中所给出的概率称为**几何概率**.

例 1.10(会面问题) 甲乙二人相约上午 8:00 至 9:00 之间到预定地点会面,先到者等候另一人 20 分钟,过时就可离去.如果每个人可在指定的一小时内的任意时刻到达,求甲乙两人能见面的概率.

解 在平面上建立 xOy 直角坐标系,8:00 作为计算时刻的 0 时,以分钟为单位.设甲乙二人到达预定地点的时刻分别为 x 和 y,则它们可以取区间$[0,60]$内的任一值,即 $0\leqslant x\leqslant 60,0\leqslant y\leqslant 60$.这表示样本空间为平面上正方形区域

$$\Omega=\{(x,y)\mid 0\leqslant x\leqslant 60,0\leqslant y\leqslant 60\}.$$

因为两人都是在 0 到 60 分钟的时段内等可能地到达,所以由等可能性知这是一个几何概率问题.而两人能会面的充要条件是:$|x-y|\leqslant 20$.以 $\widetilde{A}$ 表示事件"两人能见面",则事件 $\widetilde{A}$ 的对应区域为

$$A=\{(x,y)\mid |x-y|\leqslant 20,(x,y)\in\Omega\}$$

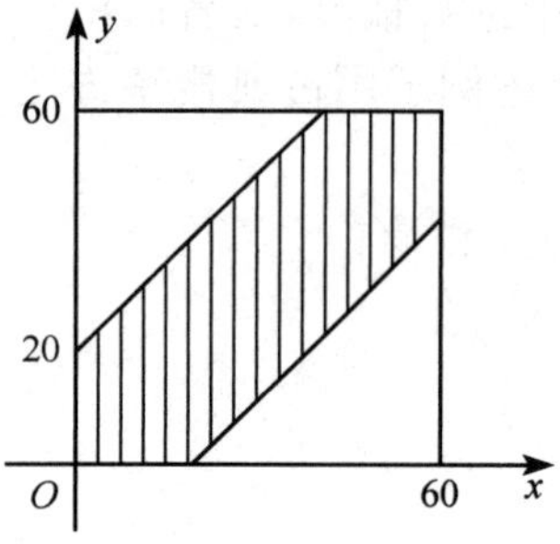

图 1.2

(区域 A 见图 1.2 的阴影部分). 于是根据几何概率的定义有

$$P(\widetilde{A}) = \frac{\mu(A)}{\mu(\Omega)} = \frac{60^2 - 40^2}{60^2} = \frac{5}{9}.$$

几何概率的定义及计算与几何图形的度量密切相关,因此所考虑的事件的对应的子区域应是具有几何度量的区域或集合. 而由于几何概率是用几何度量定义的,于是根据几何度量所具有的性质不难导出几何概率具有如下基本性质:

(1) 非负性:对任一事件 A,有 $P(A) \geqslant 0$;

(2) 规范性:对必然事件 Ω,有 $P(\Omega) = 1$;

(3) 可列可加性:若事件 $A_1, A_2, \cdots, A_n, \cdots$ 互不相容,则

$$P\left(\sum_{i=1}^{\infty} A_i\right) = \sum_{i=1}^{\infty} P(A_i).$$

1.3.3　频率与概率的统计性定义

设 A 为试验 E 下的随机事件,若 A 在 n 次重复试验中出现了 n_A 次,则称

$$f_n(A) = \frac{n_A}{n} \tag{1.3}$$

为事件 A 在这 n 次试验中出现的**频率**.

人们在长期的实践中发现,虽然随机事件在一次试验或观察中可能出现也可能不出现,但在大量重复的试验中它却呈现出明显的规律性. 即当试验次数 n 越来越大时,事件 A 的频率 $f_n(A)$ 总在某一数值 p 附近摆动,而且一般说来,随着 n 的增大,这种摆动的幅度就越小.

定义 1.3　随机事件的频率的随试验次数增大而逐步趋于稳定的性质称为**频率的稳定性**,而频率的稳定中心(即上述的数值 p)称为事件的概率.

上述定义通常称为概率的统计性定义,它是朴素的或描述性的,然而它为给出概率的严格的公理化定义奠定了基础. 具体地说,频率稳定性是概率存在性的依据,频率的性质是建立概率的公理的基础. 频率的稳定性还说明随机事件的概率是随机事件本身所固有的、不依赖于人的意志为转移的一种客观属性.

频率具有如下明显的性质:

(1) 非负性:任一事件 A 的频率 $f_n(A) \geqslant 0$;

(2) 规范性:必然事件 Ω 的频率 $f_n(\Omega) = 1$;

(3) 可加性:若事件 $A_1, A_2, \cdots, A_k$ 互不相容,则

$$f_n\left(\sum_{i=1}^{k} A_i\right) = \sum_{i=1}^{k} f_n(A_i).$$

应当指出的是,概率的统计性定义虽然适用于任何类型的随机试验,但由于用概率的统计性定义确定事件的概率时,必须要做大量的试验,而所得到的也只是该事件的概率的一个近似值,因此,概率的统计性定义在实际应用或理论研究中都是不方便的. 另外,在概率的统计性定义中所述的"频率的稳定性"仅仅是人们在长期的实践中所获得的经验,此前并未得到理论上的严格论证. 因此,依据频率稳定性所给出的概率的统计性定义显然缺乏数学上的严密性.

1.4 概率的公理化定义

1.3 节我们给出了随机事件的概率的三种不同的定义,其中古典概率与几何概率仅仅是针对两种特殊的随机试验(或随机现象)所给出的事件概率的定义,其局限性是显而易见的. 而在 1.3 节的最后我们说明了概率的统计性定义是不严密的,因此也不能作为概率的严格的数学化定义. 虽则如此,但古典概型、几何概率及事件的频率所表现出来的共性使人们认识到,应当用公理化方法解决概率的概念和基础问题. 在总结前人的大量研究成果的基础上,苏联数学家科尔莫戈罗夫(Kolmogorov)于 1933 年在他的《概率论的基本概念》一书中建立了概率论的严整的公理系统. 概率论从此成为一门严密的数学分支.

1.4.1 概率的公理化定义

定义 1.4 设 E 是随机试验,Ω 是 E 的样本空间,对于随机试验 E 的每一个随机事件 A 都赋予一个实数,记为 $P(A)$,称为事件 A 的概率,若它满足下列三个条件:

(1) 非负性:对任一事件 A,有 $P(A)\geqslant 0$;

(2) 规范性:对必然事件 Ω,有 $P(\Omega)=1$;

(3) 可列可加性:设 $A_1,A_2,\cdots,A_n,\cdots$ 为互不相容的事件列,则

$$P\Big(\sum_{i=1}^{\infty}A_i\Big)=\sum_{i=1}^{\infty}P(A_i).$$

上述定义称为概率的公理化定义,它克服了古典概率、几何概率与概率的统计性定义的局限性,是对各种随机现象所具有的共同特征的抽象与概括.

1.4.2 概率的性质

由概率的公理化定义中对概率所规定的三条基本性质(公理),可以导出概率的另外一些重要性质.

性质 1 不可能事件的概率为 0,即 $P(\varnothing)=0$.

证明 显然有等式 $\Omega=\Omega+\varnothing+\varnothing+\cdots$,且等式右边的可列个事件 $\Omega,\varnothing,\varnothing,\cdots$

是互不相容的，由概率的可列可加性得

$$P(\Omega)=P(\Omega+\varnothing+\varnothing+\cdots)=P(\Omega)+P(\varnothing)+P(\varnothing)+\cdots.$$

再利用概率的非负性和规范性可得 $P(\varnothing)=0$.

性质 2(有限可加性)　若事件 $A_1,A_2,\cdots,A_n$ 互不相容，则有

$$P(A_1+A_2+\cdots+A_n)=P(A_1)+P(A_2)+\cdots+P(A_n). \tag{1.4}$$

证明　令 $A_{n+i}=\varnothing(i=1,2,3,\cdots)$，则事件 $A_1,A_2,\cdots,A_n,\cdots$ 互不相容，且 $\sum\limits_{i=1}^{\infty}A_i=\sum\limits_{i=1}^{n}A_i$，由概率的可列可加性得

$$P\Big(\sum_{i=1}^{n}A_i\Big)=P\Big(\sum_{i=1}^{\infty}A_i\Big)=\sum_{i=1}^{\infty}P(A_i)=\sum_{i=1}^{n}P(A_i)+\sum_{i=n+1}^{\infty}P(A_i).$$

利用性质 1 可知 $\sum\limits_{i=n+1}^{\infty}P(A_i)=\sum\limits_{i=n+1}^{\infty}P(\varnothing)=0$，即有 $P\Big(\sum\limits_{i=1}^{n}A_i\Big)=\sum\limits_{i=1}^{n}P(A_i)$.

性质 3(单调性与可减性)　若事件 $A\subset B$，则 $P(A)\leqslant P(B)$，且有

$$P(B-A)=P(B)-P(A). \tag{1.5}$$

证明　因为 $B=\Omega B=(A+\overline{A})B=AB+\overline{A}B=A+(B-A)$，且显然 A 与 $B-A$ 互不相容，故根据已证得的有限可加性(1.4)式有

$$P(B)=P(A+(B-A))=P(A)+P(B-A).$$

利用概率的非负性可知 $P(B-A)\geqslant0$，因此得 $P(A)\leqslant P(B)$. 于是单调性得证. 在(1.6)式中移项得可减性(1.5)式.

推论 1(有界性)　对任一事件 A，有 $0\leqslant P(A)\leqslant1$.

性质 4(逆事件概率公式)　$P(\overline{A})=1-P(A)$.

证明　在(1.5)式中取 $B=\Omega$ 即可.

性质 5(减法公式)　$P(B-A)=P(B)-P(AB)$.

证明　因为 $B-A=B-AB$，且 $AB\subset B$，故根据已证得的(1.5)式可得

$$P(B-A)=P(B-AB)=P(B)-P(AB).$$

性质 6(加法公式)　$P(A\cup B)=P(A)+P(B)-P(AB)$.

证明　因为 $A\cup B=A+\overline{A}B$，且显然 A 与 $\overline{A}B$ 互不相容，故根据已证得的有限可加性得

$$P(A\cup B)=P(A)+P(\overline{A}B)=P(A)+P(B-A), \tag{1.6}$$

将减法公式(性质 5)代入得证.

类似地，可以得到三个事件的加法公式：

$$\begin{aligned}P(A\cup B\cup C)=&P(A)+P(B)+P(C)-P(AB)\\&-P(AC)-P(BC)+P(ABC).\end{aligned} \tag{1.7}$$

一般地,对于 n 个事件 $A_1,A_2,\cdots,A_n$,用数学归纳法可证得和的概率公式(多除少补原理)如下:

$$P(\bigcup_{i=1}^{n}A_i)=\sum_{i=1}^{n}P(A_i)-\sum_{1\leqslant i<j\leqslant n}P(A_iA_j)+\sum_{1\leqslant i<j<k\leqslant n}P(A_iA_jA_k)$$
$$+\cdots+(-1)^{n-1}P(A_1A_2\cdots A_n). \tag{1.8}$$

概率的这些性质在解题时非常有用,现举几例予以说明.

例 1.11 设 $P(A)=0.7,P(B)=0.4,P(A\cup B)=0.8$. 求 $P(\overline{A}\overline{B})$与 $P(A\overline{B})$.

解 由逆事件概率公式有

$$P(\overline{A}\overline{B})=1-P(A\cup B)=1-0.8=0.2.$$

因为 $P(A\cup B)=P(A)+P(B)-P(AB)$,故

$$\begin{aligned}P(AB)&=P(A)+P(B)-P(A\cup B)\\&=0.7+0.4-0.8=0.3,\end{aligned}$$

于是由减法公式得

$$P(A\overline{B})=P(A)-P(AB)=0.4.$$

注意,本题条件 $P(A)=0.7$ 是多余的,从 $P(A-B)=P(A\cup B)-P(B)$可以直接得到 $P(A\overline{B})=0.4$.

例 1.12 在所有的两位数 10～99 中任取一个数,求这个数能被 2 或 3 整除的概率.

解 如果用 A 表示事件"取出的数能被 2 整除",B 表示"取出的数能被 3 整除",则 AB 表示事件"取出的数能同时被 2 和 3 整除",即"取出的数能被 6 整除",而 $A\cup B$ 则表示"取出的数能被 2 或 3 整除". 易知

$$P(A)=\frac{45}{90},\quad P(B)=\frac{30}{90},\quad P(AB)=\frac{15}{90}.$$

故依概率的加法公式有

$$P(A\cup B)=P(A)+P(B)-P(AB)=\frac{45}{90}+\frac{30}{90}-\frac{15}{90}=\frac{2}{3}.$$

例 1.13 设 $P(A)=P(B)=P(C)=\frac{1}{4},P(AB)=P(AC)=\frac{1}{16},P(BC)=0$. 求事件 A,B,C 全不发生的概率.

解 因为 $ABC\subset BC$,利用概率的单调性有 $P(ABC)\leqslant P(BC)$,而 $P(BC)=0$,故 $P(ABC)=0$. 应用三个事件的加法公式,有

$$\begin{aligned}P(A\cup B\cup C)=&P(A)+P(B)+P(C)-P(AB)\\&-P(AC)-P(BC)+P(ABC)\end{aligned}$$

$$=\frac{1}{4}+\frac{1}{4}+\frac{1}{4}-\frac{1}{16}-\frac{1}{16}-0+0=\frac{5}{8},$$

再由逆事件概率公式可得 A,B,C 全不发生的概率：

$$P(\overline{A}\overline{B}\overline{C})=1-P(A\cup B\cup C)=1-\frac{5}{8}=\frac{3}{8}.$$

例 1.14　一批产品共 100 件，其中 90 件是合格品. 从这批产品中任取 3 件，求其中有合格品的概率.

解法一　设 A_i＝“第 i 次取到合格品”，$i=1,2,3$. B＝“取出 3 件中有合格品”. 则 $B=A_1\cup A_2\cup A_3$. 由三个事件的加法公式及计算事件概率的古典方法得

$$\begin{aligned}P(B)&=P(A_1)+P(A_2)+P(A_3)-P(A_1A_2)\\&\quad-P(A_1A_3)-P(A_2A_3)+P(A_1A_2A_3)\\&=3\frac{\mathrm{P}_{90}^1\mathrm{P}_{99}^2}{\mathrm{P}_{100}^3}-3\frac{\mathrm{P}_{90}^2\mathrm{P}_{98}^1}{\mathrm{P}_{100}^3}+\frac{\mathrm{P}_{90}^3}{\mathrm{P}_{100}^3}\\&=0.9993.\end{aligned}$$

解法二　设 B_i＝“取出的 3 件中恰有 i 件合格品”，$i=0,1,2,3$. B 同上. 则显然有 $B=B_1+B_2+B_3$，且 B_1,B_2,B_3 互不相容，故由概率的可加性得

$$\begin{aligned}P(B)&=P(B_1)+P(B_2)+P(B_3)\\&=\frac{\mathrm{C}_{90}^1\mathrm{C}_{10}^2}{\mathrm{C}_{100}^3}+\frac{\mathrm{C}_{90}^2\mathrm{C}_{10}^1}{\mathrm{C}_{100}^3}+\frac{\mathrm{C}_{90}^3}{\mathrm{C}_{100}^3}\\&=0.9993.\end{aligned}$$

解法三　由逆事件概率公式及计算事件概率的古典方法得

$$\begin{aligned}P(B)&=1-P(B_0)=1-\frac{\mathrm{C}_{10}^3}{\mathrm{C}_{100}^3}\\&=0.9993.\end{aligned}$$

1.5　条 件 概 率

1.5.1　条件概率的定义和性质

前面我们对概率的讨论是在一组固定的条件限制下进行的，除此之外再无别的信息可供使用. 然而有时却会遇到这样的情况，即已知某事件 B 发生的条件下，要求另一事件 A 发生的概率. 这就是条件概率的问题.

例如，掷一颗均匀对称的骰子，考虑两个事件：A＝“掷出素数点”，B＝“掷出偶数点”，即

$$A=\{2,3,5\},B=\{2,4,6\}.$$

容易算出事件 A 的概率为$\frac{3}{6}=\frac{1}{2}$. 现若附加上条件“已知 B 发生”，则可能情况只有三种：2，4，6. 其中只有一种有利于 A 发生. 因此在已知 B 发生的条件下，事件 A 的概率等于$\frac{1}{3}$.

两种情况下算出的概率不同. 这很容易理解，因为在后一种情况下，我们多知道一个条件：事件 B(掷出偶数点)已发生. 因此我们算出的概率事实上是“在已知事件 B 发生的条件下，事件 A 发生的概率”. 这种概率称为条件概率，并以符号$P(A|B)$记之.

在上面的例子中，我们有

$$P(A \mid B)=\frac{1}{3}=\frac{1/6}{3/6}=\frac{P(AB)}{P(B)}.$$

这式子具有普遍性，可以证明，它对一般的古典概型问题与几何概率问题都成立，对事件的频率也成立. 在一般情况下，我们将把这个式子作为条件概率的定义.

定义 1.5 设 A,B 是随机试验 E 的两个事件，且 $P(B)>0$，则称

$$P(A \mid B)=\frac{P(AB)}{P(B)} \tag{1.9}$$

为事件 A 在已知事件 B 发生后的**条件概率**，简称为 A 关于 B 的条件概率.

注意，定义 1.5 中要求作为条件的事件的概率大于零，否则条件概率是没有意义的.

计算事件的条件概率一般有两种方法：

(1) 在原样本空间 Ω 中，分别计算 $P(AB)$和 $P(B)$，再利用条件概率的定义(1.9)式即可求得 $P(A|B)$；

(2) 在缩减样本空间 $\Omega_B=B$ 中计算事件 A 发生的概率，就得到 $P(A|B)$.

例 1.15 一袋中装有 5 个球，其中 3 个红球. 2 个白球. 每次任取一个球，无放回地取两次. 已知第一次取得红球，求第二次取得红球的概率.

解 记事件 A=“第一次取得红球”，B=“第二次取得红球”.

在原样本空间 Ω 中用条件概率的定义计算，因为第一次取得红球的概率为 $P(A)=\frac{\mathrm{P}_3^1\mathrm{P}_4^1}{\mathrm{P}_5^2}=\frac{3}{5}$，而第一、二次都取得红球的概率为 $P(AB)=\frac{\mathrm{P}_3^1\mathrm{P}_2^1}{\mathrm{P}_5^2}=\frac{3}{10}$，故根据(1.9)式有

$$P(B \mid A)=\frac{P(AB)}{P(A)}=\frac{3/10}{3/5}=\frac{1}{2}.$$

如果在缩减的样本空间 $\Omega_A=A$ 中计算，则因为第一次取得红球的取法有 $\mathrm{P}_3^1\mathrm{P}_4^1$ 种，而第一次取得红球且第二次取得红球的取法有 $\mathrm{P}_3^1\mathrm{P}_2^1$ 种，故有

$$P(B \mid A)=\frac{\mathrm{P}_3^1\mathrm{P}_2^1}{\mathrm{P}_3^1\mathrm{P}_4^1}=\frac{1}{2}.$$

或者，因为第一次取得红球，故在第二次抽取时，袋中还剩 4 个球，其中 2 个红球，2 个白球. 因此第一次取得红球的条件下第二次取得红球的概率为

$$P(B \mid A)=\frac{2}{4}=\frac{1}{2}.$$

下面讨论条件概率的性质. 因为条件概率也是事件的概率，所以条件概率当然也满足概率的所有性质. 这里列出常用的条件概率的性质. 这些性质的证明留给读者作为练习.

设 H,A,B,C 是试验 E 的事件，且 $P(H)>0$，则有：

性质 1(非负性)　对任一事件 A，有 $P(A|H)\geqslant 0$；

性质 2(规范性)　$P(\varnothing|H)=0, P(\Omega|H)=1, P(H|H)=1$；

性质 3(逆事件条件概率)　$P(\overline{A}|H)=1-P(A|H)$；

性质 4(减法公式)　$P(B-A|H)=P(B|H)-P(AB|H)$；

性质 5(加法公式)　$P(A\cup B|H)=P(A|H)+P(B|H)-P(AB|H)$.

1.5.2　乘法公式

设 A,B 是随机试验 E 的两个事件，且 $P(B)>0$，根据条件概率的定义

$$P(A \mid B)=\frac{P(AB)}{P(B)}.$$

故若 $P(B)>0$，则有

$$P(AB)=P(B)P(A \mid B). \tag{1.10}$$

同理，若 $P(A)>0$，则有

$$P(AB)=P(A)P(B \mid A). \tag{1.11}$$

这两个等式称为概率的**乘法公式**.

可以把乘法公式推广至任意有限个事件乘积的场合. 例如，设 A,B,C 为任意三个事件，若 $P(AB)>0$，则有

$$P(ABC)=P(A)P(B \mid A)P(C \mid AB). \tag{1.12}$$

一般地，设 $A_1,A_2,\cdots,A_n$ 为任意 n 个事件，若有 $P(A_1A_2\cdots A_{n-1})>0$，则

$$P(A_1A_2\cdots A_{n-1}A_n)=P(A_1)P(A_2 \mid A_1)P(A_3 \mid A_1A_2)\cdots P(A_n \mid A_1A_2\cdots A_{n-1}). \tag{1.13}$$

例 1.16　一批产品共 100 件，其中 90 件是合格品. 从中进行三次不放回抽取.

(1) 已知前两次取得的是不合格品,求第三次取得合格品的概率;

(2) 求第三次才取得合格品的概率.

解 设事件 $A_i=\{$第 i 次取得合格品$\}$, $i=1,2,3$.

(1) 已知前两次取得不合格品,则第三次取得合格品的概率为如下的条件概率

$$P(A_3|\overline{A}_1\overline{A}_2)=\frac{90}{98};$$

(2) 第三次才取得合格品,表示前两次取得的是不合格品,且第三次取得合格品. 由乘法公式,所求的概率为

$$\begin{aligned}P(\overline{A}_1\overline{A}_2A_3)&=P(\overline{A}_1)P(\overline{A}_2|\overline{A}_1)P(A_3|\overline{A}_1\overline{A}_2)\\&=\frac{10}{100}\cdot\frac{9}{99}\cdot\frac{90}{98}=0.0083.\end{aligned}$$

例 1.17 同上例,假设至多取三次,求三次内能取得合格品的概率.

解法一 记 $A_i=\{$第 i 次取得合格品$\}$, $i=1,2,3$. $B=\{$三次内取得合格品$\}$.

三次内能取得合格品,意味着或者第一次就取得合格品,或者第二次才取得合格品,或者第三次才取得合格品. 故所求的概率为

$$\begin{aligned}P(B)&=P(A_1+\overline{A}_1A_2+\overline{A}_1\overline{A}_2A_3)=P(A_1)+P(\overline{A}_1A_2)+P(\overline{A}_1\overline{A}_2A_3)\\&=P(A_1)+P(\overline{A}_1)P(A_2\mid\overline{A}_1)+P(\overline{A}_1)P(\overline{A}_2\mid\overline{A}_1)P(A_3\mid\overline{A}_1\overline{A}_2)\\&=\frac{90}{100}+\frac{10}{100}\cdot\frac{90}{99}+\frac{10}{100}\cdot\frac{9}{99}\cdot\frac{90}{98}=0.9993.\end{aligned}$$

解法二 考虑事件 B 的对立事件. 三次内未取得合格品,就是第一、第二及第三次都未取得合格品. 故三次内未取得合格品的概率为

$$\begin{aligned}P(\overline{B})&=P(\overline{A}_1\overline{A}_2\overline{A}_3)=P(\overline{A}_1)P(\overline{A}_2\mid\overline{A}_1)P(\overline{A}_3\mid\overline{A}_1\overline{A}_2)\\&=\frac{10}{100}\cdot\frac{9}{99}\cdot\frac{8}{98}=0.0007.\end{aligned}$$

于是三次内能取得合格品的概率

$$P(B)=1-P(\overline{B})=1-0.0007=0.9993.$$

例 1.17 的解法二启发我们,利用概率的乘法公式,可给出 n 个事件和的另一概率公式:当 $P(\overline{A}_1\overline{A}_2\cdots\overline{A}_{n-1})>0$ 时,

$$\begin{aligned}P\left(\bigcup_{i=1}^{n}A_i\right)&=1-P(\overline{A}_1\overline{A}_2\cdots\overline{A}_{n-1}\overline{A}_n)\\&=1-P(\overline{A}_1)P(\overline{A}_2\mid\overline{A}_1)\cdots P(\overline{A}_n\mid\overline{A}_1\overline{A}_2\cdots\overline{A}_{n-1}).\end{aligned}\tag{1.14}$$

1.5.3 全概率公式与贝叶斯公式

在概率论中,经常会遇到需要从已知的简单事件的概率去推算复杂事件的概

率. 为达到这一目的,可以把复杂事件分解为若干个互不相容的简单事件之和,然后分别计算这些简单事件的概率,最后利用概率的可加性得到最终结果. 依据这种想法可以导出概率论中一个常用的重要公式,即全概率公式. 为此首先引入样本空间的划分的概念.

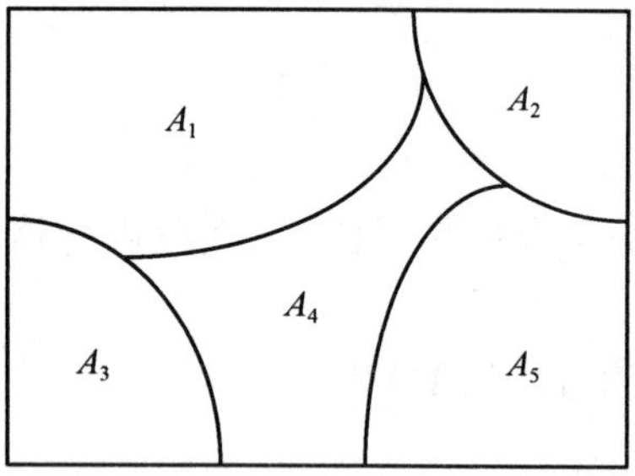

图 1.3

定义 1.6　设 Ω 是随机试验 E 的样本空间,如果 E 的 n 个事件 $A_1, A_2, \cdots, A_n$ 满足

$$A_iA_j = \varnothing, \quad i \neq j$$

和

$$A_1 \cup A_2 \cup \cdots \cup A_n = \Omega,$$

则称 $A_1, A_2, \cdots, A_n$ 是 Ω 的一个划分.

如图 1.3 所示,A_1, A_2, A_3, A_4, A_5 是样本空间 Ω 的划分(或分割).

定理 1.1(全概率公式)　设 $A_1, A_2, \cdots, A_n$ 是样本空间 Ω 的一个划分,且 $P(A_i)>0, i=1,2,\cdots,n$. 则对任一事件 $B \subset \Omega$,有

$$P(B) = \sum_{i=1}^{n} P(A_i)P(B \mid A_i). \tag{1.15}$$

证明　利用事件的分配律有

$$B = \Omega B = \left(\sum_{i=1}^{n} A_i\right)B = \sum_{i=1}^{n} A_iB,$$

且易见 $A_1B, A_2B, \cdots, A_nB$ 互不相容. 故根据概率的可加性和乘法公式得

$$P(B) = \sum_{i=1}^{n} P(A_iB) = \sum_{i=1}^{n} P(A_i)P(B \mid A_i).$$

全概率公式是概率论中的一个基本公式,应用全概率公式的关键是对样本空间引入适当的划分.

例 1.18　袋中有 a 只白球和 b 只黑球,从中不放回抽取两次,每次一个,求第二次取得白球的概率.

解　设 $A_i=\{$第 i 次取得白球$\}$, $i=1,2$. 显然,第一次取得白球的事件 A_1 和第一次取得黑球的事件 $\overline{A}_1$ 构成样本空间的划分. 由全概率公式,所求概率为

$$\begin{aligned} P(A_2) &= P(A_1)P(A_2 \mid A_1) + P(\overline{A}_1)P(A_2 \mid \overline{A}_1) \\ &= \frac{a}{a+b} \cdot \frac{a-1}{a+b-1} + \frac{b}{a+b} \cdot \frac{a}{a+b-1} = \frac{a}{a+b}. \end{aligned}$$

计算结果表明,第二次取得白球的概率与第一次取得白球的概率相同. 这再次验证了日常生活中经常使用的抽签方法的公平性. 用全概率公式同样可以算出第 k 次取得白球的概率也与第一次取得白球的概率相同($k \leqslant a+b$). 这留给读

者考虑.

例 1.19 有朋自远方来，他乘火车、汽车、轮船、飞机来的概率分别是 0.3、0.2、0.1、0.4. 如果乘火车、汽车、轮船来的话，迟到的概率分别是$\frac{1}{4}$、$\frac{1}{3}$、$\frac{1}{12}$，而乘飞机则不会迟到. 求他迟到的概率.

解 记 $A_1=\{$乘火车$\}$，$A_2=\{$乘汽车$\}$，$A_3=\{$乘轮船$\}$，$A_4=\{$乘飞机$\}$. $B=\{$迟到$\}$. 由题设，

$$P(A_1)=0.3,\quad P(A_2)=0.2,\quad P(A_3)=0.1,\quad P(A_4)=0.4,$$

$$P(B\mid A_1)=\frac{1}{4},\quad P(B\mid A_2)=\frac{1}{3},\quad P(B\mid A_3)=\frac{1}{12},\quad P(B\mid A_4)=0.$$

于是由全概率公式，他迟到的概率为

$$\begin{aligned}P(B)&=\sum_{i=1}^{4}P(A_i)P(B\mid A_i)\\&=0.3\cdot\frac{1}{4}+0.2\cdot\frac{1}{3}+0.1\cdot\frac{1}{12}+0.4\cdot 0=0.15.\end{aligned}$$

例 1.20 同例 1.19，若已知他迟到了，求他是乘火车来的概率.

解 在条件概率 $P(A_1\mid B)$ 的式中，分子应用乘法公式，分母用全概率公式得

$$P(A_1\mid B)=\frac{P(A_1B)}{P(B)}=\frac{P(A_1)P(B\mid A_1)}{P(B)}=\frac{0.3\times 0.25}{0.15}=\frac{1}{2}.$$

例 1.20 的求解过程给出了概率论的另一基本公式——贝叶斯(Bayes)公式.

定理 1.2(贝叶斯公式) 设 $A_1,A_2,\cdots,A_n$ 是样本空间 Ω 的一个划分，且 $P(A_i)>0$，$i=1,2,\cdots,n$. 若 $P(B)>0$，则有

$$P(A_k\mid B)=\frac{P(A_k)P(B\mid A_k)}{\sum_{i=1}^{n}P(A_i)P(B\mid A_i)},\quad k=1,2,\cdots,n.\tag{1.16}$$

贝叶斯公式在概率论和数理统计中有着广泛的应用. 在贝叶斯公式中，可将事件 B 看成是实验的“结果”，而诸 A_i 看成是导致这一“结果”的“原因”. $P(A_i)$是诸“原因”的概率，称为“先验概率”，它们反映了诸“原因”发生的可能性大小，是以往经验的总结，一般是已知的. 现在若试验产生了事件 B，则利用贝叶斯公式可以求出在事件 B 发生之下，诸“原因”发生的条件概率 $P(A_i\mid B)$. 这些条件概率是充分利用事件 B 已经发生的信息对诸“原因”A_i 发生的概率的修正，称为“后验概率”，因为它们是在事件 B 已经发生后对各种原因发生的可能性大小的新认识.

例 1.21 用某种医学仪器诊断肝癌，$P(A\mid C)=0.999$，$P(\overline{A}\mid\overline{C})=0.99$. 这里 C 表示被检验者确实患有肝癌这一事件，A 表示该仪器显示被检验者患有肝癌这

一事件. 又设在自然人群中 $P(C)=0.0004$. 现在若某人被该仪器诊断为患有肝癌,求此人确实患有肝癌的概率.

解　由贝叶斯公式,此人确实患有肝癌的概率为

$$
\begin{aligned}
P(C \mid A) &= \frac{P(C)P(A \mid C)}{P(C)P(A \mid C)+P(\bar{C})P(A \mid \bar{C})} \\
&= \frac{0.0004 \times 0.999}{0.0004 \times 0.999+0.9996 \times 0.01} \\
&= 0.038.
\end{aligned}
$$

初看起来,这种仪器似乎很不错,"精确度"相当高. 但经过计算后验概率知道,并不能只依靠这种仪器来诊断肝癌. 因为当该仪器显示被检验者患有肝癌时,他真正患有肝癌的概率却很小,还不足4%. 这个例子告诉我们,在许多问题中,后验概率的计算相当重要.

1.6　事件的独立性

我们知道,条件概率 $P(B|A)$ 与概率 $P(B)$ 一般是不相等的. 但有时它们也可能相等. 在相等的时候,即若 $P(B|A)=P(B)$,表示事件 A 的发生对事件 B 发生的概率没有影响. 在这种场合,我们说事件 A 与 B 在统计上具有独立性.

定义 1.7　设 A,B 是随机试验 E 的两个事件,若

$$
P(AB)=P(A)P(B), \tag{1.17}
$$

则称事件 A 与 B 是**相互独立**(或**统计独立**)的,简称为 A 与 B 独立.

按此定义容易看出,必然事件 Ω 及不可能事件 $\varnothing$ 与任何事件都是独立的.

注意,事件的独立性并没有用 $P(B|A)=P(B)$ 来定义. 因为这需要 $P(A)>0$ 的附加条件. 容易证明,在 $P(A)>0$ 的条件下,二者是等价的,即有

定理 1.3　设 A,B 是随机试验 E 的两个事件:

(1) 若 $P(A)>0$,则事件 A 与 B 独立的充要条件是 $P(B|A)=P(B)$;

(2) 若 $P(B)>0$,则事件 A 与 B 独立的充要条件是 $P(A|B)=P(A)$.

定理 1.4　若事件 A 与 B 相互独立,则下面三对事件也相互独立:

$$
\{\bar{A},B\},\quad \{A,\bar{B}\},\quad \{\bar{A},\bar{B}\}.
$$

证明　只证明 A 与 $\bar{B}$ 独立,另外两对可由此推知. 因 A 与 B 独立,即 $P(AB)=P(A)P(B)$,故

$$
\begin{aligned}
P(\bar{A}B) &= P(B)-P(AB)=P(B)-P(A)P(B) \\
&= [1-P(A)]P(B)=P(\bar{A})P(B).
\end{aligned}
$$

这证明了 $\bar{A}$ 与 B 的独立性. 其他同理可证.

例 1.22　甲、乙二人独立地向同一目标各射击一次,命中率分别为 0.9 和

0.8,试求有人命中目标的概率.

解法一 设事件 $A=\{$甲命中目标$\}$,$B=\{$乙命中目标$\}$. 由于二人射击的独立性,可知事件 A,B 独立. 因此有人命中目标的概率为

$$P(A\cup B)=P(A)+P(B)-P(AB)=P(A)+P(B)-P(A)P(B)$$
$$=0.9+0.8-0.9\cdot 0.8=0.98.$$

解法二 设事件 A,B 同上. 由于二人射击的独立性,可知事件 A,B 独立. 根据定理 1.4 可知,$\overline{A},\overline{B}$ 也独立. 因此有人命中目标的概率为

$$P(A\cup B)=1-P(\overline{A}\overline{B})=1-P(\overline{A})P(\overline{B})=1-[1-P(A)][1-P(B)]$$
$$=1-(1-0.9)(1-0.8)=0.98.$$

下面给出三个事件相互独立的定义.

定义 1.8 对三个事件 A,B,C,如果

$$\begin{cases} P(AB)=P(A)P(B), \\ P(AC)=P(A)P(C), \\ P(BC)=P(B)P(C), \end{cases} \tag{1.18}$$

$$P(ABC)=P(A)P(B)P(C) \tag{1.19}$$

成立,则称事件 A,B,C 相互独立.

在上述定义中,当仅有前三个等式成立时,则自然称事件 A,B,C 两两独立. 读者可能会问,第四个等式是否可以由前三个等式导出,因而是多余的呢? 实则并非如此. 请看下面著名的例子.

例 1.23(伯恩斯坦) 一个均匀的正四面体,其中的三个面分别染成红色、黄色和蓝色,剩下的一个面染有红、黄、蓝三种颜色. 现在以 A,B,C 分别表示投掷该四面体出现红色、黄色、蓝色着地的事件,则由于四面体两面有红色,因此 $P(A)=\frac{1}{2}$. 同理有 $P(B)=P(C)=\frac{1}{2}$. 容易算出

$$P(AB)=P(AC)=P(BC)=\frac{1}{4}.$$

所以(1.18)式成立,即事件 A,B,C 两两独立. 但是

$$P(ABC)=\frac{1}{4}\neq\frac{1}{8}=P(A)P(B)P(C),$$

因此事件 A,B,C 并不是相互独立的.

事件独立性的概念可以推广到任意有限多个事件的情况.

定义 1.9 设 $A_1,A_2,\cdots,A_n$ 是 n 个事件,若对任意的 $m(2\leqslant m\leqslant n)$及任意的$1\leqslant i_1<\cdots<i_m\leqslant n$,

$$P(A_{i_1}A_{i_2}\cdots A_{i_m})=P(A_{i_1})P(A_{i_2})\cdots P(A_{i_m}), \tag{1.20}$$

则称事件 $A_1,A_2,\cdots,A_n$ 相互独立.

易见,(1.20)式实际上包含 $C_n^2+C_n^3+\cdots+C_n^n=2^n-n-1$ 个式子. 由三个事件的场合可以看出,要定义 n 个事件的独立性,这些等式都是必须的.

显然,若 n 个事件独立,则它们中的任意 $m(2\leqslant m<n)$ 个事件也相互独立. 此外对多个事件的独立性也成立类似定理 1.3 和定理 1.4 的结论,不再重复写出. 读者可自行验证并要注意应用.

从事件独立性的定义可以看出,若事件相互独立,则许多概率的计算就可以大为简化. 例如多个事件概率的乘法公式和加法公式分别简化为

$$P(A_1A_2\cdots A_n)=P(A_1)P(A_2)\cdots P(A_n), \tag{1.21}$$

$$\begin{aligned} P\left(\bigcup_{i=1}^{n} A_i\right) &= 1-P(\overline{A}_1)P(\overline{A}_2)\cdots P(\overline{A}_n) \\ &= 1-[1-P(A_1)]\cdots[1-P(A_n)], \end{aligned} \tag{1.22}$$

其中加法公式比不独立的情况简便多了.

例 1.24　某种彩票每周开奖一次,每张彩票中奖的概率为万分之一,且各周开奖过程互不影响. 如果你每周买一张彩票,尽管你坚持十年(按每年 52 周计算)之久,求从未中过奖的概率和至少中过一次奖的概率.

解　十年中共买彩票 520 次. 以 A_i 表示"第 i 周中奖",$i=1,2,\cdots,520$. 依假设,各周开奖过程互不影响,故事件 $A_1,A_2,\cdots,A_{520}$ 相互独立. 每次中奖概率均为万分之一,即 $P(A_i)=10^{-4},i=1,2,\cdots,520$. 因为事件 $\overline{A}_1,\overline{A}_2,\cdots,\overline{A}_{520}$ 也是相互独立的,故这十年中从未中过奖的概率

$$\begin{aligned} P(\overline{A}_1\overline{A}_2\cdots\overline{A}_{520}) &= P(\overline{A}_1)P(\overline{A}_2)\cdots P(\overline{A}_{520}) \\ &= (1-10^{-4})^{520}=0.95, \end{aligned}$$

而至少中过一次奖的概率为

$$P(A_1\cup A_2\cup\cdots\cup A_{520})=1-P(\overline{A}_1\overline{A}_2\cdots\overline{A}_{520})=0.05.$$

计算结果表明,十年从未中奖的概率很大,是 95%. 同样可以算得,若坚持 50 年购买这种彩票,从未中奖的概率下降为 77%,仍比较大. 因此,购买彩票应有正常的心态,不可对"中奖"期望过高.

例 1.25　设有 $2n$ 个电子元件,其中每个元件的可靠性均为 $r(0<r<1)$,且各元件能否正常工作是相互独立的. 试求图 1.4 所示的电路系统与图 1.5 所示的电路系统的可靠性.

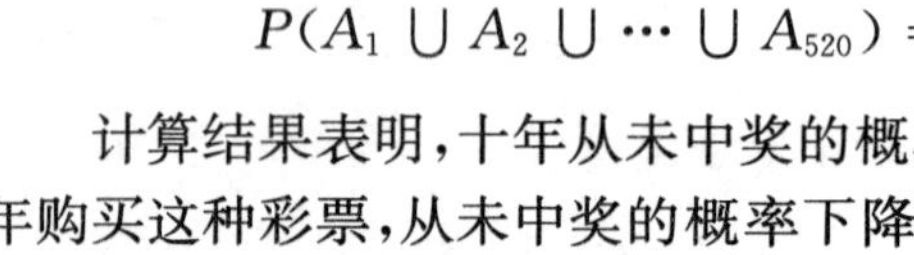

图 1.4

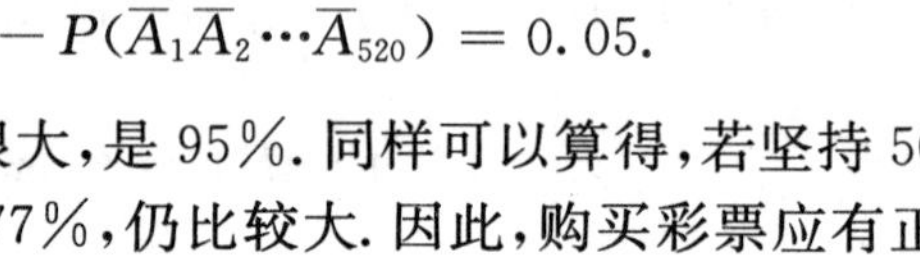

图 1.5

解　对于图 1.4 所示的电路系统，易见每个子组(由 n 个元件串联)的可靠性为 r^n，再由(1.22)式得系统的可靠性为 $p_1=1-(1-r^n)^2=r^n(2-r^n)$.

对于图 1.5 所示的电路系统，根据(1.22)式可知每个子组(两个元件并联)的可靠性为 $1-(1-r)^2=r(2-r)$，从而系统的可靠性为 $p_2=r^n(2-r)^n$.

用归纳法容易证明，$2<r^n+(2-r)^n$，由此可得 $p_1<p_2$，即图 1.5 所示的电路系统比图 1.4 所示的电路系统的可靠性高.

本章的最后我们来研究事件的相容性和独立性的关系.

定义 1.10　若事件 A 的概率 $P(A)=0$ 或 1，则称事件 A 为平凡事件.

例 1.26　平凡事件与任何事件都独立.

证明　设 A 是一平凡事件，B 是任一事件. 只需证明 A 与 B 独立.

(i) 若 $P(A)=0$，由概率的单调性得 $P(AB)=0$. 于是有 $P(AB)=P(A)P(B)$. 即 A 与 B 独立.

(ii) 若 $P(A)=1$，则 $P(\overline{A})=0$. 由已证的(i)得 $\overline{A}$ 与 B 独立. 从而根据定理 1.4 可知 A 与 B 也独立.

也可以直接去证明 A 与 B 独立. 这留给读者考虑.

例 1.27　设 A,B 为两个事件，且 $P(A)>0,P(B)>0$. 若 A 与 B 不相容，则 A 与 B 不独立.

证明　由 A 与 B 不相容，即 $AB=\varnothing$，得 $P(AB)=P(\varnothing)=0$；而由条件显然有 $P(A)P(B)>0$. 所以 $P(AB)\neq P(A)P(B)$. 此即 A 与 B 不独立.

所证明的结论可以简述为，对非平凡事件，互斥则相依，独立则相容.

类似可以讨论事件的蕴涵和独立性的关系.

例 1.28　设 A,B 为两个事件，且 $P(A)>0,P(B)<1$. 若 $A\subset B$，则 A 与 B 不独立.

证明留给读者作为练习.

习　题　1

1.1　任意抛掷一颗骰子，观察出现的点数. 设事件 A 表示“出现偶数点”，事件 B 表示“出现的点数能被 3 整除”.

(1) 写出试验的基本事件空间，把事件 A 与 B 表示为基本事件的集合.

(2) 事件

$$\overline{A},\quad \overline{B},\quad A\cup B,\quad AB,\quad \overline{A\cup B}$$

分别表示什么事件? 并把它们表示为基本事件(即样本点)的集合.

1.2　袋中有 10 个球，分别标有号码 1～10，其中 1～5 号球为红球，6～8 号球为白球，9，10 号球为黑球. 设试验为

(1) 从袋中任取一球，观察其颜色；

(2) 从袋中任取一球，观察其号码.

分别写出两个试验的基本事件空间，并指出其中的基本事件是否是等可能的.

1.3　设 A,B,C 为三个事件，试将下列事件用 A,B,C 表示出来：

(1) 三个事件都不发生；

(2) 三个事件不都发生；

(3) 三个事件恰有一个发生；

(4) 三个事件恰有两个发生；

(5) A 发生，B 与 C 都不发生；

(6) A 与 B 都发生，C 不发生；

(7) 三个事件至少有一个发生；

(8) 三个事件至少有两个发生；

(9) 三个事件至多有两个发生；

(10) 三个事件至多有一个发生.

1.4　设 A,B 为随机事件，试证明下列等式：

(1) $A\cup B=A\bar{B}\cup B$；

(2) $(A-B)C=AC-BC$；

(3) $(A\cup B)-B=A-B=A-AB$；

(4) $(A\cup B)-AB=(A-B)\cup(B-A)$.

1.5　从分别标有 1 至 $2n$ 的 $2n$ 张卡片中无放回地任取 3 张，求卡片号大于、小于和等于 n 的各有一张的概率.

1.6　某班有 12 名学生是在 1987 年出生的，求：

(1) 这 12 名学生中至少有两人是在同一天出生的概率；

(2) 这 12 名学生中至少有一人是 5 月 1 日出生的概率.

1.7　把 10 本书任意地放在书架上，求其中指定的 5 本书放在一起的概率.

1.8　某人的 5 把钥匙中有 2 把可以打开房门. 现在他无放回地试开房门，求：

(1) 第三次打开房门的概率；

(2) 三次内打开房门的概率.

1.9　N 件产品中有 M 件废品，其余为合格品. 现从中任取 n 件($1\leqslant n\leqslant N-M$)，求其中恰有 $k(k\leqslant n)$件废品的概率.

1.10　将 3 个球随机地投入到四个盒子中，求下列事件的概率：

(1) A——三个球分别投入不同的盒子；

(2) B——三个球投入到同一个盒子中；

(3) C——某个盒子中恰有两个球.

1.11　为了减少比赛场次，把 20 个球队任意分成两组(每组 10 个队)，求最强的两个队被分在不同组内的概率.

1.12　从 6 双不同的手套中任取 4 只，求：

(1) 其中恰有一双的概率；

(2) 其中一双也没有的概率.

1.13 甲乙两艘轮船驶向一个不能同时停泊两艘轮船的码头停泊，它们在一昼夜内到达的时刻是等可能的．如果甲船的停泊时间是一小时，乙船的停泊时间是两小时，求它们中的任何一艘船到达时都不需要等候码头空出的概率．

1.14 把长度为 l 的细棒任意折成三段，求这三段能构成一个三角形的概率．

1.15 在[0,1]中任取三点 X,Y,Z，求线段$\overrightarrow{OX},\overrightarrow{OY},\overrightarrow{OZ}$能构成三角形的概率．

1.16 从 1～100 这 100 个数中任取一个数，求这个数能被 6 或 8 整除的概率．

1.17 某人外出旅游两天，据天气预报，第一天下雨的概率为 0.7，第二天下雨的概率为 0.4，至少有一天下雨的概率为 0.8．

(1) 求两天都不下雨的概率；

(2) 求两天都下雨的概率；

(3) 如果第一天下雨的概率未知，求第一天下雨第二天不下雨的概率．

1.18 试证明下列各命题：

(1) 设 $P(A)=p,P(B)=1-\sqrt{p}$，其中 $0<p<1$．则 $P(\overline{A}\overline{B})>0$．

(2) 设 A,B,C 为事件，则 $P(\overline{A}\,\overline{B}C)=P(C)-P(AC)-P(BC)+P(ABC)$．

1.19 设 $P(A)=P(B)=P(C)=\dfrac{1}{4},P(AC)=P(BC)=\dfrac{1}{10},P(AB)=0$．求：

(1) 事件 A,B,C 全不发生的概率；

(2) 事件 C 发生而 A 和 B 都不发生的概率．

1.20 在桥牌比赛中，把 52 张牌随机地分发给东、南、西、北四家(每家各 13 张)．求北家的 13 张牌中：

(1) 有 5 张黑桃、4 张红心、3 张方块、1 张梅花的概率；

(2) 至少缺一种花色的概率．

1.21 袋中有 a 只白球和 b 只黑球，从中不放回随机地取球，每次一只，直至袋中剩下的球的颜色都相同为止．求最后剩下的全是白球的概率．

1.22 把字母 A，A，T，T，C，K 分别写在一张卡片上，充分混合后一张一张地取出，问按取出的顺序恰好得到单词“ATTACK”的概率．

1.23 设 10 件产品中有 4 件不合格品，从中任取两件，已知取出的两件产品中有一件是不合格品，求另一件也是不合格品的概率．

1.24 袋中有三个球，其中黑球一个、白球两个．一次次从袋中摸球，每次摸球后不把此球放回，而是放进一只白球．求第 n 次摸球时摸到白球的概率．

1.25 箱子中有 100 部西门子手机，其中 90 部是合格品，另外 10 部是次品．从箱中随机地不放回抽取手机，每次一件．若取得合格品后就不再抽取．求三次内能取得合格品的概率．

1.26 已知某工厂的车床、钻床、磨床、刨床的台数之比为 9∶3∶2∶1，它们在一定时间内需要修理的概率之比为 1∶2∶3∶1．当有一台机床需要修理时，求这台机床是车床的概率．

1.27 发报台分别以概率 0.6 及 0.4 发出两种信号“·”和“—”．由于干扰，在接收站，信号“·”被误收为“—”的概率为 0.2，而“—”被误收为“·”的概率为 0.1．

(1) 求接收站收到信号“·”的概率；

(2) 若接收站收到信号“—”，求发报台确系发出“—”的概率．

1.28 某求职人员接连参加了用人单位组织的两次考试，第一次及格的概率为 p．若第一次及格,则第二次及格的概率也为 p;若第一次不及格,则第二次及格的概率为 $p/2$.

(1) 若至少有一次及格,则他能被留用.求他能被留用的概率;

(2) 若已知他第二次考试及格,求他第一次考试及格的概率.

1.29　已知 $P(A)=0.4, P(A\cup B)=0.7$,求 $P(B|\overline{A})$;若事件 A 与 B 相互独立,求$P(\overline{A}|B)$.

1.30　三个人独立地去破译一份密码,他们能译出的概率分别为$\frac{1}{5},\frac{1}{3},\frac{1}{4}$.问能将此密码译出的概率是多少?

1.31　一个工人看管三台机床,在一小时内这三台机床不需要工人照管的概率分别是0.9,0.8,0.7.求在一小时内三台机床至多有一台需要工人照管的概率.

1.32　设有8个可靠性相同的电子元件平均分成两组,每组的4个元件分别串联后再把两组并联.若要求如此构成的电路系统的可靠性不低于84%,问每个元件的可靠性至少是多少?

第 2 章　随机变量及其分布

在第一章里，我们对随机现象的规律性进行了初步的讨论，通过引入随机事件及其概率的概念，阐述了概率论的基本理论，建立了随机现象的数学模型. 随机事件是概率论中最基本的概念之一. 但如果只是孤立地研究随机事件及其概率的问题，则研究方法缺乏一般性，且不便在概率论中引入微积分等分析数学的工具. 为了更深入地研究随机现象，本章将要引进概率论中的另一个基本概念——随机变量. 随机变量概念的引入是概率论发展史上的重大事件，它使得概率论与微积分等其他数学工具有机地结合起来，极大地丰富了概率论的内容，使概率论成为一门真正的数学学科.

2.1　随机变量与分布函数

2.1.1　随机变量

在第一章我们已经知道，有些随机试验(或随机现象)的结果本身就是数量. 例如，在投掷骰子问题中，观察骰子出现的点数；在电话问题中，关心的是某段时间收到的呼叫次数；在投掷两枚硬币的问题中，要观察的是正面出现的次数；在灯管质量检验的过程中，关心的是一支灯管的寿命(即灯管的无故障运行时间)等等. 另一些随机现象初看起来与数值无关，但也可以用数量来描述(即可以数量化). 例如，在产品质量检验问题中，每次取到的产品是次品或是合格品，与数值没有关系. 但我们可用下面的方法使它与数值联系起来，当取到次品时对应于数“1”，而取到合格品时对应于数“0”，则每次试验(即每次取样)的结果就可以直接用数值“1”或“0”表示了.

因此，任何随机现象，都直接或间接地联系着一个变量(或几个变量)，这种变量 X 的取值“随机会而定”，故而称为随机变量. 机会表现为试验结果，就是说，随机变量的取值是随着试验结果的不同而变化的，也即它是样本点的函数.

定义 2.1　设随机试验 E 的样本空间为 Ω，称定义在 Ω 上的实函数为**随机变量**.

习惯上随机变量用英文大写字母 $X,Y,Z,\cdots$ 表示，或用希腊字母 $\xi,\eta,\cdots$ 表示. 若要清楚地表明随机变量是样本点的函数，则应当表示为 $X(\omega),Y(\omega),\xi(\omega),\cdots$.

引进随机变量后，随机事件就可以用随机变量来表示. 例如，在灯管质量检验问题中,用 X 表示灯管的寿命,它是随机变量. 而事件“灯管的寿命小于 800 小时”就可以表示成 $\{X<800\}$. 反之,若 X 是随机变量,则 $\{X\leqslant a\}$, $\{X>b\}$, $\{a<X\leqslant b\}$ (其中 a,b 为任意实数)等都表示随机事件.

2.1.2　分布函数

对于随机变量,仅仅知道它能取什么值是不够的,更重要的是要知道其取值于某个范围的概率,也就是要掌握其取值的概率分布. 一个很自然的问题是,应当如何描述随机变量取值的概率分布呢? 换句话说,对于一般的随机变量 X,能否找到一种描写概率分布的统一方法或工具呢? 事实上,因为对于任意实数 $a<b$,总有 $\{X\leqslant a\}\subset\{X\leqslant b\}$,且

$$\{a<X\leqslant b\}=\{X\leqslant b\}-\{X\leqslant a\},$$

于是根据上一章概率性质 3 中的(1.5)式得

$$P(a<X\leqslant b)=P(X\leqslant b)-P(X\leqslant a).$$

因此,对任意实数 x,只要知道了随机变量 X 落入半无穷区间 $(-\infty,x]$ 内的概率 $P(X\leqslant x)$,就可以求出 X 落入任意区间 $(a,b]$ 内的概率.

定义 2.2　设 X 为随机变量,称一元函数

$$F(x)=P(X\leqslant x),\quad -\infty<x<+\infty, \tag{2.1}$$

为随机变量 X 的**分布函数**.

若将随机变量 X 看成数轴上的随机点的坐标,则分布函数 $F(x)$ 在点 x 处的函数值就表示随机点 X 落在半无穷区间 $(-\infty,x]$ 内的概率.

随机变量 X 的分布函数是 $F(x)$,也说成“随机变量 X 服从分布函数 $F(x)$”,简记为“$X\sim F(x)$”. 也可以用 $F_X(\cdot)$ 表示 X 的分布函数,以指明 $F_X(\cdot)$ 与 X 的对应关系.

下面讨论分布函数的性质.

定理 2.1　设 $F(x)$ 是随机变量 X 的分布函数,则 $F(x)$ 满足:

(i) **单调性**:对于任意的实数 $a<b$,有 $F(a)\leqslant F(b)$;

(ii) **规范性**: $F(-\infty)=\lim\limits_{x\to-\infty}F(x)=0$, $F(+\infty)=\lim\limits_{x\to+\infty}F(x)=1$;

(iii) **右连续性**:对于任意的实数 x, $F(x+0)=\lim\limits_{y\to x+0}F(y)=F(x)$.

证明　(i)由于 $\{X\leqslant a\}\subset\{X\leqslant b\}$,依概率的单调性有

$$F(a)=P\{X\leqslant a\}\leqslant P\{X\leqslant b\}=F(b).$$

(ii)、(iii)的严格证明超出了本课程的要求. 这两条性质可以从直观上理解和记忆. 例如,对(ii)中的第二式 $F(+\infty)=\lim\limits_{x\to+\infty}F(x)=1$ 可作如下理解:当 $x\to+\infty$ 时,事件 $\{X\leqslant x\}$ 越来越接近必然事件 $\{X<+\infty\}$,从而其概率 $F(x)$ 会趋向于必然事件的概率 1.

定理 2.2 设 $P(X\leqslant x)=F(x)$，即 $F(x)$ 是随机变量 X 的分布函数，则对任意实数 a 有

$$P(X=a)=F(a)-F(a-0). \tag{2.2}$$

证明 由于 $F(x)$ 的单调性，$F(x-0)=\lim\limits_{y\to x-0}F(y)$ 存在. 故由概率的性质可得

$$\begin{aligned}P(X=a)&=\lim_{n\to\infty}P\left(a-\frac{1}{n}<X\leqslant a\right)\\&=\lim_{n\to\infty}\left[F(a)-F\left(a-\frac{1}{n}\right)\right]\\&=F(a)-F(a-0).\end{aligned}$$

定理 2.2 给出了用分布函数计算随机变量取任一指定实数值 a 的概率公式. 由定理 2.1 可知，对于分布函数，右连续总是成立的，即 $F(a+0)=F(a)$. 而左连续则不然. 定理 2.2 表明，随机变量取某个实数值 a 的概率等于零的充要条件是其分布函数在点 a 处左连续(从而连续).

由定理 2.2 与分布函数的定义可得下列推论.

推论 设 $F(x)$ 是随机变量 X 的分布函数，a,b 是任意实数，则

(i) $P(X\leqslant a)=F(a)$,

$P(X<a)=F(a-0)$,

$P(X>a)=1-F(a)$,

$P(X\geqslant a)=1-F(a-0)$;

(ii) $P(a<X\leqslant b)=F(b)-F(a)$,

$P(a\leqslant X\leqslant b)=F(b)-F(a-0)$,

$P(a<X<b)=F(b-0)-F(a)$,

$P(a\leqslant X<b)=F(b-0)-F(a-0)$.

推论中的八个表达式给出了用分布函数计算随机变量落入任何半无穷区间及任意有限区间内的概率的公式.

对于随机变量，通常只讨论其中最重要的两类. 一类是所谓离散型随机变量；另一类是连续型随机变量. 离散型随机变量的取值能够一一列举出来. 非离散性随机变量的范围很广，其中最重要也是最常用的是连续型随机变量. 下面分别讨论离散型随机变量和连续型随机变量.

2.2 离散型随机变量

2.2.1 离散型随机变量及其分布列

对于随机变量，仅仅知道它能取什么值是不够的，更重要的是要知道它取这些值或取值于某个范围的概率.

定义 2.3　若随机变量 X 只取有限个或可列个可能值，则称 X 为**离散型随机变量**. 设 X 的所有可能值为 $x_1, x_2, \cdots, x_i, \cdots$，则称

$$P(X = x_i) = p_i, \quad i = 1,2,\cdots \tag{2.3}$$

为随机变量 X 的**分布列**(或**概率分布**).

离散型随机变量 X 的分布列也可以用如下形式表示：

X	x_1	x_2	$\cdots$	x_i	$\cdots$
P	p_1	p_2	$\cdots$	p_i	$\cdots$

由概率的性质可知，任一离散型随机变量 X 的分布列具有如下两个性质：

(1) 非负性：$p_i \geqslant 0, i=1,2,\cdots$.

(2) 规范性：$\sum\limits_{i=1}^{\infty} p_i = 1$.

反之，任意一个数列 $\{p_i\}$ 若满足以上两个性质，就可以作为某个随机变量的分布列. 因此这两条性质是检验一个数列是否是随机变量的分布列的依据. 有了分布列，根据概率的可加性可求得 X 取值于任一集合 B 的概率：

$$P(X \in B) = \sum_{x_i \in B} P(X = x_i). \tag{2.4}$$

在上式中，令 $B=(-\infty, x]$，就得到根据离散型随机变量 X 的分布列计算其分布函数的公式：

$$F(x) = P(X \leqslant x) = \sum_{x_i \leqslant x} p_i. \tag{2.5}$$

例 2.1　一辆汽车沿一公路行驶去往火车站，需要通过两个设有交通信号灯的路口. 设在各个路口是否遇到红灯相互独立，且每个路口遇到红灯的概率都是 0.5. 以 X 表示该汽车顺利通过(意指在此之前未遇到过红灯)的路口数，求：

(1) X 的分布列；

(2) X 的分布函数 $F(x)$，并作出 $F(x)$ 的图形；

(3) $P\left(2<X<\dfrac{5}{2}\right), P\left(2\leqslant X<\dfrac{5}{2}\right), P\left(1\leqslant X\leqslant\dfrac{5}{2}\right)$.

解　(1) 以 A_i 表示事件{第 i 个路口遇到红灯}，$i=1,2$. 则

$P(X=0)=P(A_1)=0.5$,

$P(X=1)=P(\overline{A}_1A_2)=P(\overline{A}_1)P(A_2)=0.5\times0.5=0.25$,

$P(X=2)=P(\overline{A}_1\overline{A}_2)=P(\overline{A}_1)P(\overline{A}_2)=0.5\times0.5=0.25$.

故 X 的分布列为

X	0	1	2
P	0.5	0.25	0.25

(2) X 的分布函数为 $F(x)=P(X\leqslant x)$，由(2.5)式得

当 $x<0$ 时，区间$(-\infty,x]$内不含有 X 的任何可能值，故 $F(x)=0$；

当 $0\leqslant x<1$ 时，$(-\infty,x]$内只含有 X 的可能值 0，故

$$F(x)=P(X=0)=0.5;$$

当 $1\leqslant x<2$ 时，$(-\infty,x]$内含有 X 的可能值 0 和 1，故

$$\begin{aligned}F(x)&=P(X=0)+P(X=1)\\&=0.5+0.25=0.75;\end{aligned}$$

当 $x\geqslant 2$ 时，$(-\infty,x]$内含有 X 的可能值 0，1 和 2，故

$$\begin{aligned}F(x)&=P(X=0)+P(X=1)+P(X=2)\\&=0.5+0.25+0.25=1.\end{aligned}$$

综上得 X 的分布函数如下：

$$F(x)=\begin{cases}0, & x<0,\\ \dfrac{1}{2}, & 0\leqslant x<1,\\ \dfrac{3}{4}, & 1\leqslant x<2,\\ 1, & x\geqslant 2.\end{cases}$$

其图形如图 2.1 所示. 从图形可以看出，$F(x)$ 不仅满足分布函数的单调性、规范性和右连续性，而且是阶梯函数. 这正是离散型随机变量的分布函数所具有的的典型特征.

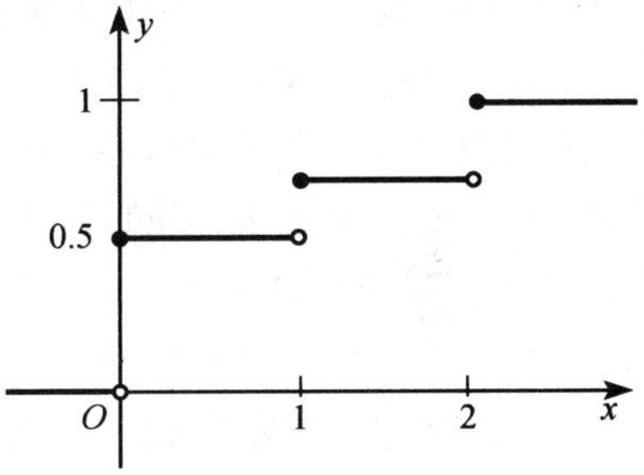

图 2.1

(3) 有了 X 的分布列，利用(2.4)式就可以求得每个事件的概率

$$P\left(2<X<\frac{5}{2}\right)=P(\varnothing)=0,$$

$$P\left(2\leqslant X<\frac{5}{2}\right)=P(X=2)=0.25,$$

$$P\left(1\leqslant X\leqslant\frac{5}{2}\right)=P(X=1)+P(X=2)=0.5.$$

2.2.2 几种常见的离散型分布

1. 0-1 分布

若随机变量 X 只可能取 0 和 1 两个值，且其分布列为

$$P(X=k)=p^k(1-p)^{1-k},\quad k=0,1, \tag{2.6}$$

其中 $0<p<1$. 则称 X 服从参数为 p 的 **0-1 分布**(也称为**伯努利**(Bernoulli)

分布).

0-1 分布可用来描述一切只有两种结果的随机试验. 例如,掷一枚硬币是出现正面还是反面;任取一件产品是正品还是次品;一次射击是中靶还是脱靶;等等.

2. 二项分布

若离散型随机变量 X 的分布列为

$$P(X=k)=C_n^k p^k(1-p)^{n-k},\quad k=0,1,2,\cdots,n, \tag{2.7}$$

其中 $0<p<1$. 则称 X 服从参数为 n,p 的**二项分布**,记为 $X\sim B(n,p)$.

显然 $P(X=k)\geqslant 0$,而根据二项式定理有

$$\sum_{k=0}^{n} C_n^k p^k(1-p)^{n-k}=[p+(1-p)]^n=1,$$

即(2.7)式满足分布列的规范性. 而 $C_n^k p^k(1-p)^{n-k}$ 是二项式 $[p+(1-p)]^n$ 的展开式中的一般项,这正是二项分布这一分布名称的由来.

下面介绍二项分布的实际背景.

如果一个随机试验 E 只有两个可能的结果,记为 A 和 $\overline{A}$,称这种试验为**伯努利试验**. 将伯努利试验 E 独立重复地进行 n 次,称为 n 重独立伯努利试验,简称为 ***n* 重伯努利试验**(在不需要指明具体的试验次数时,称为多重伯努利试验). 通常把出现结果 A 称作"成功",而把出现结果 $\overline{A}$ 称作"失败". 这里"独立"是指各次试验的结果在概率上互不影响,而"重复"是指各次试验条件不变,从而各次试验成功(出现结果 A)的概率都相同,设为 p,即 $P(A)=p$. 于是各次试验失败(出现结果 $\overline{A}$)的概率都是 $P(\overline{A})=1-p$. 在 n 重伯努利试验中,以 μ_n 表示事件 A 出现的次数,记事件 $B_k=\{\mu_n=k\}$,它由一切含有 k 个 A 和 $n-k$ 个 $\overline{A}$ 的事件所组成,这些事件是互不相容的,总数为 C_n^k 个. 而由各次试验的独立性,每一个这种事件的概率均为 $p^k(1-p)^{n-k}$,因此有

$$P(\mu_n=k)=P(B_k)=C_n^k p^k q^{n-k},\quad k=0,1,2,\cdots,n,$$

其中 $q=1-p$. 也就是说,n 重伯努利试验中事件 A 出现的次数(即成功次数)μ_n 服从参数为 n,p 的二项分布,即 $\mu_n\sim B(n,p)$.

注意,若 $n=1$,也就是只做一次伯努利试验,这时或者 A 发生(成功次数 $\mu_1=1$)或者 $\overline{A}$ 发生(成功次数 $\mu_1=0$),二项分布即化为 0-1 分布,因此 0-1 分布是二项分布的特例. 故 0-1 分布可用二项分布的符号表示为 $B(1,p)$.

例 2.2　已知一大批产品的废品率为 5%,从中随机地抽取 20 件,求其中恰有 2 件废品的概率以及至少有两件废品的概率.

解　这里是不放回抽样,但由于产品数量很大,抽取的 20 件相对于总数来说又很小,因此可以近似当作放回抽样处理. 也就是说可以把本题近似看成是一个

20 重的伯努利试验. 由于每次抽样抽得废品的概率 $p=0.05$,若以 X 表示 20 次抽样抽得的废品件数,则有 $X\sim B(20,0.05)$,即废品件数 X 的分布列为

$$P(X=k)=C_{20}^{k}0.05^{k}\,0.95^{20-k},\quad k=0,1,2,\cdots,20.$$

因此恰有 2 件废品的为

$$P(X=2)=C_{20}^{2}0.05^{2}\,0.95^{18}=0.1887,$$

而至少有 2 件废品的概率为

$$\begin{aligned}P(X\geqslant 2)&=\sum_{k=2}^{20}C_{20}^{k}\,0.05^{k}\,0.95^{20-k}\\&=1-0.95^{20}-C_{20}^{1}\times 0.05\times 0.95^{19}\\&=1-0.3585-0.3773=0.2642.\end{aligned}$$

在有些问题中,伯努利试验的重复次数 n 很大,而每次试验事件 A 出现的概率 p 又很小. 在这种情况下,有一个便于应用的近似公式.

定理 2.3(二项分布的泊松逼近) 设在 n 重伯努利试验中,p_n 为事件 A 在每次试验中出现的概率. 若 $\lim\limits_{n\to\infty}np_n=\lambda>0$,则对任意的 $k=0,1,2,\cdots$,有

$$\lim_{n\to\infty}C_n^k p_n^k\,(1-p_n)^{n-k}=\frac{\lambda^k}{k!}e^{-\lambda}.$$

证明 记 $np_n=\lambda_n$,则 $p_n=\dfrac{\lambda_n}{n}$. 于是

$$\begin{aligned}C_n^k p_n^k\,(1-p_n)^{n-k}&=\frac{n(n-1)\cdots(n-k+1)}{k!}\left(\frac{\lambda_n}{n}\right)^k\left(1-\frac{\lambda_n}{n}\right)^{n-k}\\&=\frac{\lambda_n^k}{k!}\left(1-\frac{\lambda_n}{n}\right)^{n-k}\left[\left(1-\frac{1}{n}\right)\left(1-\frac{2}{n}\right)\cdots\left(1-\frac{k-1}{n}\right)\right].\end{aligned}$$

根据微积分中的重要极限 $\lim\limits_{x\to\infty}\left(1+\dfrac{1}{x}\right)^x=e$,可得 $\lim\limits_{n\to\infty}\left(1-\dfrac{\lambda_n}{n}\right)^{n-k}=e^{-\lambda}$. 而 $\lim\limits_{n\to\infty}\lambda_n=\lambda$,又因为中括号内的式子显然极限为 1,于是结论显然成立.

在应用中,当 p 很小且 n 较大(一般要求 $p\leqslant 0.1$,而 $n\geqslant 20$)时,就可以用下式作近似计算:

$$C_n^k p^k\,(1-p)^{n-k}\approx\frac{\lambda^k}{k!}e^{-\lambda},\tag{2.8}$$

其中 $\lambda=np$ 是二项分布的两个参数的乘积.

例 2.3 设每次射击命中目标的概率为 0.02. 如果射击 400 次,试求至少有两次命中目标的概率.

解 可将每次射击看成伯努利试验,因此这是一个 400 次的伯努利试验. 用 X 表示命中目标的次数,则 X 服从二项分布 $B(400,0.02)$. 因为 $\lambda=400\times 0.02=8$,利用二项分布的泊松逼近(2.8)式,至少有两次命中目标的概率为

$$
\begin{aligned}
P(X\geqslant 2)&=1-P(X=0)-P(X=1)\\
&=1-0.98^{400}-C_{400}^{1}\times 0.02\times 0.98^{399}\\
&\approx 1-e^{-8}-8e^{-8}=0.997.
\end{aligned}
$$

这个概率很接近 1. 说明虽然每次射击的命中率很小,但只要射击次数足够大,则命中目标至少两次几乎是可以肯定的.

例 2.4 有同类设备 80 台,各台工作状态相互独立. 设每台设备发生故障的概率为 0.01. 若一台设备发生故障需要一名维修工人去处理,问:

(1) 需要配备多少维修工人,能保证设备发生故障而不能及时维修的概率小于 0.001?

(2) 考虑两种维修管理方式,其一是这 80 台设备由 4 人维护,每人负责 20 台;其二是由 3 人协作共同维护 80 台. 比较两种方式在设备发生故障时不能及时维修的概率.

解 每台设备是否发生故障是伯努利试验,而各台设备工作状态独立,故这是多重伯努利试验问题. 设 X 为 80 台设备中发生故障的台数,则有 X 服从二项分布 $B(80,0.01)$.

(1) 假定配备 N 名维修工人. 因为 $\{X>N\}$ 表示事件"设备发生故障不能及时维修". 由题意,要求 $P(X>N)<0.001$. 因为 $\lambda=np=80\times 0.01=0.8$,利用二项分布的泊松逼近(2.8)式有

$$
\begin{aligned}
P(X>N)&=1-P(X\leqslant N)\\
&=1-\sum_{k=0}^{N}C_{80}^{k}\,0.01^{k}\,0.99^{80-k}\\
&\approx 1-\sum_{k=0}^{N}\frac{0.8^{k}}{k!}e^{-0.8}\\
&=\sum_{k=N+1}^{\infty}\frac{0.8^{k}}{k!}e^{-0.8}<0.001.
\end{aligned}
$$

查书末泊松(Poisson)分布表(附表 3),得 $N+1=6$,即 $N=5$. 因此至少应配备 5 名维修工人.

(2) 按第一种方式,以 X_i 表示"第 i 人维护的 20 台中发生故障的台数",以 A_i 表示"第 i 人维护的 20 台发生故障不能及时维修",$i=1,2,3,4$. 这时 $\lambda=np=20\times 0.01=0.2$. 利用泊松分布表(附表 3),与上面类似可得

$$
P(A_i)=P(X_i\geqslant 2)\approx\sum_{k=2}^{\infty}\frac{0.2^{k}}{k!}e^{-0.2}=0.0175.
$$

不难看出,事件 A_1,A_2,A_3,A_4 相互独立,且具有相同的概率. 故按第一种方式 80 台中发生故障不能及时维修的概率约为

$$P(A_1 \cup A_2 \cup A_3 \cup A_4) = 1 - P(\overline{A}_1)P(\overline{A}_2)P(\overline{A}_3)P(\overline{A}_4)$$
$$= 1 - \prod_{i=1}^{4}[1 - P(A_i)] = 0.068.$$

利用附表 3 同样可求得，按第二种方式，3 人协作共同维护 80 台时，发生故障不能及时维修的概率为

$$P(X \geqslant 4) \approx \sum_{k=4}^{\infty} \frac{0.8^k}{k!} e^{-0.8} = 0.009.$$

由此看出，第二种“协作”方式尽管任务重了(每人平均维护约 27 台)，但工作效率却比第一种“分组”方式高很多(出现故障不能及时维修的概率相差约 7.5 倍).

3. 泊松分布

历史上泊松分布作为二项分布的近似是由法国数学家泊松于 1837 年引入的. 近几十年来，泊松分布日益显示其重要性，成了概率论中最重要的几个分布之一.

一般，若离散型随机变量 X 的分布列为

$$P(X=k)=\frac{\lambda^k}{k!}e^{-\lambda}, \quad k=0,1,2,\cdots. \tag{2.9}$$

其中 $\lambda>0$，则称 X 服从参数为 λ 的**泊松分布**，记为 $X \sim P(\lambda)$.

利用高等数学级数理论中指数函数 e^x 的(麦克劳林)幂级数展开式：

$$e^x = 1 + x + \frac{x^2}{2!} + \cdots + \frac{x^n}{n!} + \cdots,$$

不难证明泊松分布列(2.9)的规范性，留给读者作为练习.

例 2.5 由商店过去的销售记录可知，某种商品每月的销售数可用参数 $\lambda=5$ 的泊松分布描述. 假定上月无存货，为了有 99%以上的把握不脱销，问商店在月初至少应购进该商品多少件?

解 设商店在月初至少应购进该商品 N 件. 若以 X 表示该商品每月的销售数，则 $X \sim P(5)$. 依题意，$P(X \leqslant N) \geqslant 0.99$. 或等价地，$P(X > N) \leqslant 0.01$. 代入泊松分布的分布列(2.9)式得

$$\sum_{k=N+1}^{\infty} \frac{5^k}{k!} e^{-5} \leqslant 0.01.$$

查泊松分布表(附表 3)得 $N+1=12$，故 $N=11$. 即在月初至少应购进该商品 11 件，可以有 99%以上的把握不脱销.

4. 超几何分布

设一批产品共 N 件，其中 M 件是次品，其余 $N-M$ 件是合格品. 现从中不放

回任取 n 次，每次一件. 记取得的次品件数为 X，则 X 的分布列为

$$P(X=k)=\frac{C_M^k C_{N-M}^{n-k}}{C_N^n},\quad k=0,1,\cdots,n. \tag{2.10}$$

其中 n,M,N 为参数. 这种分布称为**超几何分布**，记为 $H(n;M,N)$.

注意，在(2.10)式中应约定当 k 取小于零或大于 n 的整数时，$C_n^k=0$. 否则 k 的取值范围应写成 $k=\max\{0,n+M-N\},\cdots,\min\{n,M\}$. 这是因为 k 的取值范围应满足 $0\leqslant k\leqslant M, 0\leqslant k\leqslant n$ 以及 $0\leqslant n-k\leqslant N-M$.

5. 几何分布

设 E 是一个伯努利试验，其结果为 A(成功)和 $\overline{A}$(失败)，每次试验成功的概率 $P(A)=p$ 不变. 将伯努利试验 E 重复进行多次，以 X 表示成功(结果 A)首次出现时的试验次数，则 X 是随机变量. 我们来求 X 的分布列.

记 $A_i=\{$第 i 次试验出现结果 $A\}$，$\overline{A}_i=\{$第 i 次试验出现结果 $\overline{A}\}$，则事件 $\{X=k\}$ 表示前 $k-1$ 次试验出现结果为 $\overline{A}$，第 k 次试验出现结果 A. 结合各次试验的独立性可得 X 的分布列：

$$\begin{aligned}P(X=k)&=P(\overline{A}_1\overline{A}_2\cdots\overline{A}_{k-1}A_k)\\&=P(\overline{A}_1)P(\overline{A}_2)\cdots P(\overline{A}_{k-1})P(A_k)=(1-p)^{k-1}p.\end{aligned}$$

一般地，若离散型随机变量 X 的分布列为

$$P(X=k)=p\,(1-p)^{k-1},\ k=1,2,\cdots, \tag{2.11}$$

其中 $0<p<1$，则称 X 服从参数为 p 的**几何分布**，记为 $X\sim G(p)$.

显然 $p\,(1-p)^{k-1}$ 是几何级数的一般项，几何分布因此而得名. 易见

$$\sum_{k=1}^{\infty}p\,(1-p)^{k-1}=p\sum_{k=1}^{\infty}(1-p)^{k-1}=p\,\frac{1}{1-(1-p)}=1.$$

因此几何分布(2.11)满足分布列的规范性.

例 2.6　我国的一个重要军事基地的上空经常会有一架来犯的敌方侦察机，通常是升空一架战斗机去消灭敌方侦察机. 若战斗机每次向敌机发射一枚炮弹击落敌机的概率为 60%，问我方战斗机至少应携带多少发炮弹，可以保证击落敌机的概率为 99%以上?

解　以 X 表示击落敌机所需要的射击次数，则 X 服从几何分布 $G(0.6)$，即

$$P(X=k)=0.4^{k-1}\cdot 0.6,\quad k=1,2,\cdots.$$

设每架战斗机应携带 n 发炮弹. 依题意，要求 $P(X\leqslant n)>0.99$. 或等价地，$P(X>n)<0.01$. 由于

$$P(X>n)=\sum_{k=n+1}^{\infty}0.4^{k-1}\cdot 0.6=0.6\sum_{k=n+1}^{\infty}0.4^{k-1}=0.4^n,$$

即应有 $0.4^n<0.01$. 于是

$$n>\frac{\ln 0.01}{\ln 0.4}=5.026.$$

故至少应携带 6 发炮弹，可以保证击落敌机的概率为 99%以上.

6. 帕斯卡(Pascal)分布

继续考虑独立重复的伯努利试验序列，每次试验成功(出现结果 A)的概率 $P(A)=p$，失败(出现结果 $\overline{A}$)的概率 $P(\overline{A})=1-p$. 以 ξ_r 表示第 r 次成功(结果 A)出现时的试验次数，则 ξ_r 是随机变量. 我们来求 ξ_r 的分布列.

仍记 $A_i=\{$第 i 次试验出现结果 $A\}$，$\overline{A}_i=\{$第 i 次试验出现结果 $\overline{A}\}$，则事件 $\{\xi_r=k\}$表示前 $k-1$ 次试验中恰有 $r-1$ 次成功和 $k-r$ 次失败，且第 k 次试验成功. 结合各次试验的独立性可得 ξ_r 的分布列：

$$\begin{aligned}P(\xi_r=k)&=P\{\text{前 } k-1 \text{ 次试验恰有 } r-1 \text{ 次成功}\}\cdot P\{\text{第 } k \text{ 次试验成功}\}\\&=\mathrm{C}_{k-1}^{r-1}p^{r-1}(1-p)^{k-r}\cdot p\\&=\mathrm{C}_{k-1}^{r-1}p^{r}(1-p)^{k-r}.\end{aligned}$$

一般地，若随机变量 X 的分布列为

$$P(X=k)=\mathrm{C}_{k-1}^{r-1}p^{r}(1-p)^{k-r},\quad k=r,r+1,\cdots, \tag{2.12}$$

其中 $0<p<1$，则称 X 服从参数为 r,p 的**帕斯卡分布**，记为 $X\sim Pa(r,p)$.

显然，参数 $r=1$ 时的帕斯卡分布即为**几何分布**(2.11).

例 2.7(巴拿赫问题) 某人口袋中装有两盒火柴，开始时每盒各有 N 根. 每次抽烟时他从口袋中任取一盒用一根，求他发现一盒用光时另一盒尚余 r 根的概率.

解 记 $A=\{$发现甲盒已空而乙盒尚余 r 根$\}$. 由对称性可知所求概率为 $2P(A)$. 我们以取出甲盒为“成功”，这便是一个成功概率为 $p=\frac{1}{2}$ 的独立重复伯努利试验. 用 ξ_{N+1} 表示第 $N+1$ 次取出甲盒(即“成功”)时的抽取次数，则 $\xi_{N+1}\sim Pa\left(N+1,\frac{1}{2}\right)$，即其分布列为

$$P(\xi_{N+1}=k)=\mathrm{C}_{k-1}^{N}\left(\frac{1}{2}\right)^{N+1}\left(\frac{1}{2}\right)^{k-N-1}=\mathrm{C}_{k-1}^{N}\left(\frac{1}{2}\right)^{k},\quad k=N+1,N+2,\cdots,$$

显然事件 $A=\{\xi_{N+1}=2N-r+1\}$. 故所求概率为

$$2P(A)=2P\{\xi_{N+1}=2N-r+1\}=2\mathrm{C}_{2N-r}^{N}\left(\frac{1}{2}\right)^{2N-r+1}=\frac{\mathrm{C}_{2N-r}^{N}}{2^{2N-r}}.$$

下面的例子证明了泊松分布在随机选择下不变的性质.

例 2.8 已知某商场一天到来的顾客数 X 服从参数为 λ 的泊松分布 $P(\lambda)$，而每个来到商场的顾客购物的概率为 $p(0<p<1)$，证明：此商场一天内购物的顾客数 Y 服从参数为 λp 的泊松分布 $P(\lambda p)$.

证明　应用全概率公式，商场一天内有 k 个顾客购物的概率

$$P(Y=k)=\sum_{n=k}^{\infty}P(X=n)P(Y=k\mid X=n)=\sum_{n=k}^{\infty}\frac{\lambda^n \mathrm{e}^{-\lambda}}{n!}\mathrm{C}_n^k p^k(1-p)^{n-k}$$

$$=\frac{(\lambda p)^k}{k!}\mathrm{e}^{-\lambda}\sum_{n=k}^{\infty}\frac{[\lambda(1-p)]^{n-k}}{(n-k)!}$$

$$=\frac{(\lambda p)^k}{k!}\mathrm{e}^{-\lambda p},\quad k=0,1,2,\cdots.$$

这表明随机变量 Y 服从参数为 λp 的泊松分布 $P(\lambda p)$.

2.3　连续型随机变量

除了离散型随机变量之外，还有一类重要的随机变量——连续型随机变量. 这种随机变量的可能值连续地充满某个区间，甚至整个数轴. 例如，某种电子产品的寿命，一个地区的气温，或者人类的身高和体重等. 由于任何区间内的点的全体是不可列集，因此对连续型随机变量，就不能像描述离散型随机变量那样用分布列来描述.

2.3.1　连续型随机变量及其密度函数

连续型随机变量是在数轴$(-\infty,+\infty)$上连续取值的随机变量. 正如无法由物体上各点处的质量来描述物体的质量分布一样，也不能由随机变量取各个实数值的概率来描述连续型随机变量的概率分布. 我们知道，物体质量的分布可用质量密度描述，类似地，可用概率密度函数来描述连续型随机变量的概率分布.

定义 2.4　设随机变量 X 的分布函数为 $F(x)$，如果存在非负可积实函数 $f(x)$，使得对于实轴上的任一实数 x，都有

$$F(x)=\int_{-\infty}^{x}f(u)\mathrm{d}u,\tag{2.13}$$

则称 X 为**连续型随机变量**，而称 $f(x)$为 X 的概率密度函数(简称为**密度函数**).

上述定义实质上是说，对于任何连续型随机变量，都存在密度函数；反之，若一个随机变量存在密度函数，则这个随机变量一定是连续型随机变量.

根据微积分理论，由(2.13)式可知，若在点 x 处，密度函数 $f(x)$连续，则

$$f(x)=\frac{\mathrm{d}F(x)}{\mathrm{d}x}.\tag{2.14}$$

等式(2.13)和(2.14)说明连续型随机变量的密度函数与分布函数可以互相转化. 利用(2.13)式，在已知密度函数时可求出分布函数；利用(2.14)式，在已知分布

函数时亦可求出密度函数.

密度函数 $f(x)$ 的基本性质：

(1) 非负性：对任意实数 x，$f(x)\geqslant 0$；

(2) 规范性：$\int_{-\infty}^{+\infty} f(x)\mathrm{d}x=1$，

其中规范性可在(2.13)式中令 $x\to+\infty$ 得到. 这两条性质是密度函数必须具有的性质，也是确定或判别一个函数是否是密度函数的依据.

由(2.13)式得，

$$P(a<X\leqslant b)=F(b)-F(a)=\int_{-\infty}^{b} f(u)\mathrm{d}u-\int_{-\infty}^{a} f(u)\mathrm{d}u,$$

即有

$$P(a<X\leqslant b)=\int_{a}^{b} f(u)\mathrm{d}u. \tag{2.15}$$

这说明随机变量 X 在区间 $(a,b]$ 内取值的概率恰好等于其密度函数在该区间上的定积分. 右端的定积分在几何上表示直线 $x=a$，$x=b$，x 轴及密度曲线 $f(x)$ 所围成的曲边梯形的面积(图 2.2). 因此，上面这个等式表明，随机变量 X 在区间 $(a,b]$ 内取值的概率等于该区间上密度曲线下方的曲边梯形的面积. 可见，若密度函数 $f(x)$ 在某一区间内的值越大，则随机变量 X 在该区间内取值的概率也越大. 而密度函数的规范性 $\int_{-\infty}^{+\infty} f(x)\mathrm{d}x=1$ 则表示密度曲线 $f(x)$ 与 x 轴之间的总面积等于 1.

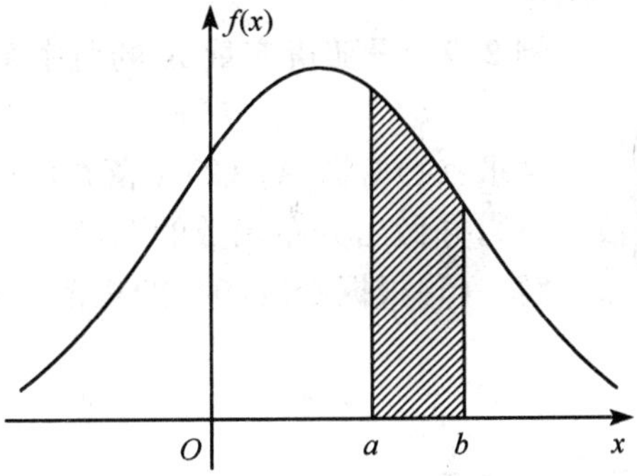

图 2.2

值得注意的是，某一点处的概率密度与概率是两个截然不同的概念，初学者切不可将二者混为一谈. 设 $f(x)$ 为随机变量 X 的概率密度函数，考虑在一个固定的点 x_0 处，X 在点 x_0 处的概率密度是 $f(x_0)$，而 X 在点 x_0 处的概率是 $P(X=x_0)$. 前者 $f(x_0)$ 可能等于零，也可能大于零；而后者 $P(X=x_0)$ 总是等于零. 事实上，由于

$$0\leqslant P(X=x_0)\leqslant P(x_0-\Delta x<X\leqslant x_0+\Delta x)=\int_{x_0-\Delta x}^{x_0+\Delta x} f(x)\mathrm{d}x,$$

令 $\Delta x\to 0$，得

$$P(X=x_0)=0. \tag{2.16}$$

所证明的(2.16)式具有重要的意义. 它揭示出连续型随机变量与离散型随机

变量的本质的区别，即连续型随机变量取任一指定值的概率等于零，而离散型随机变量取某一指定值的概率可以大于零. 由此还可以看出，概率为 0 的事件未必是不可能事件. 同样，概率为 1 的事件也未必是必然事件.

由(2.15)式和(2.16)式可知，对于实数轴上的任意区间 I(开的、闭的或半开闭区间)，均有

$$P\{X\in I\}=\int_I f(x)\mathrm{d}x, \tag{2.17}$$

即无论区间是否包含端点，连续型随机变量取值于区间内的概率都是相同的. 进而，对于实数轴上的任意区域 B，都有

$$P\{X\in B\}=\int_B f(x)\mathrm{d}x. \tag{2.18}$$

下面的定理给出了连续型随机变量的分布函数所特有的性质.

定理 2.4　连续型随机变量的分布函数是$(-\infty,+\infty)$上的连续函数.

证明　由定理 2.2 与(2.16)式得，对于任意的实数 x，

$$F(x)-F(x-0)=P(X=x)=0.$$

这表明在 $F(x)$ 任一点 x 处都是左连续的. 结合分布函数的右连续性可得结论.

例 2.9　设随机变量 X 的概率密度函数为

$$f(x)=A\mathrm{e}^{-|x|},\quad -\infty<x<+\infty.$$

试求：(1)常数 A；(2)X 落在区间(0,1)内的概率；(3)求随机变量 X 的分布函数 $F(x)$，并做出分布函数的图形.

解　(1)根据密度函数的规范性有

$$1=\int_{-\infty}^{+\infty}f(x)\mathrm{d}x=\int_{-\infty}^{+\infty}A\mathrm{e}^{-|x|}\mathrm{d}x=2A\int_0^{+\infty}\mathrm{e}^{-x}\mathrm{d}x=2A,$$

于是 $A=\dfrac{1}{2}$.

(2) 根据(2.17)式可知，X 落在区间(0,1)内的概率为

$$P(0<X<1)=\int_0^1 f(x)\mathrm{d}x=\frac{1}{2}\int_0^1\mathrm{e}^{-x}\mathrm{d}x=\frac{1}{2}\left(1-\frac{1}{\mathrm{e}}\right).$$

(3) 由分布函数定义(2.13)式，

$$F(x)=\int_{-\infty}^{x}\frac{1}{2}\mathrm{e}^{-|t|}\mathrm{d}t,$$

故当 $x<0$ 时，

$$F(x)=\frac{1}{2}\int_{-\infty}^{x}\mathrm{e}^{t}\mathrm{d}t=\frac{1}{2}\mathrm{e}^{x};$$

而当 $x\geqslant 0$ 时，

$$F(x)=\frac{1}{2}\left[\int_{-\infty}^{0}\mathrm{e}^{t}\,\mathrm{d}t+\int_{0}^{x}\mathrm{e}^{-t}\,\mathrm{d}t\right]$$

$$=1-\frac{1}{2}\mathrm{e}^{-x}.$$

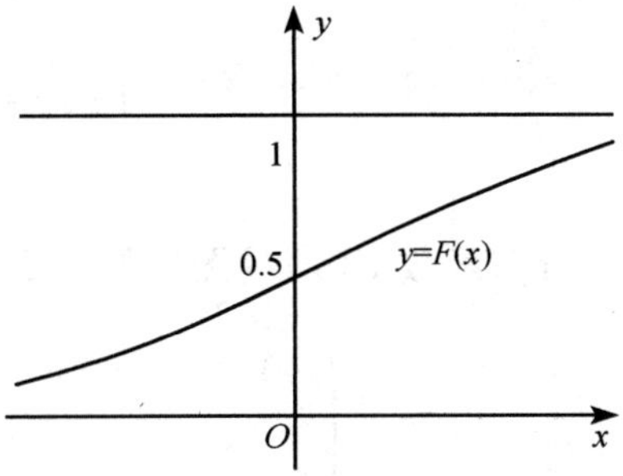

图 2.3

综上得

$$F(x)=\begin{cases}\dfrac{1}{2}\mathrm{e}^{x}, & \\ 1-\dfrac{1}{2}\mathrm{e}^{-x}, & \end{cases}$$

分布函数 $F(x)$的图形如图 2.3 所示.

例 2.10　设连续型随机变量 X 的分布函数为

$$F(x)=\begin{cases}0, & x<0,\\ A+B\cos x, & 0\leqslant x<\pi,\\ 1, & x\geqslant\pi.\end{cases}$$

求:(1) 常数 A,B;(2) $P\left(\frac{\pi}{3}<X<\frac{\pi}{2}\right)$;(3) X 的密度函数 $f(x)$.

解　(1) 利用定理 2.4 有, $\lim\limits_{x\to0-0}F(x)=F(0)$与$\lim\limits_{x\to\pi-0}F(x)=F(\pi)$. 即有 $A+B=0$与$A-B=1$. 解得 $A=1/2,B=-1/2$.

(2) X 落在区间$\left(\frac{\pi}{3},\frac{\pi}{2}\right)$内的概率

$$P\left(\frac{\pi}{3}<X<\frac{\pi}{2}\right)=F\left(\frac{\pi}{2}\right)-F\left(\frac{\pi}{3}\right)=\frac{1}{4}.$$

(3) 由(2.14)式得

$$f(x)=F'(x)=\begin{cases}\dfrac{1}{2}\sin x, & 0\leqslant x<\pi,\\ 0, & \text{其他}.\end{cases}$$

2.3.2　几种常见的连续型分布

1. 均匀分布

若连续型随机变量 X 的概率密度函数为

$$f(x)=\begin{cases}\dfrac{1}{b-a}, & x\in(a,b),\\ 0, & x\notin(a,b),\end{cases}\tag{2.19}$$

其中$-\infty<a<b<+\infty$,则称随机变量 X 在区间(a,b)上服从**均匀分布**,记为 $X\sim U(a,b)$. 均匀分布 $U(a,b)$的概率密度函数的图形如图 2.4 所示.

利用(2.13)式,可求出均匀分布 $U(a,b)$的分布函数为

$$F(x)=\begin{cases}0, & x<a, \\ \dfrac{x-a}{b-a}, & a\leqslant x<b, \\ 1, & x\geqslant b.\end{cases} \tag{2.20}$$

分布函数 $F(x)$的图形如图 2.5 所示.

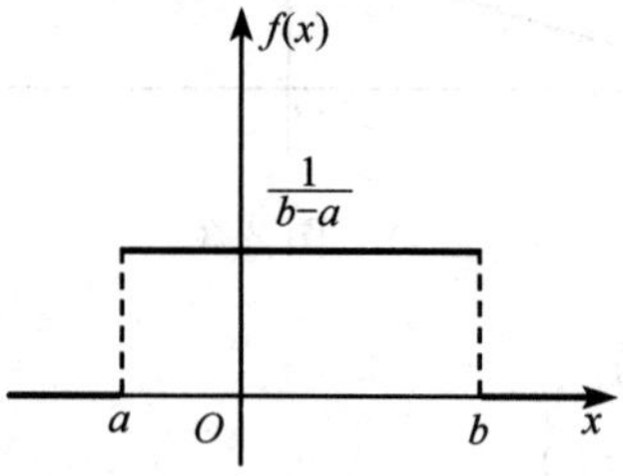

图 2.4

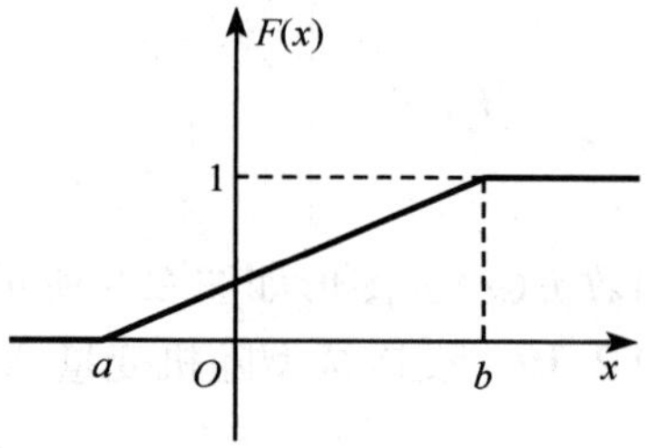

图 2.5

设 $X\sim U(a,b)$,区间(c,d)是(a,b)的任一子区间,即 $a\leqslant c<d\leqslant b$,则有

$$P(c<X<d)=\frac{d-c}{b-a}.$$

这表明 X 在(a,b)的任意子区间内取值的概率与该子区间的长度成正比,而与子区间的具体位置无关. 这正是分布均匀性的直观意义.

例 2.11　设随机变量 ξ 服从均匀分布 $U(0,5)$,求关于 x 的二次方程

$$x^2+2(\xi-2)x+1=0$$

有实根的概率.

解　二次方程的判别式为

$$\Delta=4(\xi^2-4\xi+3),$$

故所求概率为

$$\begin{aligned}P\{\Delta\geqslant 0\}&=P\{\xi\leqslant 1\}+P\{\xi\geqslant 3\}\\&=\int_0^1\frac{1}{5}\mathrm{d}x+\int_3^5\frac{1}{5}\mathrm{d}x=0.6.\end{aligned}$$

2. 指数分布

若连续型随机变量 X 的概率密度函数为

$$f(x)=\begin{cases}\lambda \mathrm{e}^{-\lambda x}, & x\geqslant 0, \\ 0, & x<0,\end{cases} \tag{2.21}$$

其中参数 $\lambda>0$,则称 X 服从**指数分布**,记为 $X\sim E(\lambda)$.

指数分布 $E(\lambda)$的密度函数的图形如图 2.6 所示.

指数分布具有所谓的“**无后效性**”，即若 $X\sim E(\lambda)$，则对任意的 $s,t>0$，

$$P(X>s+t \mid X>s)=P(X>t).$$

其证明十分容易，留给读者作为练习(见本章习题 2.22)。若 X 表示某种生物的“寿命”，则上式表示，生物再活 t 年的概率与现在的年龄无关。“无后效性”也称为“无记忆性”。

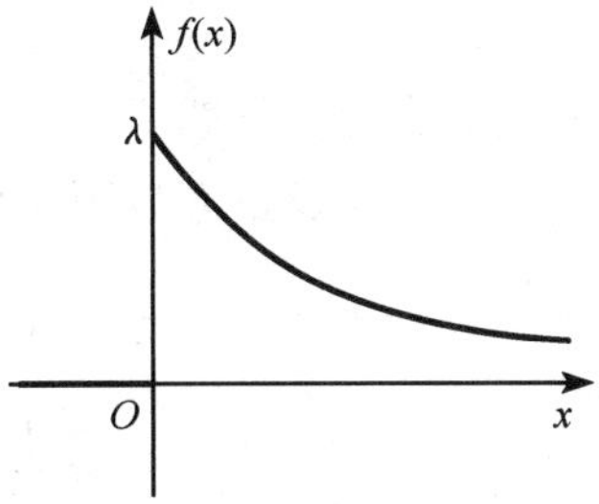

图 2.6

根据(2.13)式可求得指数分布 $E(\lambda)$ 的分布函数为

$$F(x)=\begin{cases}1-e^{-\lambda x}, & x\geqslant 0,\\ 0, & x<0.\end{cases} \tag{2.22}$$

其图形如图 2.7 所示。

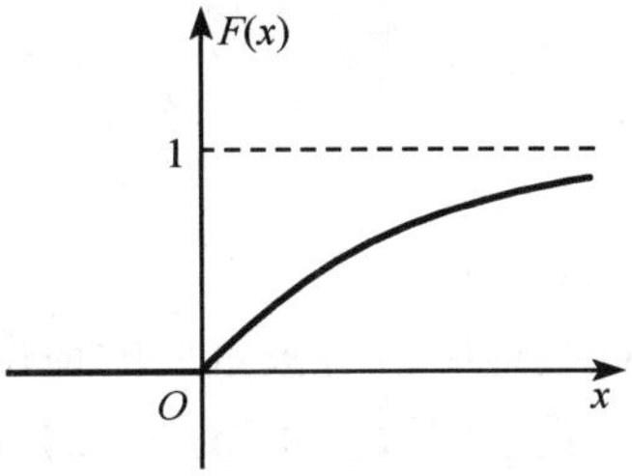

图 2.7

例 2.12 设随机变量 X 服从指数分布 $E(0.001)$。对 X 进行三次独立观测，试求至少有两次观测值大于 1000 的概率。

解 由题设知 $X\sim E(0.001)$，可知 X 的密度函数为

$$f(x)=\begin{cases}0.001e^{-0.001x}, & x\geqslant 0,\\ 0, & x<0.\end{cases}$$

故观测值大于 1000 的概率为

$$p=P(X>1000)=\int_{1000}^{+\infty}f(x)\mathrm{d}x=\int_{1000}^{+\infty}0.001e^{-0.001x}\mathrm{d}x$$
$$=e^{-1}.$$

设 Y 为三次观测中观测值大于 1000 的次数，则 $Y\sim B(3,e^{-1})$。于是至少有两次观测值大于 1000 的概率为

$$P(Y\geqslant 2)=C_3^2(e^{-1})^2(1-e^{-1})+C_3^3(e^{-1})^3$$
$$=(e^{-1})^2(3-2e^{-1})=0.306.$$

例 2.13 一大型设备在任何长为 t 的时间内发生故障的次数 $N(t)$ 服从参数为 λt 的 Poisson 分布，即 $N(t)\sim P(\lambda t)$。

(1) 求相继两次故障之间的时间间隔 T 的分布；

(2) 求在设备无故障工作 7 小时的情况下，再无故障工作 4 小时的概率 p。

解 (1) 设 $t>0$。由于 $T>t$ 表示在一段长为 t 的时间内发生故障的次数 $N(t)=0$，故

$$F(t)=P(T\leqslant t)=1-P(T>t)$$
$$=1-P(N(t)=0)=1-\mathrm{e}^{-\lambda t};$$

而当 $t\leqslant 0$ 时，显然 $F(t)=0$. 于是可知 T 服从参数为 λ 的指数分布，即 $T\sim E(\lambda)$.

(2) 在设备无故障工作 7 小时的情况下，再无故障工作 4 小时的概率为

$$p=P(T>7+4\mid T>7)=\frac{P(T>11,T>7)}{P(T>7)}$$
$$=\frac{P(T>11)}{P(T>7)}=\frac{1-F(11)}{1-F(7)}=\frac{\mathrm{e}^{-11\lambda}}{\mathrm{e}^{-7\lambda}}=\mathrm{e}^{-4\lambda}.$$

计算结果表明，在设备无故障工作了 7 小时的情况下，再无故障工作 4 小时的概率只与要再工作的时间(4 小时)有关，而与已工作过的时间(7 小时)无关.

3. 正态分布

若连续型随机变量 X 的概率密度函数为

$$f(x)=\frac{1}{\sqrt{2\pi}\sigma}\mathrm{e}^{-\frac{(x-\mu)^2}{2\sigma^2}},\quad -\infty<x<+\infty, \tag{2.23}$$

其中 $\sigma>0$. 则称 X 服从参数为 μ,σ^2 的正态分布，记为 $X\sim N(\mu,\sigma^2)$.

正态分布是最重要的连续型分布，在概率论与数理统计中占有极重要的地位，应用也十分广泛，实际问题中的许多随机变量都是服从或近似服从正态分布的. 如人的身高、体重，零件的尺寸，农作物的收获量等都可认为是服从或近似服从正态分布的. 尤其在误差理论中，正态分布是最基本的分布. 高斯正是在误差理论的研究中发现正态分布的.

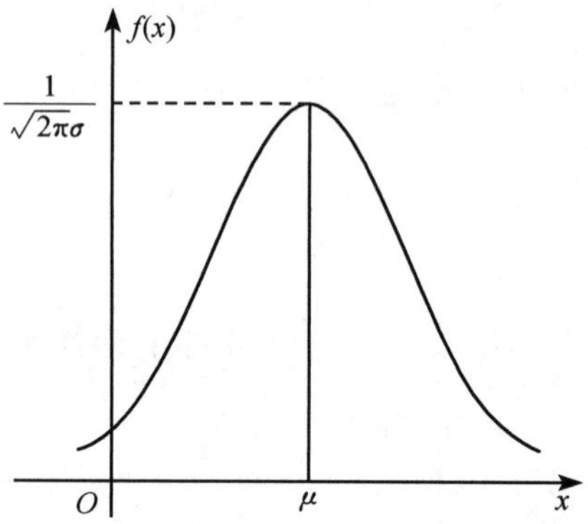

图 2.8

正态分布的密度函数 $f(x)$ 的图形如图 2.8 所示.

密度曲线 $f(x)$ 是钟形连续曲线，关于 $x=\mu$ 对称，在 $x=\mu$ 处取得最大值 $\frac{1}{\sqrt{2\pi}\sigma}$；在 $x=\mu\pm\sigma$ 处有拐点；当 $x\to\pm\infty$ 时，以 x 轴为渐近线.

如果保持参数 σ^2 不变，改变参数 μ 的值，则密度曲线 $f(x)$ 沿着 x 轴平行移动而不改变其形状，故参数 μ 称为位置参数. 图 2.9 在同一个坐标系中分别画出了当 σ 等于 0.8 而参数 μ 分别等于 -4, 0 和 4 时密度函数(2.23)的图形.

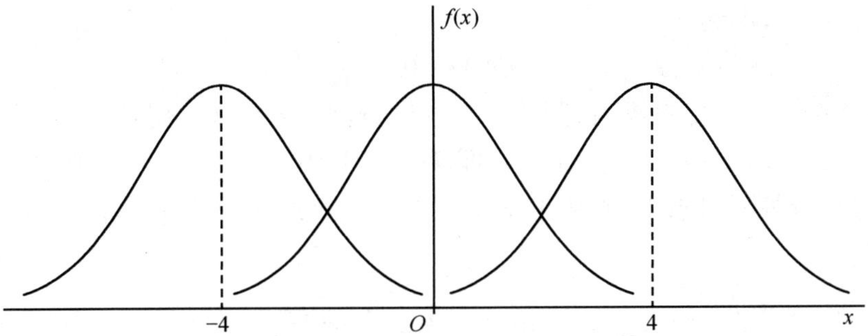

图 2.9

当参数 μ 保持不变，而参数 σ^2 变动时，曲线 $f(x)$的中心位置不变，但形状发生变化：σ^2 越小，曲线 $f(x)$越陡峭；σ^2 越大，曲线 $f(x)$越平坦. 故参数 σ^2 称为形状参数. 图 2.10 在同一个坐标系中分别画出了当参数 $\mu=0$ 而 σ 分别等于 0.5，1 和 2 时密度函数 $f(x)$的图形.

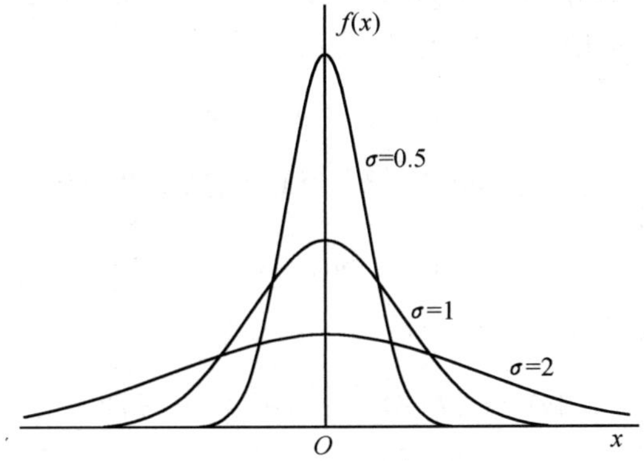

图 2.10

当 $\mu=0,\sigma=1$ 时的正态分布 $N(0,1)$称为标准正态分布. 通常用 U 表示标准正态变量，其密度函数记为

$$\varphi(x)=\frac{1}{\sqrt{2\pi}}\mathrm{e}^{-\frac{x^2}{2}},\quad -\infty<x<+\infty. \tag{2.24}$$

标准正态分布的分布函数用专有符号 $\Phi(x)$表示，它是标准正态密度函数 $\varphi(x)$在区间$(-\infty,x]$上的变上限积分，即

$$\Phi(x)=\frac{1}{\sqrt{2\pi}}\int_{-\infty}^{x}\mathrm{e}^{-\frac{t^2}{2}}\mathrm{d}t,\quad -\infty<x<+\infty. \tag{2.25}$$

由 $\varphi(x)$是偶函数，可以证明函数 $\Phi(x)$具有下列性质：

$$\Phi(-x)=1-\Phi(x). \tag{2.26}$$

在其中令 $x=0$,得到

$$\Phi(0)=0.5. \tag{2.27}$$

$\Phi(x)$的数值已编制成表(附表2),以供查阅.当$x\geqslant 3.5$时,附表2中查不到$\Phi(x)$的值,这时可取$\Phi(x)$近似等于1,即$\Phi(x)\approx 1$;当$x\leqslant -3.5$时,可取$\Phi(x)\approx 0$.

通过积分换元可求得,服从正态分布$N(\mu,\sigma^2)$的变量X在区间(a,b)内取值的概率为

$$\begin{aligned}P(a<X<b)&=\frac{1}{\sqrt{2\pi}\sigma}\int_a^b \mathrm{e}^{-\frac{(t-\mu)^2}{2\sigma^2}}\mathrm{d}t\\&=\frac{1}{\sqrt{2\pi}}\int_{\frac{a-\mu}{\sigma}}^{\frac{b-\mu}{\sigma}}\mathrm{e}^{-\frac{t^2}{2}}\mathrm{d}t\\&=\Phi\left(\frac{b-\mu}{\sigma}\right)-\Phi\left(\frac{a-\mu}{\sigma}\right).\end{aligned} \tag{2.28}$$

例 2.14　设$X\sim N(\mu,\sigma^2)$,试求$P(|X-\mu|<k\sigma)$,$k=1,2,3$.

解　当$k=1$时,利用(2.28)式得

$$\begin{aligned}P(|X-\mu|<\sigma)&=P(\mu-\sigma<X<\mu+\sigma)\\&=\Phi\left(\frac{\mu+\sigma-\mu}{\sigma}\right)-\Phi\left(\frac{\mu-\sigma-\mu}{\sigma}\right)\\&=\Phi(1)-\Phi(-1)=2\Phi(1)-1=68.3\%,\end{aligned}$$

同理有

$$P(|X-\mu|<2\sigma)=2\Phi(2)-1=2\times 0.9772-1=95.4\%,$$
$$P(|X-\mu|<3\sigma)=2\Phi(3)-1=2\times 0.9987-1=99.7\%.$$

本例的最后的式子表示,服从正态分布$N(\mu,\sigma^2)$的随机变量X的取值绝大部分落在以μ为中心,3σ为半径的区间内.这一性质称为正态分布的"3σ"准则.正态分布的"3σ"准则在实际工作中很有用,例如,工业生产上用的质量控制图就是根据正态分布的"3σ"准则制定的.

例 2.15　从某大学前往市区火车站有两条路线可走,第一条路线所需时间X(单位:分钟)服从正态分布$N(50,100)$,第二条路线所需时间Y服从正态分布$N(60,16)$.

(1) 假如有70分钟可用,问应走哪一条路线?

(2) 若只有65分钟可用,又应走哪一条路线?

解　显然应走在允许时间内有较大概率及时赶到的路线.

(1) 有70分钟可用时走第一条路线及时赶到的概率为

$$P(X \leqslant 70)=\Phi\left(\frac{70-50}{10}\right)=\Phi(2)=0.9772,$$

走第二条路线及时赶到的概率为

$$P(Y \leqslant 70)=\Phi\left(\frac{70-60}{4}\right)=\Phi(2.5)=0.9938.$$

因此有 70 分钟可用时,应走第二条路线.

(2) 有 65 分钟可用时走第一条路线及时赶到的概率为

$$P(X \leqslant 65)=\Phi\left(\frac{65-50}{10}\right)=\Phi(1.5)=0.9332,$$

走第二条路线及时赶到的概率为

$$P(Y \leqslant 65)=\Phi\left(\frac{65-60}{4}\right)=\Phi(1.25)=0.8944.$$

因此,当只有 65 分钟可用时,应走第一条路线.

2.4 随机变量函数的分布

在实际问题中,往往需要讨论随机变量函数的分布.这是因为在某些试验中,我们关心的随机变量不能直接观测到,然而它却是另一个能直接观测到的随机变量的函数.例如,设 X 为一个可观测的随机变量,由于其分布可通过观测确定出来,因此可假定其分布为已知.而另一个随机变量 Y 不能直接观测到,但它是随机变量 X 的函数,即 $Y=g(X)$,其中 $g(x)$ 是定义在 $(-\infty,+\infty)$ 上的某个函数.于是,我们需要讨论如何根据 X 的分布求得随机变量 Y 的分布的问题.

2.4.1 离散型随机变量函数的分布

设 X 是离散型随机变量,其分布列为

$$P(X=x_i)=p_i, \quad i=1,2,\cdots,$$

而随机变量 $Y=g(X)$.易见 Y 也是离散型随机变量,且 Y 的所有可能的取值为 $g(x_i), i=1,2,\cdots$.

若 $g(x_i), i=1,2,\cdots$ 彼此互不相等,显然 Y 的分布列为

$$P(Y=g(x_i))=p_i, \quad i=1,2,\cdots. \tag{2.29}$$

当 $g(x_j), j=1,2,\cdots$ 中有某些值相等时,对 Y 的每个可能值 $y_j, j=1,2,\cdots$,确定相应的

$$C_j = \{x_i \mid g(x_i) = y_j\},$$

于是有

$$P\{Y = y_j\} = P\{X \in C_j\} = \sum_{x_i \in C_j} P\{X = x_i\} \triangleq q_j, \quad j = 1,2,\cdots.$$

从而求得 Y 的分布列

$$P(Y = y_j) = q_j, \quad i = 1,2,\cdots. \tag{2.30}$$

直观上很明显,既然 $x_i \in C_j$ 时,$g(x_i)$之值都等于 y_j,自然应把 X 在这些 x_i 处的概率合并作为 $Y=y_j$ 的概率.

例 2.16 已知随机变量 X 的分布列如下:

X	-1	0	1	2
P	0.4	0.3	0.2	0.1

求:(1)$Y=-X+1$ 的分布列;(2)$Z=X^2+X$ 的分布列.

解 (1) 列出下面的表:

X	-1	0	1	2
P	0.4	0.3	0.2	0.1
$Y=-X+1$	2	1	0	-1

将 Y 的值从小到大排列得 Y 的分布列:

Y	-1	0	1	2
P	0.1	0.2	0.3	0.4

(2) 列出下面的表:

X	-1	0	1	2
P	0.4	0.3	0.2	0.1
$Z=X^2+X$	0	0	2	6

将 Z 取相同值的概率合并然后重新排列得 Z 的分布列:

Z	0	2	6
P	0.7	0.2	0.1

2.4.2 连续型随机变量函数的分布

设 X 是连续型随机变量,其概率密度函数为 $f(x)$. 随机变量 $Y=g(X)$,其中 $g(x)$是一元函数. 要求随机变量 Y 的分布. 我们先介绍一种特殊情况,再给出一般性的讨论.

1. 函数 $g(x)$ 单调且其反函数存在连续导函数

这种情况下,可以导出一个非常便于应用的密度变换公式.

定理 2.5 设随机变量 X 的密度函数为 $f_X(x)$,且有

(1) $P[X\in(a,b)]=1$,其中 $-\infty\leqslant a<b\leqslant+\infty$;

(2) $y=g(x)$ 在 (a,b) 上单调且其反函数存在连续导函数,

则随机变量 $Y=g(X)$ 的密度函数为

$$f_Y(y)=\begin{cases}f_X[h(y)]\,|h'(y)|, & \alpha<y<\beta,\\ 0, & \text{其他},\end{cases} \tag{2.31}$$

其中 $x=h(y)$ 是 $y=g(x)$ 在区间 (a,b) 上的反函数,且

$$\alpha=\min[g(a),g(b)],\quad \beta=\max[g(a),g(b)].$$

证明 分别记 X,Y 的分布函数为 $F_X(x),F_Y(y)$.

显然当 $y\leqslant\alpha$ 时,$F_Y(y)=0$;当 $y\geqslant\beta$ 时,$F_Y(y)=1$. 故当 $y\notin[\alpha,\beta]$ 时有 $f_Y(y)=F'_Y(y)=0$. 以下设 $\alpha<y<\beta$.

若 $y=g(x)$ 在区间 (a,b) 上单调增加,则它在区间 (a,b) 上的反函数 $x=h(y)$ 在对应区间 (α,β) 上也是单调增加的(图 2.11),故 $h'(y)\geqslant 0$. 且有

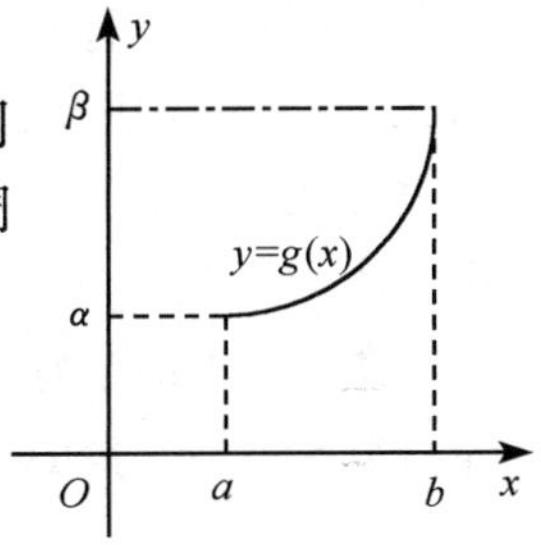

图 2.11

$$\begin{aligned}F_Y(y)&=P[g(X)\leqslant y,X\in(a,b)]\\&=P[X\leqslant h(y),X\in(a,b)]\\&=P[a<X\leqslant h(y)]=F_X[h(y)],\end{aligned}$$

故 $f_Y(y)=f_X[h(y)]h'(y)$.

同理,若 $y=g(x)$ 在 (a,b) 上单调减少,则 $h'(y)\leqslant 0$. 且 $f_Y(y)=-f_X[h(y)]h'(y)$.

综上得当 $\alpha<y<\beta$ 时,$f_Y(y)=f_X[h(y)]\,|h'(y)|$.

例 2.17 设 $X\sim N(\mu,\sigma^2)$,试求 $Y=aX+b\,(a\neq 0)$ 的分布.

解 由于 $y=ax+b$ 的反函数为 $x=\dfrac{y-b}{a}$,故由定理 2.5 得 Y 的密度函数

$$f_Y(y)=\frac{1}{|a|}f_X\left(\frac{y-b}{a}\right)=\frac{1}{\sqrt{2\pi}\sigma|a|}e^{-\frac{(y-a\mu-b)^2}{2\sigma^2a^2}},\quad -\infty<y<+\infty.$$

本例中,若取 $a=\dfrac{1}{\sigma},b=-\dfrac{\mu}{\sigma}$,则 $Y=\dfrac{X-\mu}{\sigma}\sim N(0,1)$. 因此,随机变量 Y 称为随机变量 X 的标准化.

例 2.18　设随机变量 $X\sim U\left(-\frac{\pi}{2},\frac{\pi}{2}\right)$，试求 $Y=\tan X$ 的密度函数.

解　由于 $y=\tan x$ 在区间 $\left(-\frac{\pi}{2},\frac{\pi}{2}\right)$ 上单调增加，对应区间为 $(-\infty,+\infty)$，反函数为 $x=\arctan y$. 故由定理 2.5 得 $Y=\tan X$ 的密度函数

$$f_Y(y)=\frac{1}{1+y^2}f_X(\arctan y)=\frac{1}{\pi(1+y^2)}$$
$$=\frac{1}{\pi(1+y^2)},\quad -\infty<y<+\infty.$$

2. 一般情况

设随机变量 $Y=g(X)$，其中 $g(x)$ 是一元函数. 为求随机变量 Y 的分布，首先计算 Y 的分布函数 $F_Y(y)$

$$F_Y(y)=P(Y\leqslant y)=P(g(X)\leqslant y)=\int_{C_y}f(x)\mathrm{d}x,\tag{2.32}$$

其中 $C_y=\{x\mid g(x)\leqslant y\}$. 如果 Y 存在密度函数，则可以通过对 $F_Y(y)$ 求导得 Y 的密度函数. 这就是所谓的“**分布函数法**”.

例 2.19　设随机变量 X 的分布函数 $F(x)$ 为单调增加的连续函数，求随机变量 $Y=F(X)$ 的分布.

解　由 $F(x)$ 在 $(-\infty,+\infty)$ 上单调增加且连续，可知其反函数 F^{-1} 存在且反函数 F^{-1} 在 $(0,1)$ 上仍为单调增加且连续.

随机变量 Y 的分布函数 $F_Y(y)=P(Y\leqslant y)=P[F(X)\leqslant y]$.

(1) 当 $y<0$ 时，$F_Y(y)=P(\varnothing)=0$；

(2) 当 $y\geqslant 1$ 时，$F_Y(y)=P(\Omega)=1$；

(3) 当 $0\leqslant y<1$ 时，

$$F_Y(y)=P[F(X)\leqslant y]=P[X\leqslant F^{-1}(y)]=F[F^{-1}(y)]=y.$$

综上得 $Y=F(X)$ 的分布函数

$$F_Y(y)=\begin{cases}0, & y<0,\\ y, & 0\leqslant y<1,\\ 1, & y\geqslant 1.\end{cases}$$

于是 $Y=F(X)$ 的密度函数为

$$f_Y(y)=\begin{cases}1, & y\in[0,1],\\ 0, & y\notin[0,1].\end{cases}$$

这表明随机变量 Y 服从均匀分布 $U(0,1)$.

例 2.20　设随机变量 $X\sim N(0,1)$，求随机变量 $Y=X^2$ 的概率密度函数.

解 随机变量 $Y=X^2$ 的分布函数为 $F_Y(y)=P(Y\leqslant y)=P[X^2\leqslant y]$.

当 $y<0$ 时，$\{X^2\leqslant y\}$ 是不可能事件，故 $F_Y(y)=0$；

当 $y\geqslant 0$ 时，

$$F_Y(y)=P[-\sqrt{y}\leqslant X\leqslant\sqrt{y}]=\Phi(\sqrt{y})-\Phi(-\sqrt{y})=2\Phi(\sqrt{y})-1.$$

故随机变量 Y 的密度函数为

$$f_Y(y)=\frac{\mathrm{d}F_Y(y)}{\mathrm{d}y}=\begin{cases}\dfrac{1}{\sqrt{2\pi y}}\mathrm{e}^{-\frac{y}{2}}, & y\geqslant 0,\\ 0, & y<0.\end{cases}$$

由上两例可见，“分布函数法”非常有效. 证明定理 2.5 用的也是这种方法. 在求随机变量函数分布的问题时，“分布函数法”是一种普遍适用的方法.

习 题 2

2.1 将一颗骰子抛掷两次，以 X 表示两次抛掷的最大点数，求 X 的分布列.

2.2 对某一目标进行射击，直到击中为止. 如果每次射击命中率为 0.7，求射击成功之前的失败次数的分布列.

2.3 在 N 件同类产品中有 M 件次品，其余为正品. 从中无放回地抽取 n 次 $(1\leqslant n\leqslant\min\{M,N-M\})$，每次一件，以 X 表示取出的次品数，求 X 的分布列.

2.4 某人有 5 把钥匙，其中有 2 把可以打开房门. 现在他无放回地试开房门，直到打开门为止. 求试开次数的分布列.

2.5 试分别确定下面离散型分布中的常数 a.

(1)离散型随机变量 X 的分布列为

$$P(X=k)=a\left(\frac{2}{3}\right)^k,\quad k=1,2,\cdots.$$

(2) 离散型随机变量 X 的分布列为

$$P(X=k)=a\frac{\lambda^k}{k!},\quad k=1,2,\cdots,\quad \lambda>0.$$

2.6 设离散型随机变量 X 的分布列为 $P(X=k)=2^{-k}$，$k=1,2,\cdots$. 求：

(1) $P(X$ 为偶数$)$；

(2) $P(X\geqslant 5)$；

(3) $P(X$ 为 3 的倍数$)$.

2.7 掷一枚不均匀的硬币，出现正面的概率为 $p(0<p<1)$，设 X 为一直掷到正、反面都出现时所需的投掷次数，求 X 的分布列.

2.8 箱中装有某种产品，其中次品 m 个，正品 $n-m$ 个. 不放回地连续从箱中抽取产品，直到取出正品为止. 设此时取出了 X 个次品，求 X 的分布列.

2.9 一大楼装有 5 个同类型的供水设备，在任一时刻，每个供水设备被使用的概率为 0.1. 求在同一时刻：

(1) 恰有 2 个设备被使用的概率；

(2) 至少有 3 个设备被使用的概率；

(3) 至多有 3 个设备被使用的概率.

2.10　设随机变量 X 服从二项分布 $B(2,p)$，随机变量 Y 服从二项分布 $B(3,p)$. 若 $P(X\geqslant 1)=5/9$，试求 $P(Y\geqslant 1)$.

2.11　某大型国有企业职工的血型共有四种：O，A，B，AB. 这四种血型的比例分别为 0.45，0.40，0.10，0.05. 从中随机抽取 6 人测量血型，计算下列事件的概率：

(1) 三个 O 型三个 A 型；

(2) 没有 AB 型.

2.12　一本有 500 页的书，共有 1000 个错字，每个字等可能地出现在每一页上. 试求在给定的一页上至少有两个错字的概率(用泊松逼近计算).

2.13　一台电话总机共有 225 部分机，假设每部分机向总机要外线的概率为 0.02.

(1) 这台总机需要设置多少条外线，才能保证每部分机呼叫外线失败的概率低于 0.01?

(2) 若设置 12 条外线，则每部分机呼叫外线失败的概率是多少?

2.14　设随机变量 X 服从参数为 λ 的泊松分布，证明：当 $k=[\lambda]$ 时，$P(X=k)$ 取得最大值；若 λ 为整数，则 $P(X=\lambda)$ 与 $P(X=\lambda-1)$ 均为最大值.

2.15　设随机变量 ξ 服从均匀分布 $U(0,5)$，求下列关于 x 的二次方程

$$4x^2+4\xi x+2-\xi=0$$

有实根的概率.

2.16　设某仪器装有三只独立工作的同型号电子元件，其寿命(单位：小时)都服从同一指数分布 $E\left(\frac{1}{600}\right)$，试求：在仪器使用的最初 200 小时内，至少有一只电子元件损坏的概率 α.

2.17　设随机变量 $X\sim E(\lambda)$，其中 $\lambda>0$. 若 $P(K<X<2K)=0.25$. 试将 K 用参数 λ 的式子表出.

2.18　试证明指数分布的无后效性：设随机变量 $X\sim E(\lambda)$，则对任意实数 $s>0,t>0$，有 $P(X>s+t\,|\,X>s)=P(X>t)$.

2.19　设随机变量 $X\sim N(108,9)$.

(1) 求 $P(101.1<X<117.6)$；

(2) 求常数 a，使 $P(X<a)=0.90$；

(3) 求常数 a，使 $P(|X-a|>a)=0.01$.

2.20　公共汽车门的高度是按男子与车门碰头的机会在 1%以下设计的. 设男子身高(单位：cm) $X\sim N(170,36)$，问应如何选择车门的高度.

2.21　设随机变量 X 的概率密度函数为

$$f(x)=\begin{cases}A\sin x, & 0<x<\pi,\\ 0, & \text{其他}.\end{cases}$$

求：(1) 常数 A；

(2) $P(\pi/3<X<\pi/2)$；

(3) 随机变量 X 的分布函数.

2.22　设连续型随机变量 X 的分布函数为

$$F(x)=\begin{cases}A+B\mathrm{e}^{-\frac{x^2}{2}}, & x\geqslant 0,\\ 0, & x<0.\end{cases}$$

求：(1) 求常数 A,B；

(2) X 的概率密度函数；

(3) $P(\sqrt{\ln 4}<X<\sqrt{\ln 9})$.

2.23　设连续型随机变量 X 的分布函数为

$$F(x)=\begin{cases}0, & x<0,\\ A+B\arctan x, & x\geqslant 0.\end{cases}$$

求：(1) A,B；

(2) X 的密度函数 $f(x)$；

(3) X 落在$(-1,1)$内的概率.

2.24　设 $F_1(x)$和 $F_2(x)$都是分布函数，又 $a>0,b>0$ 为两个常数，且 $a+b=1$. 试证明

$$F(x)=aF_1(x)+bF_2(x)$$

也是分布函数.

2.25　设随机变量 X 的密度函数为

$$f(x)=\begin{cases}\dfrac{2}{\pi(1+x^2)}, & x\geqslant 0,\\ 0, & x<0.\end{cases}$$

求 $Y=\ln X$ 的密度函数.

2.26　设随机变量 $X\sim U[-1,1]$，求：

(1) $Y=\mathrm{e}^X$ 的密度函数；

(2) $Z=2X^2+1$ 的密度函数.

2.27　设随机变量的密度函数为

$$f(x)=\begin{cases}\dfrac{2x}{\pi^2}, & 0<x<\pi,\\ 0, & \text{其他}.\end{cases}$$

求 $Y=\sin X$ 的密度函数.

2.28　设随机变量 X 的分布函数 $F(x)$为单调增加的连续函数，求证随机变量 $Y=F(X)$服从均匀分布 $U[0,1]$.

2.29　设一厂生产的每台仪器，以概率 0.7 可以直接出厂，以概率 0.3 需进一步调试，经调试后以概率 0.8 可以出厂，以概率 0.2 定为不合格品不能出厂. 现该厂生产了 n 台仪器，求：

(1) 这 n 台仪器都能出厂的概率 α；

(2) 恰好有两件不能出厂的概率 β；

(3) 至少有两件不能出厂的概率 γ.

2.30　若一条鲲鱼的产卵数 X 服从泊松分布 $P(\lambda)$，而每只卵孵化成一条小鱼的概率为 p，且每只卵是否变成小鱼彼此独立，求一条鲲鱼所生小鱼数量为 k 的概率.

第 3 章　多维随机变量及其分布

前面我们讨论了一个随机变量的概率分布问题. 在实际问题中,有些随机现象需要同时用两个或两个以上的随机变量来描述. 例如,向某平面区域上随机地投掷一点,落点的位置要由横坐标 X 和纵坐标 Y 共同确定,而 X 和 Y 均是随机变量;又如,研究某地区学龄前儿童的发育情况时,需要同时抽查儿童的身高 X 和体重 Y. 总之,在许多问题中,同一个基本事件空间上可能存在多个随机变量 X、Y、Z 等. 如果只是孤立地对每个随机变量分别进行研究只能得到每个随机变量各自的分布规律,却无法了解这些随机变量之间存在的统计依赖关系. 为了研究这些随机变量之间的相互关系,需要把这些随机变量作为一个整体即作为一个向量来研究其取值的统计规律. 随机向量(也称多维随机变量)及其分布正是本章所要研究的主要内容. 由于从二维到多维没有实质性的差别,因此对大多数内容我们主要以二维随机变量为例进行讨论.

3.1　二维随机变量的分布

3.1.1　二维随机变量及其分布函数

定义 3.1　设随机试验的样本空间为 Ω,$X=X(\omega)$与 $Y=Y(\omega)$是定义在 Ω 上的两个随机变量,则称由它们构成的向量(X,Y)为**二维随机变量**或**二维随机向量**. 类似可以定义多维随机变量.

二维随机变量(X,Y)的两个分量 X 与 Y 之间经常存在一定的关系,考察它们之间的关系对许多问题来说都是十分必要的. 二维随机变量(X,Y)取值的统计规律不仅与 X 及 Y 都有关,而且还依赖于 X 与 Y 之间的相互关系. 故需将(X,Y)作为一个整体进行研究.

在上一章里我们知道,描述随机变量取值的分布规律的统一工具是一维分布函数. 同样,描述二维随机变量(X,Y)取值的分布规律的统一工具是二维随机变量(X,Y)的分布函数.

定义 3.2　设(X,Y)是二维随机变量,对任意实数 x,y, 称二元函数

$$F(x,y)=P(X\leqslant x,Y\leqslant y) \tag{3.1}$$

为二维随机变量(X,Y)的**分布函数**,或随机变量 X 与 Y 的**联合分布函数**.

如果将二维随机变量(X,Y)看成平面上随机点的坐标,则分布函数 $F(x,y)$在

点(x,y)处的函数值就是随机点(X,Y)落在以(x,y)为顶点的左下方无限矩形区域内的概率(见图 3.1).

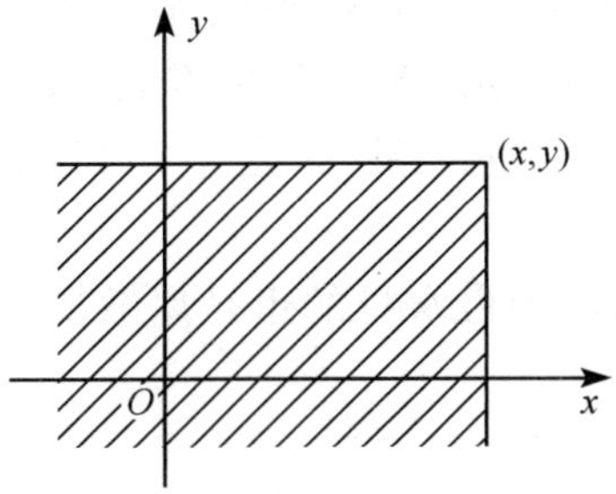

图 3.1

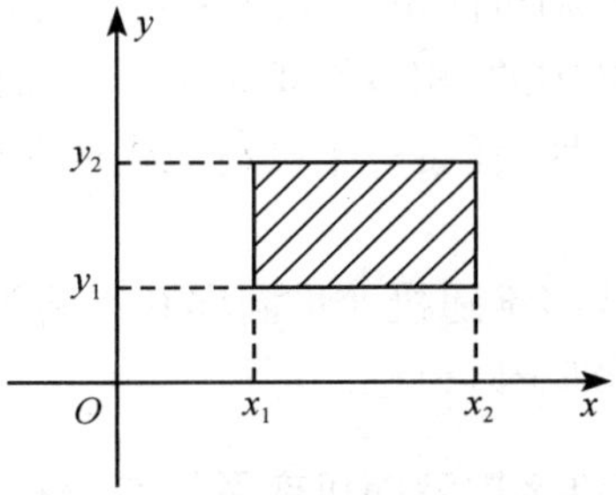

图 3.2

给定二维随机变量(X,Y)的分布函数$F(x,y)$,借助于图 3.2 可得随机点(X,Y)落在矩形区域$D=(x_1,x_2]\times(y_1,y_2]$内的概率为

$$
\begin{aligned}
&P(x_1<X\leqslant x_2,y_1<Y\leqslant y_2)\\
=&F(x_2,y_2)-F(x_2,y_1)-F(x_1,y_2)+F(x_1,y_1).
\end{aligned}
\tag{3.2}
$$

下面讨论二维随机变量(X,Y)的分布函数的性质.

定理 3.1 设$F(x,y)$是二维随机变量(X,Y)的分布函数,则有:

(1) 单调性:关于x或y都是单调非降的;

(2) 规范性:$F(x,-\infty)=\lim\limits_{y\to-\infty}F(x,y)=0$,

$$F(-\infty,y)=\lim_{x\to-\infty}F(x,y)=0,$$

$$F(-\infty,-\infty)=\lim_{\substack{x\to-\infty\\y\to-\infty}}F(x,y)=0,$$

$$F(+\infty,+\infty)=\lim_{\substack{x\to+\infty\\y\to+\infty}}F(x,y)=1;$$

(3) 右连续:关于x或y都是右连续的,即

$$F(x+0,y)=F(x,y),\quad F(x,y+0)=F(x,y);$$

(4) 相容性:对任意的$x_1<x_2,y_1<y_2$,有

$$F(x_2,y_2)-F(x_2,y_1)-F(x_1,y_2)+F(x_1,y_1)\geqslant 0.$$

证明 仅对性质(1)和(4)给出证明.

(1) 固定y,对任意$x_1<x_2$,有$\{X\leqslant x_1,Y\leqslant y\}\subset\{X\leqslant x_2,Y\leqslant y\}$,于是有

$$P(X\leqslant x_1,Y\leqslant y)\leqslant P(X\leqslant x_2,Y\leqslant y),$$

即$F(x_1,y)\leqslant F(x_2,y)$. 同理可证$F(x,y)$关于$y$是单调不减的.

(4) 根据(3.2)式及概率的非负性得

$$
\begin{aligned}
&F(x_2,y_2)-F(x_2,y_1)-F(x_1,y_2)+F(x_1,y_1)\\
=&P(x_1<X\leqslant x_2,y_1<Y\leqslant y_2)\geqslant 0,
\end{aligned}
$$

即 $F(x,y)$ 满足相容性.

(2)、(3)的证明超出了本课程的要求，故从略.

为保证随机向量 (X,Y) 落入二维矩形区域 D 内的概率的非负性，性质(4)的相容性是必须的. 相容性正是多元分布函数与一元分布函数的本质不同之处.

可以证明，任意一个具有上述四条性质的二元函数，必是某个二维随机变量的分布函数.

二维或多维随机变量同样有不同类型，其中最常见的也是离散型和连续型两类. 下面分别予以讨论.

3.1.2　二维离散型随机变量及其分布列

定义 3.3　若二维随机变量 (X,Y) 只取有限对或可列对实数值 (x_i, y_j)，$i,j=1,2,\cdots$，则称 (X,Y) 为二维离散型随机变量，而称

$$P(X=x_i, Y=y_j)=p_{ij},\quad i,j=1,2,\cdots \tag{3.3}$$

为二维随机变量 (X,Y) 的**分布列**(或**概率分布**)，或随机变量 X 与 Y 的**联合分布列**(或**联合概率分布**).

由概率的性质可知，任意二维离散型随机变量 (X,Y) 的分布列都具有下列性质：

(1) 非负性：$p_{ij}\geqslant 0, i,j=1,2,\cdots$；

(2) 规范性：$\sum_{i=1}^{\infty}\sum_{j=1}^{\infty}p_{ij}=1$.

二维离散型随机变量 (X,Y) 的分布列也可以用二维形式的表 3.1 表示.

表 3.1

X \ Y	y_1	y_2	$\cdots$	y_j	$\cdots$
x_1	p_{11}	p_{12}	$\cdots$	p_{1j}	$\cdots$
x_2	p_{21}	p_{22}	$\cdots$	p_{2j}	$\cdots$
$\vdots$	$\vdots$	$\vdots$		$\vdots$	
x_i	p_{i1}	p_{i2}	$\cdots$	p_{ij}	$\cdots$
$\vdots$	$\vdots$	$\vdots$		$\vdots$	$\vdots$

给定二维离散型随机变量 (X,Y) 的分布列如(3.3)式，容易确定 (X,Y) 落入二维区域 G 内的概率为

$$P\{(X,Y)\in G\}=\sum_{(x_i,y_j)\in G}p_{ij}. \tag{3.4}$$

而 (X,Y) 的联合分布函数为

$$F(x,y)=P(X\leqslant x,Y\leqslant y)=\sum_{x_i\leqslant x}\sum_{y_j\leqslant y}p_{ij}. \tag{3.5}$$

例 3.1 从 1,2,3,4 中任取一数,记为 X;再从 $1,2,\cdots,X$ 中任取一个数,记为 Y.求 (X,Y) 的分布列及 $P(X=Y)$.

解 (X,Y) 为二维离散性随机变量,X,Y 的取值范围都是 1,2,3,4.其中 X 的分布列为

$$P(X=i)=\frac{1}{4},\quad i=1,2,3,4.$$

由题设,当 $i=1,2,3,4$ 时,有

$$P(Y=j\mid X=i)=\frac{1}{i},\quad j=1,2,\cdots,i.$$

故由概率的乘法公式得

$$P(X=i,Y=j)=P(X=i)P(Y=j\mid X=i)$$
$$=\begin{cases}\dfrac{1}{4}\times\dfrac{1}{i}=\dfrac{1}{4i}, & i=1,2,3,4,j=1,2,\cdots,i,\\ 0, & \text{其他}.\end{cases}$$

因此 X,Y 的联合分布列于表 3.2 中.

表 3.2

Y \ X	1	2	3	4
1	$\frac{1}{4}$	$\frac{1}{8}$	$\frac{1}{12}$	$\frac{1}{16}$
2	0	$\frac{1}{8}$	$\frac{1}{12}$	$\frac{1}{16}$
3	0	0	$\frac{1}{12}$	$\frac{1}{16}$
4	0	0	0	$\frac{1}{16}$

根据表 3.2 可得

$$P(X=Y)=p_{11}+p_{22}+p_{33}+p_{44}=\frac{1}{4}+\frac{1}{8}+\frac{1}{12}+\frac{1}{16}=\frac{25}{48}.$$

常见的多维离散型分布有:

1. 多项分布

设随机试验 E 有 r 个可能的结果 $A_1,A_2,\cdots,A_r$,$P(A_i)=p_i$,$i=1,2,\cdots,r$,且 $p_1+p_2+\cdots+p_r=1$.将试验 E 独立重复地进行 n 次(称为 n 重独立试验),用 X_1,$X_2,\cdots,X_r$ 分别表示 $A_1,A_2,\cdots,A_r$ 出现的次数,则 $(X_1,X_2,\cdots,X_r)$ 的概率分布为

$$P(X_1=k_1,X_2=k_2,\cdots,X_r=k_r)=\frac{n!}{k_1!k_2!\cdots k_r!}p_1^{k_1}p_2^{k_2}\cdots p_r^{k_r},$$

其中 $k_i \geqslant 0, i=1,2,\cdots,r$，且 $k_1+k_2+\cdots+k_r=n$. 这种分布称为**多项分布**.

多项分布是最重要的多维离散型分布之一，它是第 2 章二项分布的自然推广.

2. 多维超几何分布

设袋中装有 i 号球 N_i 只，$i=1,2,\cdots,r$，且 $N_1+N_2+\cdots+N_r=N$. 现采用无放回抽样方式从中随机取出 n 只，若用 $X_1,X_2,\cdots,X_r$ 分别表示取出的 $1,2,\cdots,r$ 号球的数目，则 $(X_1,X_2,\cdots,X_r)$ 的概率分布为

$$P(X_1=k_1,X_2=k_2,\cdots,X_r=k_r)=\mathrm{C}_{N_1}^{k_1}\mathrm{C}_{N_2}^{k_2}\cdots\mathrm{C}_{N_r}^{k_r}/\mathrm{C}_N^n,$$

其中 $0\leqslant k_i\leqslant N_i, i=1,2,\cdots,r$，且 $k_1+k_2+\cdots+k_r=n$. 这种分布称为**多维超几何分布**. 多维超几何分布是超几何分布的推广.

3.1.3　二维连续型随机变量及其密度函数

定义 3.4　设二维随机变量 (X,Y) 的联合分布函数为 $F(x,y)$，若存在非负可积的二元函数 $f(x,y)$，使得对于任意实数 x,y，有

$$F(x,y)=\int_{-\infty}^{x}\int_{-\infty}^{y}f(u,v)\mathrm{d}u\mathrm{d}v, \tag{3.6}$$

则称 (X,Y) 为二维连续型随机变量，而称二元函数 $f(x,y)$ 为二维随机变量 (X,Y) 的概率密度函数（简称为**密度函数**），或称为 X,Y 的**联合概率密度函数**（简称为**联合密度函数**）.

根据微积分理论，在(3.6)式中，如果密度函数 $f(x,y)$ 连续，则

$$f(x,y)=\frac{\partial^2 F(x,y)}{\partial x\partial y}. \tag{3.7}$$

同一维情形类似，二维连续型随机变量的密度函数满足下列基本性质：

(1) 非负性：对任意的 x,y，$f(x,y)\geqslant 0$；

(2) 规范性：$\int_{-\infty}^{+\infty}\int_{-\infty}^{+\infty}f(x,y)\mathrm{d}x\mathrm{d}y=1$.

这两条性质是判定一个二元函数是否是密度函数的依据.

如果已知二维随机变量 (X,Y) 的密度函数为 $f(x,y)$，根据定积分的元素法就可以求出二维随机变量 (X,Y) 落在 Oxy 平面上任何区域 G 内的概率. 事实上，由于 (X,Y) 落在面积元素 $[x,x+\Delta x)\times[y,y+\Delta y)$ 内的概率近似为 $f(x,y)\mathrm{d}x\mathrm{d}y$，故 (X,Y) 落在区域 G 内的概率为 $f(x,y)$ 在区域 G 上的二重积分：

$$P((X,Y)\in G)=\iint_G f(x,y)\mathrm{d}x\mathrm{d}y. \tag{3.8}$$

特别地，(X,Y) 落在平面上矩形区域 $D=\{(x,y)\mid x_1<x\leqslant x_2, y_1<y\leqslant y_2\}$ 内的概率为

$$P(x_1<X\leqslant x_2, y_1<Y\leqslant y_2)=\int_{x_1}^{x_2}\int_{y_1}^{y_2}f(x,y)\mathrm{d}x\mathrm{d}y.$$

例 3.2　设二维随机变量(X,Y)的密度函数为

$$f(x,y)=\begin{cases}A\mathrm{e}^{-x}, & 0<y<\dfrac{x}{2},\\ 0, & \text{其他}.\end{cases}$$

试求:(1)A;(2)$P\{X\leqslant 2Y+1\}$;(3)$P(X=3Y)$;(4)(X,Y)的分布函数$F(x,y)$.

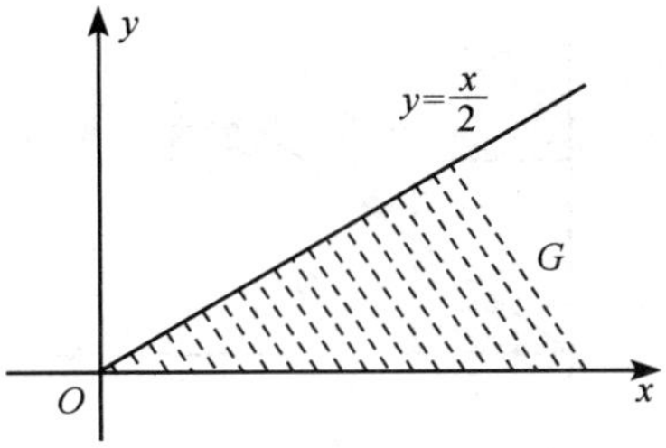

图 3.3

解　概率密度$f(x,y)>0$的区域$G=\{(x,y)\mid 0<y<x/2\}$如图 3.3 所示.

(1) 根据密度函数的规范性应有

$$1=\int_{-\infty}^{+\infty}\int_{-\infty}^{+\infty}f(x,y)\mathrm{d}x\mathrm{d}y=\iint_G f(x,y)\mathrm{d}x\mathrm{d}y$$

$$=\int_0^{+\infty}A\mathrm{e}^{-x}\mathrm{d}x\int_0^{\frac{x}{2}}\mathrm{d}y=\frac{A}{2}\int_0^{+\infty}x\mathrm{e}^{-x}\mathrm{d}x=\frac{A}{2},$$

于是$A=2$.

(2) 积分区域如图 3.4 的阴影部分. 利用(3.8)式得

$$P\{X\leqslant 2Y+1\}=\iint_{x\leqslant 2y+1}f(x,y)\mathrm{d}x\mathrm{d}y=\int_0^{\infty}2\mathrm{d}y\int_{2y}^{2y+1}\mathrm{e}^{-x}\mathrm{d}x$$

$$=\int_0^{\infty}2(\mathrm{e}^{-2y}-\mathrm{e}^{-2y-1})\mathrm{d}y=1-\frac{1}{\mathrm{e}}.$$

(3) 易见$P(X=3Y)=0$.

(4) 由(3.6)式,$F(x,y)=\int_{-\infty}^{x}\int_{-\infty}^{y}f(u,v)\mathrm{d}u\mathrm{d}v$.

当$x<0$或$y<0$时,显然$F(x,y)=0$.

当$0\leqslant y<\dfrac{x}{2}$时,积分区域如图 3.5 的阴影部分,故有

$$F(x,y)=\int_0^{y}\mathrm{d}v\int_{2v}^{x}2\mathrm{e}^{-u}\mathrm{d}u=\int_0^{y}2(\mathrm{e}^{-2v}-\mathrm{e}^{-x})\mathrm{d}v=1-\mathrm{e}^{-2y}-2y\mathrm{e}^{-x}.$$

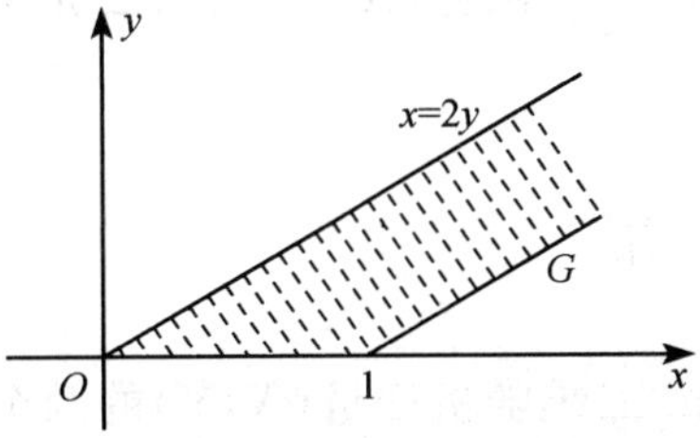

图 3.4

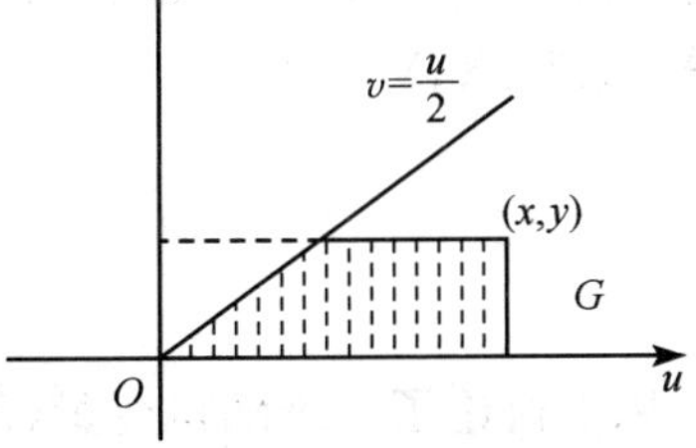

图 3.5

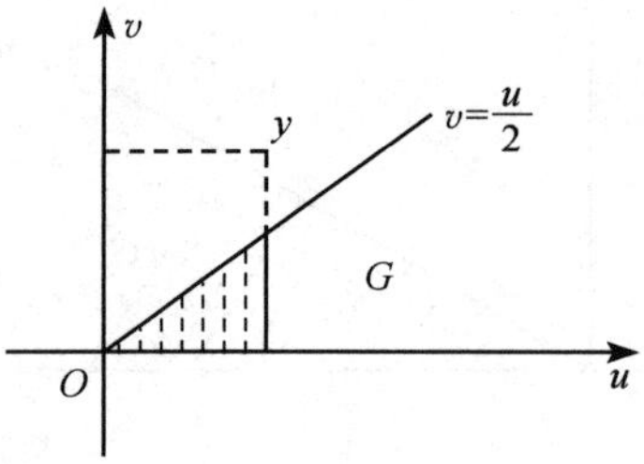

图 3.6

当 $y\geqslant\frac{x}{2}\geqslant0$ 时，积分区域如图 3.6 的阴影部分，故有

$$F(x,y)=\int_0^x 2\mathrm{e}^{-u}\mathrm{d}u\int_0^{\frac{u}{2}}\mathrm{d}v=\int_0^x u\,\mathrm{e}^{-u}\mathrm{d}u$$
$$=1-\mathrm{e}^{-x}-x\mathrm{e}^{-x}.$$

综上得 (X,Y) 的分布函数

$$F(x,y)=\begin{cases}0, & x<0\text{ 或 }y<0,\\ 1-\mathrm{e}^{-2y}-2y\mathrm{e}^{-x}, & 0\leqslant 2y<x,\\ 1-\mathrm{e}^{-x}-x\mathrm{e}^{-x}, & 2y\geqslant x\geqslant 0.\end{cases}$$

常见的二维连续型分布有：

1. 二维均匀分布

设 G 为平面上的有界区域，面积为 S，若随机变量 (X,Y) 的密度函数为

$$f(x,y)=\begin{cases}\dfrac{1}{S}, & (x,y)\in G,\\ 0, & (x,y)\notin G.\end{cases}\tag{3.9}$$

则称 (X,Y) 在区域 G 上服从**均匀分布**.

2. 二元正态分布

若二维随机变量 (X,Y) 的密度函数为

$$f(x,y)=\frac{1}{2\pi\sigma_1\sigma_2\sqrt{1-\rho^2}}\exp\left\{\frac{-1}{2(1-\rho^2)}\left[\left(\frac{x-\mu_1}{\sigma_1}\right)^2-2\rho\frac{x-\mu_1}{\sigma_1}\frac{y-\mu_2}{\sigma_2}+\left(\frac{y-\mu_2}{\sigma_2}\right)^2\right]\right\},\tag{3.10}$$

其中 $\mu_1,\mu_2,\sigma_1,\sigma_2,\rho$ 均为常数，且 $\sigma_1>0,\sigma_2>0,|\rho|<1$. 则称 (X,Y) 服从**二元正态分布**，记为 $(X,Y)\sim N(\mu_1,\mu_2,\sigma_1^2,\sigma_2^2,\rho)$.

3.2 边缘分布

以上讨论了二维随机变量 (X,Y) 的联合分布. 二维随机变量 (X,Y) 的两个分量 X 和 Y 也都是随机变量，它们应有其自身的分布. X 和 Y 自身的分布分别称为二维随机变量 (X,Y) 关于 X 和关于 Y 的边际分布. 二维随机变量 (X,Y) 的两个边

际分布与其联合分布是否存在确定的关系？或者说，二维随机变量(X,Y)的联合分布是否完全决定了它的边际分布？这正是本节将要讨论的内容.

3.2.1 二维随机变量的边际分布函数

设二维随机变量(X,Y)的(联合)分布函数为$F(x,y)$，(X,Y)的两个边际分布函数，即X和Y的分布函数分别用$F_X(x)$，$F_Y(y)$表示. 我们有

$$\begin{aligned} F_X(x) &= P(X \leqslant x) = P(X \leqslant x, Y < +\infty) \\ &= \lim_{y \to +\infty} F(x,y) = F(x,+\infty), \end{aligned} \tag{3.11}$$

$$\begin{aligned} F_Y(y) &= P(Y \leqslant y) = P(X < +\infty, Y \leqslant y) \\ &= \lim_{x \to +\infty} F(x,y) = F(+\infty, y). \end{aligned} \tag{3.12}$$

3.2.2 二维离散型随机变量的边际分布列

设二维离散型随机变量(X,Y)的(联合)分布列为

$$P(X = x_i, Y = y_j) = p_{ij}, \quad i,j = 1,2,\cdots,$$

我们首先来求X的分布列，即(X,Y)关于X的边际分布列.

对固定的i，显然事件列$\{X=x_i, Y=y_j\}$，$j=1,2,\cdots$是互不相容的，且有

$$\{X = x_i\} = \bigcup_{j=1}^{\infty} \{X = x_i, Y = y_j\},$$

故依概率的完全可加性有

$$P(X = x_i) = \sum_{j=1}^{\infty} P(X = x_i, Y = y_j) = \sum_{j=1}^{\infty} p_{ij}.$$

当x_i取遍X的所有的可能值时，就得到X的分布列

$$P(X = x_i) = \sum_{j=1}^{\infty} p_{ij}, \quad i = 1,2,\cdots.$$

同理可得Y的分布列

$$P(Y = y_j) = \sum_{i=1}^{\infty} p_{ij}, \quad j = 1,2,\cdots.$$

这两式就是由联合分布列计算边际分布列的公式. 可将这两个式子简记为

$$P(X = x_i) = p_{i\cdot}, \quad i = 1,2,\cdots, \tag{3.13}$$

$$P(Y = y_j) = p_{\cdot j}, \quad j = 1,2,\cdots, \tag{3.14}$$

其中 $p_{i\cdot}=\sum\limits_{j=1}^{\infty}p_{ij}$，$p_{\cdot j}=\sum\limits_{i=1}^{\infty}p_{ij}$. 这表示 $p_{i\cdot}$ 是对联合分布表(表 3.1)中的第 i 行的所有概率 p_{ij} 求和的结果，而 $p_{\cdot j}$ 是对表 3.1 中的第 j 列的所有概率 p_{ij} 求和的结果.

例 3.3　设箱中有 1 件次品和 5 件正品. 现从中进行取样，每次任取一件. 定义随机变量 X,Y 如下：

$$X=\begin{cases}1, & \text{第一次取得正品},\\ 0, & \text{否}.\end{cases}\qquad Y=\begin{cases}1, & \text{第二次取得正品},\\ 0, & \text{否}.\end{cases}$$

分别在有放回和无放回两种抽样方式下求(X,Y)的联合分布列及边际分布列.

解　(1) 有放回抽样情况：依概率的乘法公式得

$$P(X=0,Y=0)=P(X=0)P(Y=0\mid X=0)=\frac{1}{6}\cdot\frac{1}{6}=\frac{1}{36}.$$

同理有

$$P(X=0,Y=1)=\frac{5}{36},\quad P(X=1,Y=0)=\frac{5}{36},\quad P(X=1,Y=1)=\frac{25}{36},$$

即得(X,Y)的联合分布列：

X \ Y	0	1
0	$\frac{1}{36}$	$\frac{5}{36}$
1	$\frac{5}{36}$	$\frac{25}{36}$

根据(3.13)式，在上表中分别对各行求和得 X 的分布列：

X	0	1
$p_{i\cdot}$	$\frac{1}{6}$	$\frac{5}{6}$

根据(3.14)式，在上表中分别对各列求和得 Y 的分布列：

Y	0	1
$p_{\cdot j}$	$\frac{1}{6}$	$\frac{5}{6}$

联合分布列与边际分布列可以放在同一个表格中，如表 3.3 所示.

表 3.3

X \ Y	0	1	$p_{i\cdot}$
0	$\frac{1}{36}$	$\frac{5}{36}$	$\frac{1}{6}$
1	$\frac{5}{36}$	$\frac{25}{36}$	$\frac{5}{6}$
$p_{\cdot j}$	$\frac{1}{6}$	$\frac{5}{6}$	

(2) 无放回抽样情况：由概率的乘法公式得

$$P(X=0,Y=0)=P(X=0)P(Y=0\mid X=0)=\frac{1}{6}\cdot 0=0.$$

同理有

$$P(X=0,Y=1)=\frac{1}{6},\quad P(X=1,Y=0)=\frac{1}{6},\quad P(X=1,Y=1)=\frac{4}{6}.$$

与上同理可求得(X,Y)的联合分布列及两个边际分布列，如表 3.4 所示.

表 3.4

X \ Y	0	1	$p_{i\cdot}$
0	0	$\frac{1}{6}$	$\frac{1}{6}$
1	$\frac{1}{6}$	$\frac{4}{6}$	$\frac{5}{6}$
$p_{\cdot j}$	$\frac{1}{6}$	$\frac{5}{6}$	

这种既包含联合分布列也包含边际分布列的表可称为列联表. 在上面两个列联表中，X 和 Y 本身的分布列处于表的边沿地位，因此称为边际分布列.

从这个例子还可以看出，无论是有放回抽样还是无放回抽样，X,Y 的概率分布都是一样的，但两种抽样方式的联合分布却完全不同. 这说明，若无其他条件的话，单凭边际分布一般不能决定联合分布. 因此，二维随机变量的概率性质不仅与它的两个分量的个别性质有关，还必须考虑两个分量之间的联系. 这也说明了研究随机向量的必要性.

3.2.3 二维连续型随机变量的边际密度函数

设二维连续型随机变量(X,Y)的(联合)密度函数为 $f(x,y)$. 我们来求(X,Y)关于 X 和关于 Y 的边际密度函数. 由(3.11)式和(3.12)式得

$$F_X(x)=F(x,+\infty)=\int_{-\infty}^{x}\int_{-\infty}^{+\infty}f(u,v)\mathrm{d}u\,\mathrm{d}v=\int_{-\infty}^{x}\left(\int_{-\infty}^{+\infty}f(u,v)\mathrm{d}v\right)\mathrm{d}u,$$

$$F_Y(y)=F(+\infty,y)=\int_{-\infty}^{+\infty}\int_{-\infty}^{y}f(u,v)\,\mathrm{d}u\,\mathrm{d}v=\int_{-\infty}^{y}\left(\int_{-\infty}^{+\infty}f(u,v)\,\mathrm{d}u\right)\mathrm{d}v.$$

这表明 X 与 Y 都是连续型随机变量，且分别具有密度函数

$$f_X(x)=\int_{-\infty}^{+\infty}f(x,y)\,\mathrm{d}y, \tag{3.15}$$

$$f_Y(y)=\int_{-\infty}^{+\infty}f(x,y)\,\mathrm{d}x. \tag{3.16}$$

这两个式子就是由(X,Y)的联合密度函数计算边际密度函数的公式.

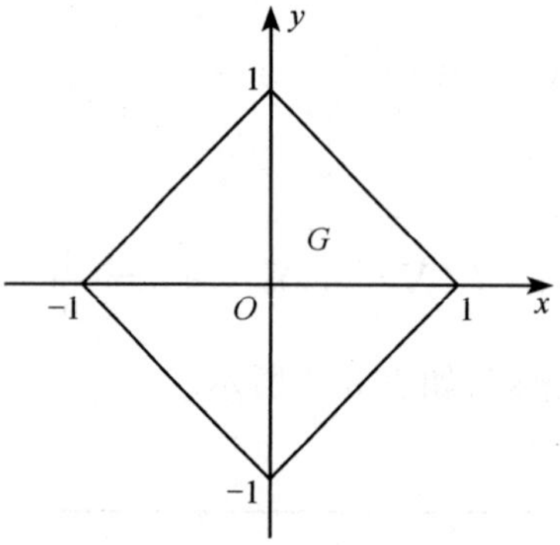

图 3.7

例 3.4　设(X,Y)在区域 G 上服从均匀分布，其中 $G=\{(x,y):|x|+|y|\leqslant 1\}$. 求边际密度函数 $f_X(x)$，$f_Y(y)$.

解　作出区域 G 的图形(图 3.7)，易知(X,Y)的密度函数为

$$f(x,y)=\begin{cases}\dfrac{1}{2}, & |x|+|y|<1,\\ 0, & 其他.\end{cases}$$

由 $f_X(x)=\int_{-\infty}^{+\infty}f(x,y)\,\mathrm{d}y$，当 $|x|\geqslant 1$ 时，显然 $f_X(x)=0$；而当 $|x|<1$ 时，有

$$f_X(x)=\int_{|x|-1}^{1-|x|}\frac{1}{2}\,\mathrm{d}y=1-|x|.$$

综上得

$$f_X(x)=\begin{cases}1-|x|, & |x|<1,\\ 0, & |x|\geqslant 1.\end{cases}$$

同理有

$$f_Y(y)=\begin{cases}1-|y|, & |y|<1,\\ 0, & |y|\geqslant 1.\end{cases}$$

例 3.5　设二维随机变量$(X,Y)\sim N(\mu_1,\mu_2,\sigma_1^2,\sigma_2^2,\rho)$，其联合密度函数 $f(x,y)$ 如(3.10)式，求边际密度函数 $f_X(x)$，$f_Y(y)$.

解　通过置换变量$\dfrac{x-\mu_1}{\sigma_1}=u$，$\dfrac{y-\mu_2}{\sigma_2}=v$，得

$$\begin{aligned}f_X(x)&=\int_{-\infty}^{+\infty}f(x,y)\,\mathrm{d}y\\&=\frac{1}{2\pi\sigma_1\sqrt{1-\rho^2}}\int_{-\infty}^{+\infty}\exp\left[-\frac{1}{2(1-\rho^2)}(u^2-2\rho uv+v^2)\right]\mathrm{d}v\end{aligned}$$

$$=\frac{1}{\sqrt{2\pi}\sigma_1}\mathrm{e}^{-\frac{u^2}{2}}\int_{-\infty}^{+\infty}\frac{1}{\sqrt{2\pi}\sqrt{1-\rho^2}}\exp\left[-\frac{(v-\rho u)^2}{2(1-\rho^2)}\right]\mathrm{d}v$$

$$=\frac{1}{\sqrt{2\pi}\sigma_1}\mathrm{e}^{-\frac{u^2}{2}}\int_{-\infty}^{+\infty}\frac{1}{\sqrt{2\pi}}\mathrm{e}^{-\frac{t^2}{2}}\mathrm{d}t$$

$$=\frac{1}{\sqrt{2\pi}\sigma_1}\mathrm{e}^{-\frac{u^2}{2}}=\frac{1}{\sqrt{2\pi}\sigma_1}\mathrm{e}^{-\frac{(x-\mu_1)^2}{2\sigma_1^2}},$$

同理可求得另一个边际密度函数

$$f_Y(y)=\frac{1}{\sqrt{2\pi}\sigma_2}\mathrm{e}^{-\frac{(y-\mu_2)^2}{2\sigma_2^2}}.$$

这表明有 $X\sim N(\mu_1,\sigma_1^2)$，$Y\sim N(\mu_2,\sigma_2^2)$. 即二元正态分布的两个边际分布仍是正态分布.

3.3 条件分布

上一节讨论了二维随机变量(X,Y)的边际分布问题. 类似于事件的条件概率，当论及多个随机变量时，也有相应的条件分布的问题. 仍以二维随机变量为例进行讨论.

3.3.1 离散型随机变量的条件概率分布

设二维离散型随机变量(X,Y)的联合分布列为

$$P(X=x_i,Y=y_j)=p_{ij},\quad i,j=1,2,\cdots.$$

由 3.2 节可知 X 的分布列为 $P(X=x_i)=p_{i\cdot}=\sum_{j=1}^{\infty}p_{ij}$，$i=1,2,\cdots$.

若对某个 i，有 $p_{i\cdot}=P(X=x_i)>0$，则有

$$P(Y=y_j\mid X=x_i)=\frac{P(X=x_i,Y=y_j)}{P(X=x_i)}=\frac{p_{ij}}{p_{i\cdot}}.$$

易见 $\sum_{j=1}^{\infty}\frac{p_{ij}}{p_{i\cdot}}=1$. 因此

$$P(Y=y_j\mid X=x_i)=\frac{p_{ij}}{p_{i\cdot}},\quad j=1,2,\cdots \tag{3.17}$$

是一个分布列，称其为 $X=x_i$ 条件下，Y 的条件分布列，或简称为 Y 关于 $X=x_i$ 的条件分布列.

同理，当 $p_{\cdot j}=P(Y=y_j)>0$ 时，X 关于 $Y=y_j$ 的条件分布列为

$$P(X=x_i \mid Y=y_j)=\frac{p_{ij}}{p_{\cdot j}}, \quad i=1,2,\cdots. \tag{3.18}$$

例 3.6 设二维随机变量(X,Y)的联合分布列为

X \ Y	0	1	2
0	a_1	a_2	a_3
1	a_4	a_5	a_6

其中 $a_i \geqslant 0(1,2,\cdots,6)$，且$\sum_{i=1}^{6} a_i=1, a_1+a_2+a_3>0, a_4+a_5+a_6>0, a_2+a_5>0$. 求 Y 关于 X 的条件分布列及 X 关于 $Y=1$ 的条件分布列.

解 首先由联合分布列求出边际概率分布，并作出列联表如下：

X \ Y	0	1	2	$p_{i\cdot}$
0	a_1	a_2	a_3	$a_1+a_2+a_3$
1	a_4	a_5	a_6	$a_4+a_5+a_6$
$p_{\cdot j}$	a_1+a_4	a_2+a_5	a_3+a_6	

Y 关于 X 的条件分布有两个，即 Y 关于 $X=0$ 的条件分布和 Y 关于 $X=1$ 的条件分布. 可将这两个条件分布列于同一个表格中：

Y	0	1	2
$P(Y=j \mid X=0)$	$\frac{a_1}{a_1+a_2+a_3}$	$\frac{a_2}{a_1+a_2+a_3}$	$\frac{a_3}{a_1+a_2+a_3}$
$P(Y=j \mid X=1)$	$\frac{a_4}{a_4+a_5+a_6}$	$\frac{a_5}{a_4+a_5+a_6}$	$\frac{a_6}{a_4+a_5+a_6}$

同理，X 关于 $Y=1$ 的条件分布为

X	0	1
$P(X=i \mid Y=1)$	$\frac{a_2}{a_2+a_5}$	$\frac{a_5}{a_2+a_5}$

例 3.7 一射手向一目标射击，到第二次命中目标为止. 每次射击命中目标的概率为 $p(0<p<1)$. 以 X 表示首次命中目标时的射击次数，Y 表示总的射击次数. 求 X,Y 的联合分布和条件分布.

解 引进事件 A_i——第 i 次击中目标，$i=1,2,\cdots$. 注意到事件 $A_1,A_2,\cdots$之间的独立性，(X,Y)的联合分布列为

$$\begin{aligned} P(X=m,Y=n) &= P(\overline{A}_1\cdots\overline{A}_{m-1}A_m\overline{A}_{m+1}\cdots\overline{A}_{n-1}A_n) \\ &= p^2q^{n-2}, \quad n=2,3,\cdots, \quad m=1,2,\cdots,n-1, \end{aligned}$$

其中 $q=1-p$. (X,Y)关于 X,Y 的边际分布列分别为

$$P(X=m)=\sum_{n=m+1}^{\infty}P(X=m,Y=n)$$

$$=\sum_{n=m+1}^{\infty}p^2q^{n-2}=pq^{m-1},\quad m=1,2,\cdots.$$

$$P(Y=n)=\sum_{m=1}^{n-1}P(X=m,Y=n)$$

$$=\sum_{m=1}^{n-1}p^2q^{n-2}=(n-1)p^2q^{n-2},\quad n=2,3,\cdots.$$

对固定的 $m=1,2,\cdots$,Y 关于 X 的条件分布列为

$$P(Y=n\mid X=m)=\frac{P(X=m,Y=n)}{P(X=m)}$$

$$=\frac{p^2q^{n-2}}{pq^{m-1}}=pq^{n-m-1},\quad n=m+1,m+2,\cdots.$$

这是一个与几何分布类似的离散型分布.

对固定的 $n=2,3,\cdots$,X 关于 Y 的条件概率分布为

$$P(X=m\mid Y=n)=\frac{P(X=m,Y=n)}{P(Y=n)}$$

$$=\frac{p^2q^{n-2}}{(n-1)pq^{n-2}}=\frac{1}{n-1},\quad m=1,2,\cdots,n-1.$$

这是等可能分布于 $n-1$ 个点上的离散均匀分布.

3.3.2 连续型随机变量的条件分布

给定二随机变量 X 和 Y,对实数轴上的任一集合 C(一般为区间),如果 $P(X\in C)>0$,则依条件概率公式有

$$P(Y\leqslant y\mid X\in C)=\frac{P(X\in C,Y\leqslant y)}{P(X\in C)},$$

自然称其为在条件 $X\in C$ 之下,Y 的条件分布函数. 或简称为 Y 关于$\{X\in C\}$的条件分布函数.

在许多问题中,常常要考虑 C 是单点集$\{x\}$的情形. 如果 $P(X=x)>0$,这没有任何困难. 问题发生在 $P(X=x)=0$ 时,应该如何定义 $P(Y\leqslant y|X=x)$才合理. 最常用的是(X,Y)为连续型随机变量的情况,因为这时 X 也是连续型的,故一定有 $P(X=x)=0$.

自然会想到,可以用

$$P(Y \leqslant y \mid X = x) = \lim_{h \to 0^+} P(Y \leqslant y \mid x - h < X < x + h)$$
$$= \lim_{h \to 0^+} \frac{P(x - h < X < x + h, Y \leqslant y)}{P(x - h < X < x + h)}$$

来定义条件分布函数.

特别是对二维随机变量(X,Y)有连续(或分段连续)的密度函数$f(x,y)$的场合,这定义导出

$$P(Y \leqslant y \mid X = x) = \lim_{h \to 0^+} \frac{\int_{x-h}^{x+h}\int_{-\infty}^{y} f(u,v)\mathrm{d}u\,\mathrm{d}v}{\int_{x-h}^{x+h} f_X(u)\mathrm{d}u} = \frac{\lim\limits_{h \to 0^+} \frac{1}{2h}\int_{x-h}^{x+h}\int_{-\infty}^{y} f(u,v)\mathrm{d}u\,\mathrm{d}v}{\lim\limits_{h \to 0^+} \frac{1}{2h}\int_{x-h}^{x+h} f_X(u)\mathrm{d}u}$$
$$= \frac{\int_{-\infty}^{y} f(x,v)\mathrm{d}v}{f_X(x)} = \int_{-\infty}^{y} \frac{f(x,v)}{f_X(x)}\mathrm{d}v,$$

其中 $f_X(x) = \int_{-\infty}^{+\infty} f(x,y)\mathrm{d}y$ 是(X,Y)关于 X 的边际密度函数.

这表明,在(X,Y)的密度函数$f(x,y)$的连续点(x,y)处,若$f_X(x)>0$,则可定义条件分布函数$F_{Y|X}(y|x)=P(Y\leqslant y|X=x)$,且此时存在 Y 关于 $X=x$ 的条件密度函数为

$$f_{Y|X}(y \mid x) = \frac{f(x,y)}{f_X(x)}. \tag{3.19}$$

同理,若$f_Y(y)>0$,则 X 关于 $Y=y$ 的条件密度函数为

$$f_{X|Y}(x \mid y) = \frac{f(x,y)}{f_Y(y)}. \tag{3.20}$$

此外,由(3.19)式的推导过程可知,条件分布函数也是条件密度函数的变上限积分,即

$$F_{Y|X}(y \mid x) = \int_{-\infty}^{y} f_{Y|X}(v \mid x)\mathrm{d}v,$$
$$F_{X|Y}(x \mid y) = \int_{-\infty}^{x} f_{X|Y}(u \mid y)\mathrm{d}u.$$

例 3.8　同例 3.4,求条件密度函数$f_{Y|X}(y|x)$,$f_{X|Y}(x|y)$.

解　在例 3.4 中,已得到(X,Y)的两个边际密度函数

$$f_X(x) = \begin{cases} 1 - |x|, & |x| < 1, \\ 0, & |x| \geqslant 1. \end{cases} \quad f_Y(y) = \begin{cases} 1 - |y|, & |y| < 1, \\ 0, & |y| \geqslant 1. \end{cases}$$

于是根据(3.19)式,当$|x|<1$时,Y 关于 X 的条件密度函数为

$$f_{Y|X}(y \mid x)=\begin{cases}\dfrac{1}{2(1-|x|)}, & |y|<1-|x|,\\ 0, & |y|\geqslant 1-|x|.\end{cases}$$

由对称性得，当$|y|<1$时，X关于Y的条件密度函数为

$$f_{X|Y}(x \mid y)=\begin{cases}\dfrac{1}{2(1-|y|)}, & |x|<1-|y|,\\ 0, & |x|\geqslant 1-|y|.\end{cases}$$

3.4 随机变量的独立性

如前所述，在多维随机变量中，各分量的取值有时是相互关联的，这时必须研究随机向量的分布，才能了解各分量之间的统计依赖关系，而不能孤立地研究各分量的分布. 但存在这样一种情况，这时可以分别研究各分量的分布代替研究随机向量的分布，如此问题就简单多了. 这就是当随机向量的各分量取值互不影响的情况，即各分量相互独立的情况.

3.4.1 两个随机变量的独立性

应当如何定义两个随机变量X,Y的独立性呢？我们先从直观上加以分析. 由事件的独立性我们知道，若

$$P(Y\in B \mid X\in A)=P(Y\in B)$$

对实数集R的任意子集A,B都成立，就表示X,Y的取值在概率上互不影响. 但上式不仅要有$P(X\in A)>0$的限制条件，而且形式上也不对称. 与上式等价而且形式对称的是表达式

$$P(X\in A,Y\in B)=P(X\in A)P(Y\in B).$$

可以将上式作为X与Y独立的定义，不过上式由于其中集合A,B太任意而不易验证. 我们采用与之等价且更为简单的形式来定义两个随机变量的独立性.

定义 3.5 设$F(x,y)$是随机变量(X,Y)的联合分布函数，$F_X(x)$，$F_Y(y)$分别是(X,Y)关于X,Y的边际分布函数，如果对任意的实数x,y，有

$$F(x,y)=F_X(x)F_Y(y), \tag{3.21}$$

则称随机变量X与Y相互独立，简称为X与Y独立.

下面讨论判别离散型随机变量是否相互独立的判定条件(证明从略).

定理 3.2 离散型随机变量X与Y相互独立的充要条件是对(X,Y)的一切可能值(x_i,y_j)，有$P(X=x_i,Y=y_j)=P(X=x_i)P(Y=y_j)$，即

$$p_{ij} = p_{i\cdot}p_{\cdot j}, \quad i,j = 1,2,\cdots. \tag{3.22}$$

例 3.9　在例 3.7 中，令 $Z=Y-X$，证明随机变量 X 与 Z 独立.

解　若令 $Z=Y-X$，则容易导出 X,Z 的联合分布列为

$$P(X = m, Z = n) = p^2 q^{m+n-2}, \quad m,n = 1,2,\cdots.$$

由边缘分布公式可求得 X,Z 的分布列分别为

$$P(X = m) = pq^{m-1}, \quad m = 1,2,\cdots.$$
$$P(Z = n) = pq^{n-1}, \quad n = 1,2,\cdots.$$

于是对任意的 $m,n=1,2,\cdots$，有 $P(X=m,Z=n)=P(X=m)P(Z=n)$. 即 X 与 Z 独立.

例 3.10　对例 3.3 中的有放回情形，证明随机变量 X 与 Y 独立.

证明　在例 3.3 中，已求得(X,Y)的联合概率分布及 X,Y 的分布列如下：

X \ Y	0	1	$p_{i\cdot}$
0	$\frac{1}{36}$	$\frac{5}{36}$	$\frac{1}{6}$
1	$\frac{5}{36}$	$\frac{25}{36}$	$\frac{5}{6}$
$p_{\cdot j}$	$\frac{1}{6}$	$\frac{5}{6}$	

易见对 $i,j=0,1$，$p_{ij}=p_{i\cdot}p_{\cdot j}$均成立. 根据定理 3.2 可知，$X$ 与 Y 独立.

本例中，我们通过离散型随机变量独立的判别条件(3.24)证明了 X 与 Y 的独立性. 事实上，从问题的实际背景容易看出这一结果. 既然是有放回抽样，各次抽取结果互不影响，而 X 只与第一次抽样结果有关，Y 只与第二次抽样结果有关，故 X 与 Y 显然是独立的. 在此我们强调指出，在实际应用中，判断随机变量是否独立经常是通过对问题的实际背景的分析来进行的. 如果一个随机变量的取值对另一个随机变量的取值的概率毫无影响，或者影响甚微以致可以忽略不计，就可以认为它们是相互独立的. 有了独立性，则问题的讨论就容易多了.

定理 3.3　设 $f(x,y)$是连续型随机变量(X,Y)的密度函数，$f_X(x)$，$f_Y(y)$分别是(X,Y)关于 X,Y 的边际密度函数. 则 X 与 Y 相互独立的充要条件是：$f_X(x)f_Y(y)$是(X,Y)的联合密度函数，即对任意的 x,y，有

$$f(x,y) = f_X(x)f_Y(y). \tag{3.23}$$

证明　充分性：根据分布函数与密度函数的关系我们有

$$\begin{aligned} F(x,y) &= \int_{-\infty}^{x}\int_{-\infty}^{y} f(u,v)\,du\,dv = \int_{-\infty}^{x}\int_{-\infty}^{y} f_X(u)f_Y(v)\,du\,dv \\ &= \int_{-\infty}^{x} f_X(u)\,du \int_{-\infty}^{y} f_Y(v)\,dv = F_X(x)F_Y(y), \end{aligned}$$

即 X 与 Y 相互独立. 反之,若 X 与 Y 相互独立,即对任意的实数 x,y,有 $F(x,y)=F_X(x)F_Y(y)$. 于是有

$$F(x,y)=F_X(x)F_Y(y)=\int_{-\infty}^{x}f_X(u)\mathrm{d}u\int_{-\infty}^{y}f_Y(v)\mathrm{d}v$$
$$=\int_{-\infty}^{x}\int_{-\infty}^{y}f_X(u)f_Y(v)\mathrm{d}u\,\mathrm{d}v.$$

这表示 $f_X(x)f_Y(y)$ 是 (X,Y) 的联合密度函数,即 $f(x,y)=f_X(x)f_Y(y)$.

例 3.11 设 $(X,Y)\sim N(\mu_1,\mu_2,\sigma_1^2,\sigma_2^2,\rho)$,试证:$X$ 与 Y 相互独立的充分必要条件是 $\rho=0$.

证明 充分性:由本章例 3.5 的结果,$X\sim N(\mu_1,\sigma_1^2)$,$Y\sim N(\mu_2,\sigma_2^2)$. 若 $\rho=0$,则有

$$f(x,y)=\frac{1}{2\pi\sigma_1\sigma_2}\exp\left\{-\frac{1}{2}\left[\left(\frac{x-\mu_1}{\sigma_1}\right)^2+\left(\frac{y-\mu_2}{\sigma_2}\right)^2\right]\right\}=f_X(x)f_Y(y).$$

于是由定理 3.3 可知,X 与 Y 相互独立.

必要性:设 X 与 Y 相互独立,由于 $f(x,y)$ 是连续函数,根据定理 3.3 可知,对一切实数 x,y,有 $f(x,y)=f_X(x)f_Y(y)$. 特别地,取 $x=\mu_1$,$y=\mu_2$,得到 $f(\mu_1,\mu_2)=f_X(\mu_1)f_Y(\mu_2)$. 此即

$$\frac{1}{2\pi\sigma_1\sigma_2\sqrt{1-\rho^2}}=\frac{1}{\sqrt{2\pi}\sigma_1}\cdot\frac{1}{\sqrt{2\pi}\sigma_2}.$$

由此得 $\rho=0$.

3.4.2 多个随机变量的独立性

独立性可以推广到任意多个随机变量的情形. 我们只叙述有关的定义和结果.

定义 3.6 设 $F(x_1,x_2,\cdots,x_n)$ 是 n 维随机变量 $(X_1,X_2,\cdots,X_n)$ 的联合分布函数,而 $F_1(x_1),F_2(x_2),\cdots,F_n(x_n)$ 分别是 $X_1,X_2,\cdots,X_n$ 的分布函数,如果对任意一组实数 $x_1,x_2,\cdots,x_n$,有

$$F(x_1,x_2,\cdots,x_n)=F_1(x_1)F_2(x_2)\cdots,F_n(x_n), \tag{3.24}$$

则称随机变量 $X_1,X_2,\cdots,X_n$ 相互独立.

定理 3.4 离散型随机变量 $X_1,X_2,\cdots,X_n$ 相互独立的充要条件是对 $(X_1,X_2,\cdots,X_n)$ 的任意一组可能值 $(x_1,x_2,\cdots,x_n)$,有

$$P(X_1=x_1,\cdots,X_n=x_n)=P(X_1=x_1)\cdots P(X_n=x_n). \tag{3.25}$$

定理 3.5 设 $(X_1,X_2,\cdots,X_n)$ 是 n 维连续型随机变量,而 $f_1(x_1),f_2(x_2),\cdots,f_n(x_n)$ 分别是随机变量 $X_1,X_2,\cdots,X_n$ 的密度函数,则随机变量 $X_1,X_2,\cdots,X_n$ 相互独立的充要条件是:$f_1(x_1)f_2(x_2)\cdots f_n(x_n)$ 是 $(X_1,X_2,\cdots,X_n)$ 的联合密度函

数，即对任意的 $x_1,x_2,\cdots,x_n$，有

$$f(x_1,x_2,\cdots,x_n)=f_1(x_1)f_2(x_2)\cdots,f_n(x_n), \tag{3.26}$$

其中 $f(x_1,x_2,\cdots,x_n)$ 表示 $(X_1,X_2,\cdots,X_n)$ 的联合密度函数.

类似可以定义两个随机向量的独立性.

定义 3.7　设 $F(x_1,x_2,\cdots,x_m;y_1,y_2,\cdots,y_n)$ 是 $m+n$ 维随机向量 $(X_1,X_2,\cdots,X_m;Y_1,Y_2,\cdots,Y_n)$ 的联合分布函数，而 $F_1(x_1,x_2,\cdots,x_m)$ 是 m 维随机向量 $(X_1,X_2,\cdots,X_m)$ 的分布函数，$F_2(y_1,y_2,\cdots,y_n)$ 是 n 维随机变量 $(Y_1,Y_2,\cdots,Y_n)$ 的分布函数，如果对任意的 $x_1,x_2,\cdots,x_m;y_1,y_2,\cdots,y_n$，有

$$F(x_1,x_2,\cdots,x_m;y_1,y_2,\cdots,y_n)=F_1(x_1,x_2,\cdots,x_m)F_2(y_1,y_2,\cdots,y_n), \tag{3.27}$$

则称随机向量 $(X_1,X_2,\cdots,X_m)$ 与随机向量 $(Y_1,Y_2,\cdots Y_n)$ 相互独立.

最后，我们不加证明地给出有关多个随机变量独立时的重要结论.

定理 3.6　设随机变量 $X_1,X_2,\cdots,X_n$ 相互独立，则有

(1) 部分独立性：它们的任一部分 $X_{i_1},X_{i_2},\cdots,X_{i_m}$ 是相互独立的，其中 $2\leqslant m<n,1\leqslant i_1<i_2<\cdots<i_m\leqslant n$；

(2) 函数独立性：它们的函数 $g_1(X_1),g_2(X_2),\cdots,g_n(X_n)$ 是相互独立的，其中 $g_1,g_2,\cdots,g_n$ 是 n 个任意的一元函数.

定理 3.7　设随机向量 $(X_1,X_2,\cdots,X_m)$ 与随机向量 $(Y_1,Y_2,\cdots,Y_n)$ 相互独立，且 $X_1,X_2,\cdots,X_m$ 相互独立，$Y_1,Y_2,\cdots,Y_n$ 也相互独立，则 $X_1,X_2,\cdots,X_m;Y_1,Y_2,\cdots,Y_n$ 相互独立.

3.5　多维随机变量函数的分布

2.5 节中我们讨论了一维随机变量函数的分布的问题. 类似的问题在对于多维随机变量的讨论中也会遇到，在一维情况下所发展的理论与方法也可以推广到多维情形. 我们将主要以二维情形为例展开讨论，并主要讨论连续型情况.

设二维连续型随机变量 (X,Y) 的密度函数为 $f(x,y)$，而随机变量 $Z=g(X,Y)$，其中 $g(x,y)$ 是二元函数. 像求一维随机变量函数的分布一样，为求随机变量 Z 的分布，可以用下列分布函数法（或称为一般方法）：

$$F_Z(z)=P(Z\leqslant z)=P(g(X,Y)\leqslant z)=\iint_{D_z}f(x,y)\mathrm{d}x\mathrm{d}y, \tag{3.28}$$

其中 $D_z=\{(x,y)\mid g(x,y)\leqslant z\}$. 当 Z 存在密度函数时，可以通过对 $F_Z(z)$ 求导得 Z 的密度函数.

例 3.12　设随机变量 X 与 Y 独立，且服从同一指数分布 $E(\lambda)$，试求 $Z=$

$\dfrac{X}{X+Y}$的分布函数.

解 显然当 $z<0$ 时,$F_Z(z)=0$;当 $z\geqslant 1$ 时,$F_Z(z)=1$;当 $0\leqslant z<1$ 时,Z 的分布函数

$$
\begin{aligned}
F_Z(z) &= P(Z\leqslant z) = P\left(\frac{X}{X+Y}\leqslant z\right) \\
&= \iint\limits_{\frac{x}{x+y}\leqslant z} f(x,y)\mathrm{d}x\mathrm{d}y = \iint\limits_{D_z} \lambda^2 \mathrm{e}^{-\lambda(x+y)}\mathrm{d}x\mathrm{d}y \\
&= \int_0^{+\infty} \lambda \mathrm{e}^{-\lambda x}\mathrm{d}x \int_{\left(\frac{1}{z}-1\right)x}^{+\infty} \lambda \mathrm{e}^{-\lambda y}\mathrm{d}y \\
&= \int_0^{+\infty} \lambda \mathrm{e}^{-\lambda x}\mathrm{e}^{-\lambda\left(\frac{1}{z}-1\right)x}\mathrm{d}x = z.
\end{aligned}
$$

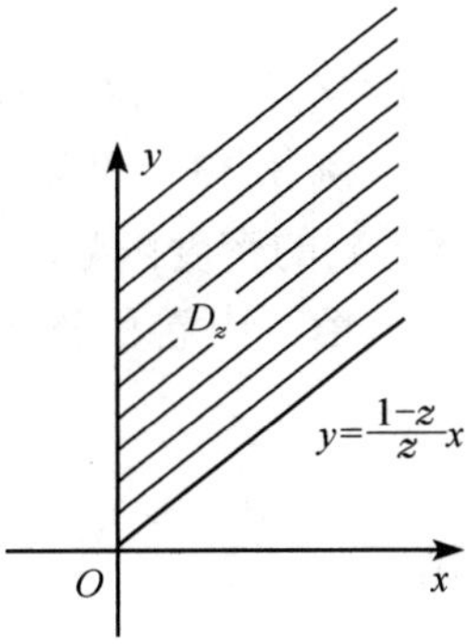

图 3.8

其中积分区域 D_z 如图 3.8 所示.

综上得 $Z=\dfrac{X}{X+Y}$的分布函数为

$$
F_Z(z)=\begin{cases} 0, & z<0, \\ z, & 0\leqslant z<1, \\ 1, & z\geqslant 1, \end{cases}
$$

即随机变量 Z 服从均匀分布 $U(0,1)$.

下面用这种方法计算两个随机变量的一些简单函数的分布.

3.5.1 和的分布

设二维随机变量(X,Y)的密度函数为 $f(x,y)$,而 $Z=X+Y$. 若记平面上区域

$$D_z=\{(x,y)\mid x+y\leqslant z\}$$

(图 3.9). 则 $Z=X+Y$ 的分布函数为

$$
\begin{aligned}
F_Z(z) &= \iint_{D_z} f(x,y)\mathrm{d}x\mathrm{d}y \\
&= \int_{-\infty}^{+\infty}\mathrm{d}x\int_{-\infty}^{z-x} f(x,y)\mathrm{d}y \\
&= \int_{-\infty}^{+\infty}\mathrm{d}x\int_{-\infty}^{z} f(x,y-x)\mathrm{d}y \\
&= \int_{-\infty}^{z}\mathrm{d}y\int_{-\infty}^{+\infty} f(x,y-x)\mathrm{d}x.
\end{aligned}
$$

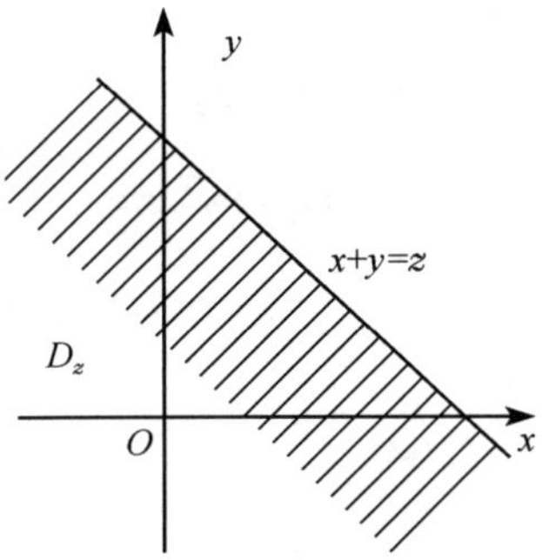

图 3.9

于是得两个随机变量和的密度公式

$$
f_Z(z)=\int_{-\infty}^{+\infty} f(x,z-x)\mathrm{d}x=\int_{-\infty}^{+\infty} f(z-y,y)\mathrm{d}y, \tag{3.29}
$$

其中第二式是由第一式经变量替换 $z-x=y$ 得出.

当 X 与 Y 独立时，和 $Z=X+Y$ 的密度函数公式为

$$f_Z(z)=\int_{-\infty}^{+\infty}f_X(x)f_Y(z-x)\mathrm{d}x=\int_{-\infty}^{+\infty}f_X(z-y)f_Y(y)\mathrm{d}y, \tag{3.30}$$

其中 $f_X(x)$，$f_Y(y)$分别是 X，Y 的密度函数. (3.30)式称为卷积公式.

例 3.13　设随机变量 X，Y 独立且均服从区间$[0,1]$上的均匀分布，求 $Z=X+Y$ 的密度函数.

解　由卷积公式(3.30)得

$$f_Z(z)=\int_{-\infty}^{+\infty}f_X(x)f_Y(z-x)\mathrm{d}x,$$

由于

$$f_X(x)f_Y(z-x)\neq 0\Leftrightarrow\begin{cases}0<x<1,\\0<z-x<1,\end{cases}$$

即当 x，z 满足

$$\begin{cases}0<x<1\\z-1<x<z\end{cases}$$

时，有 $f_X(x)f_Y(z-x)=1$，否则

$$f_X(x)f_Y(z-x)=0.$$

在 xOz 平面上作出 $0<x<1$ 和 $0<z-x<1$ 两式所决定的二维区域(图 3.10 阴影部分)，从图 3.10 中易见有

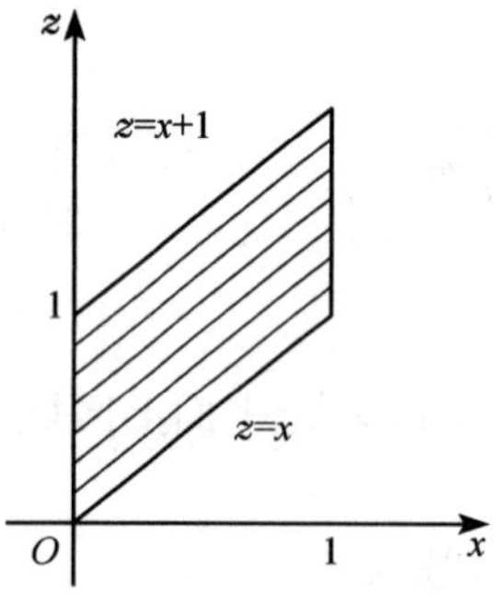

图 3.10

$$f_Z(z)=\begin{cases}\int_0^z\mathrm{d}x=z, & 0<z<1,\\ \int_{z-1}^1\mathrm{d}x=2-z, & 1\leqslant z<2,\\ 0, & z\notin(0,2).\end{cases}$$

例 3.14　设随机变量 X、Y 独立且均服从标准正态分布 $N(0,1)$，求 $Z=X+Y$ 的密度函数.

解　由卷积公式(3.30)得

$$f_Z(z)=\frac{1}{2\pi}\int_{-\infty}^{+\infty}\mathrm{e}^{-\frac{x^2}{2}}\mathrm{e}^{-\frac{(z-x)^2}{2}}\mathrm{d}x=\frac{1}{2\pi}\mathrm{e}^{-\frac{z^2}{4}}\int_{-\infty}^{+\infty}\mathrm{e}^{-\left(x-\frac{z}{2}\right)^2}\mathrm{d}x$$

$$=\frac{1}{2\pi}\mathrm{e}^{-\frac{z^2}{4}}\int_{-\infty}^{+\infty}\mathrm{e}^{-x^2}\mathrm{d}x=\frac{1}{2\sqrt{\pi}}\mathrm{e}^{-\frac{z^2}{4}},\quad -\infty<z<+\infty,$$

可见 Z 服从 $N(0,2)$分布.

一般地，设 X_1，X_2 独立且服从相同类型的分布，X_1，X_2 的分布函数分别是

$F(x,\theta_1)$，$F(x,\theta_2)$. 若 X_1+X_2 的分布函数为 $F(x,\theta_1+\theta_2)$，则称分布 $F(x,\theta)$（对参数 θ）具有可加性.

本例的结论可以推广到一般情况.

定理 3.8 设 X_1,X_2 相互独立，$X_i\sim N(\mu_i,\sigma_i^2)$，$i=1,2$. 则

(1) $X_1+X_2\sim N(\mu_1+\mu_2,\sigma_1^2+\sigma_2^2)$，即正态分布具有可加性；

(2) 对不全为零的常数 a,b 有

$$aX_1+bX_2\sim N(a\mu_1+b\mu_2,a^2\sigma_1^2+b^2\sigma_2^2). \tag{3.31}$$

定理 3.8 之结论(2)表明，独立正态变量的线性组合仍为正态变量.

我们强调指出，定理 3.8 所给出的关于正态分布的这些性质非常重要. 在关于多个独立正态变量的问题中，它的应用有时是非常有效的.

对于二元正态分布，结论稍有不同，见下面的定理 3.9. 其中第二个参数增加了一项，这是由于两个分量 X_1 与 X_2 不独立的缘故.

定理 3.9 设$(X_1,X_2)\sim N(\mu_1,\mu_2,\sigma_1^2,\sigma_2^2,\rho)$，则

(1) $X_1+X_2\sim N(\mu_1+\mu_2,\sigma_1^2+\sigma_2^2+2\rho\sigma_1\sigma_2)$；

(2) $aX_1+bX_2\sim N(a\mu_1+b\mu_2,a^2\sigma_1^2+b^2\sigma_2^2+2\rho ab\sigma_1\sigma_2)$，其中 $a^2+b^2\neq0$.

下面再给出一个当变量不独立时计算和的密度函数的例子.

例 3.15 设二维随机变量(X,Y)的联合密度函数为

$$f(x,y)=\begin{cases}(n+1)(x+y)^{n-1}, & x,y>0,x+y<1,\\ 0, & \text{其他}.\end{cases}$$

其中 $n>-1$. 求随机变量 $Z=X+Y$ 的密度函数.

解 因为

$$f(x,z-x)=\begin{cases}(n+1)z^{n-1}, & 0<x<z<1,\\ 0, & \text{其他}.\end{cases}$$

故由和的密度公式有

$$\begin{aligned}f_Z(z)&=\int_{-\infty}^{+\infty}f(x,z-x)\mathrm{d}x=\int\limits_{0<x<z<1}(n+1)z^{n-1}\mathrm{d}x=(n+1)z^{n-1}\int\limits_{0<x<z<1}\mathrm{d}x\\&=\begin{cases}(n+1)z^n, & 0<z<1,\\ 0, & \text{其他}.\end{cases}\end{aligned}$$

3.5.2 商的分布

设(X,Y)为二维随机变量，联合密度函数为 $f(x,y)$，$Z=\dfrac{X}{Y}$. 若记区域

$$D_z=\left\{(x,y)\ \Big|\ \frac{x}{y}\leqslant z\right\}$$

（图 3.11 阴影所示），则 Z 的分布函数为

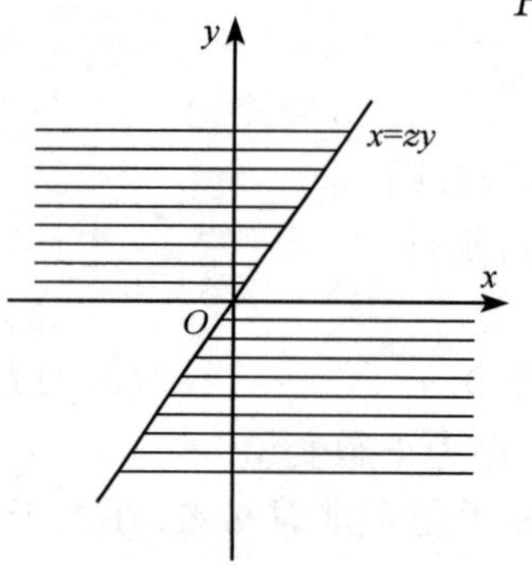

图 3.11

$$
\begin{aligned}
F_Z(z) &= P\left(\frac{X}{Y} \leqslant z\right) = \iint_{D_z} f(x,y)\,\mathrm{d}x\mathrm{d}y \\
&= \int_{-\infty}^{0} \mathrm{d}y \int_{zy}^{+\infty} f(x,y)\,\mathrm{d}x + \int_{0}^{+\infty} \mathrm{d}y \int_{-\infty}^{zy} f(x,y)\,\mathrm{d}x \\
&= \int_{-\infty}^{0} \mathrm{d}y \int_{-\infty}^{z} f(xy,y)\,|\,y\,|\,\mathrm{d}x \\
&\quad + \int_{0}^{+\infty} \mathrm{d}y \int_{-\infty}^{z} f(xy,y)\,|\,y\,|\,\mathrm{d}x \\
&= \int_{-\infty}^{+\infty} \mathrm{d}y \int_{-\infty}^{z} f(xy,y)\,|\,y\,|\,\mathrm{d}x \\
&= \int_{-\infty}^{z} \mathrm{d}x \int_{-\infty}^{+\infty} f(xy,y)\,|\,y\,|\,\mathrm{d}y.
\end{aligned}
$$

对 $F_Z(z)$ 求导可得商 $Z=\dfrac{X}{Y}$ 的密度函数公式

$$
f_Z(z) = \int_{-\infty}^{+\infty} f(zy,y)\,|\,y\,|\,\mathrm{d}y. \tag{3.32}
$$

例 3.16　设随机变量 X 与 Y 独立，都服从参数为 1 的指数分布 $E(1)$，试求随机变量 $Z=X/Y$ 的密度函数.

解　由于 X 与 Y 独立，故由(3.32)式得

$$
f_Z(z) = \int_{-\infty}^{+\infty} f_X(zy) f_Y(y)\,|\,y\,|\,\mathrm{d}y.
$$

显然当 $z \leqslant 0$ 时，$f_Z(z)=0$；当 $z>0$ 时

$$
f_Z(z) = \int_{0}^{+\infty} \mathrm{e}^{-(z+1)y} y\,\mathrm{d}y = \frac{1}{(z+1)^2}.
$$

综上得

$$
f_Z(z) = \begin{cases} \dfrac{1}{(z+1)^2}, & z > 0, \\ 0, & z \leqslant 0. \end{cases}
$$

3.5.3　极大值与极小值的分布

设随机变量 $X_1, X_2, \cdots, X_n$ 独立，$X_i \sim F_i(x)$，$i=1,2,\cdots,n$. 记 $X=\max(X_1, X_2, \cdots, X_n)$，$Y=\min(X_1, X_2, \cdots, X_n)$.

由分布函数的定义有

$$
\begin{aligned}
F_X(x) &= P(\max(X_1, X_2, \cdots, X_n) \leqslant x) \\
&= P(X_1 \leqslant x, X_2 \leqslant x, \cdots, X_n \leqslant x) \\
&= P(X_1 \leqslant x) P(X_2 \leqslant x) \cdots P(X_n \leqslant x)
\end{aligned}
$$

$$=F_1(x)F_2(x)\cdots F_n(x). \tag{3.33}$$

同理有

$$\begin{aligned}F_Y(x)&=P(\min(X_1,X_2,\cdots,X_n)\leqslant x)\\&=1-P(\min(X_1,X_2,\cdots,X_n)>x)\\&=1-P(X_1>x,X_2>x,\cdots,X_n>x)\\&=1-P(X_1>x)P(X_2>x)\cdots P(X_n>x)\\&=1-[1-F_1(x)][1-F_2(x)]\cdots[1-F_n(x)].\end{aligned}\tag{3.34}$$

特别地,当 $X_1,X_2,\cdots,X_n$ 具有相同的分布函数 $F(x)$ 时

$$F_X(x)=P(\max(X_1,X_2,\cdots,X_n)\leqslant x)=[F(x)]^n,$$
$$F_Y(x)=P(\min(X_1,X_2,\cdots,X_n)\leqslant x)=1-[1-F(x)]^n.$$

例 3.17 设电路系统 L 由 n 个电子元件串联而成,第 i 个元件的寿命 X_i 服从参数为 λ_i 的指数分布 $E(\lambda_i)$,$i=1,2,\cdots,n$. 求系统 L 的寿命 Y 的分布.

解 由题设可知,各元件寿命 $X_1,X_2,\cdots,X_n$ 是相互独立的随机变量,且 X_i 的分布函数为

$$F_i(x)=\begin{cases}0, & x<0,\\ 1-e^{-\lambda_i x}, & x\geqslant 0,\end{cases}\quad i=1,2,\cdots,n.$$

因 $Y=\min(X_1,X_2,\cdots,X_n)$,由(3.34)得系统 L 的寿命 Y 的分布函数为

$$F_Y(y)=\begin{cases}0, & y<0,\\ 1-e^{-(\lambda_1+\lambda_2+\cdots+\lambda_n)y}, & y\geqslant 0,\end{cases}$$

即 $X\sim E(\lambda_1+\lambda_2+\cdots+\lambda_n)$. 这说明一些独立的服从指数分布的随机变量的极小值仍服从指数分布,且分布参数是原来各指数分布的参数的和.

习 题 3

3.1 将一硬币抛掷 3 次,以 X 表示在 3 次中出现正面的次数,以 Y 表示 3 次中出现正面次数与出现反面次数之差的绝对值. 试求 X 与 Y 的联合分布列.

3.2 箱中有 6 个形状相同的球,其中一个是红色,两个是黄色,其余为蓝色. 从中进行 n 次有放回抽取,以 X 表示取到红球的次数,以 Y 表示取到黄球的次数. 试求 (X,Y) 的联合分布列.

3.3 将一骰子抛掷两次,以 X 表示第一次出现的点数,以 Y 表示两次出现点数的最大值. 试求 (X,Y) 的联合分布列.

3.4 接连不断地掷一颗骰子,直到出现小于 5 的点数为止. 以 X 表示最后一次掷出的点数,以 Y 表示掷的次数,试求 X 和 Y 的联合分布列.

3.5 设二维随机变量 (X,Y) 的联合密度函数为

$$f(x,y)=\begin{cases}e^{-x}, & 0<y<x,\\ 0, & \text{其他}.\end{cases}$$

求 $P(X+Y<2)$.

3.6　设二维随机变量(X,Y)的联合密度函数为

$$f(x,y)=\begin{cases}C(R-\sqrt{x^2+y^2}), & x^2+y^2\leqslant R^2,\\ 0, & \text{其他}.\end{cases}$$

求：(1) 系数 C 的值；

(2) (X,Y)落在 $x^2+y^2\leqslant r^2(r<R)$内的概率.

3.7　下面二元函数是否满足二元分布函数的性质？

$$F(x,y)=\begin{cases}1, & x+y\geqslant 1,\\ 0, & \text{其他}.\end{cases}$$

3.8　已知二维随机变量(X,Y)的联合密度函数为

$$f(x,y)=\begin{cases}cx^2y, & 0\leqslant x\leqslant 1,0\leqslant y\leqslant 1,\\ 0, & \text{其他}.\end{cases}$$

求：(1) 系数 c 的值；

(2) (X,Y)的分布函数.

3.9　设二维随机变量(X,Y)的联合密度函数为

$$f(x,y)=\begin{cases}A\mathrm{e}^{-2x-3y}, & x\geqslant 0,y\geqslant 0,\\ 0, & \text{其他}.\end{cases}$$

求：(1) 求系数的值 A；

(2) (X,Y)的联合分布函数；

(3) (X,Y)落在 $D=\{(x,y)\mid x>0,y>0,2x+3y\leqslant 6\}$内的概率.

3.10　设二维随机变量(X,Y)的联合密度函数为

$$f(x,y)=\frac{C}{(1+x^2)(1+y^2)}.$$

(1) 求系数 C 的值.

(2) 问 X 与 Y 是否相互独立？

(3) 求(X,Y)落在以$(0,0)$,$(0,1)$,$(1,0)$,$(1,1)$为顶点的正方形内的概率.

3.11　设二维随机变量(X,Y)在矩形 $G=\{(x,y):0\leqslant x\leqslant 2,0\leqslant y\leqslant 1\}$上服从均匀分布. 记

$$U=\begin{cases}0, & X\leqslant Y,\\ 1, & X>Y.\end{cases}\quad V=\begin{cases}0, & X\leqslant 2Y,\\ 1, & X>2Y.\end{cases}$$

求 U 和 V 的联合分布列.

3.12　设二维随机变量(X,Y)的联合分布函数为

$$F(x,y)=A\left(B+\arctan\frac{x}{2}\right)\left(C+\arctan\frac{y}{3}\right),$$

其中 A,B,C 为待定常数. 试求(X,Y)的联合密度函数并问 X 与 Y 是否相互独立？

3.13 分别对下面给出的(X,Y)的联合分布,求出关于X,Y的边缘分布,并判断X与Y是否相互独立?

(1) $f(x,y)=\begin{cases}\dfrac{2\mathrm{e}^{-y+1}}{x^3}, & x\geqslant 1, y\geqslant 1,\\ 0, & \text{其他}.\end{cases}$

(2) $f(x,y)=\begin{cases}3x, & 0<x<1, 0<y<x,\\ 0, & \text{其他}.\end{cases}$

(3) $f(x,y)=\begin{cases}1, & 0\leqslant x\leqslant 2, \max\{0,x-1\}\leqslant y\leqslant \min\{1,x\},\\ 0, & \text{其他}.\end{cases}$

3.14 已知二维随机变量(X,Y)的联合密度函数为

$$f(x,y)=\begin{cases}1, & |y|<x, 0<x<1,\\ 0, & \text{其他}.\end{cases}$$

(1) 求条件密度函数$f_{Y|X}(y|x)$及$f_{X|Y}(x|y)$;

(2) 求条件分布函数$P\left(Y\leqslant x|X=\dfrac{1}{2}\right)$.

3.15 设二维随机变量(X,Y)的联合密度函数为

$$f(x,y)=\begin{cases}x+y, & 0<x<1, 0<y<1,\\ 0, & \text{其他}.\end{cases}$$

求在$0<X<\dfrac{1}{n}$条件下,Y的分布函数与密度函数.

3.16 设二维随机变量(X,Y)的联合分布列为

Y \ X	x_1	x_2	x_3
y_1	a	1/9	c
y_2	1/9	b	1/3

若X与Y相互独立,求参数a,b,c的值.

3.17 (二项分布可加性)设X与Y相互独立,分别服从二项分布$B(m,p)$和$B(n,p)$,证明:$X+Y$服从二项分布$B(m+n,p)$.

3.18 (泊松分布可加性)设X与Y相互独立,分别服从泊松分布$P(\lambda)$和$P(\mu)$.证明:$X+Y$服从参数为$\lambda+\mu$的泊松分布.

3.19 设随机变量X与Y相互独立,分别服从均匀分布$U(0,1)$和指数分布$E(1)$.试求随机变量$Z=X+Y$的密度函数.

3.20 设二维随机变量(X,Y)的联合密度函数为

$$f(x,y)=\begin{cases}\dfrac{1}{2}(x+y)\mathrm{e}^{-(x+y)}, & x>0, y>0,\\ 0, & \text{其他}.\end{cases}$$

求随机变量$Z=X+Y$的密度函数.

3.21　设随机变量 X 与 Y 相互独立，且服从同一分布，已知 X 的分布列为

$$P(X=i)=\frac{1}{3},\quad i=1,2,3.$$

又设 $Z=\max(X,Y)$，$W=\min(X,Y)$，求(Z,W)的联合分布列.

3.22　设 X 与 Y 独立同分布，X 的分布列为 $P(X=k)=(1-p)^{k-1}p,k=1,2,\cdots$. 随机变量 $Z=\max(X,Y)$，求 Z 的分布列与(X,Z)的联合分布列.

3.23　设二维随机变量(X,Y)的联合密度函数为

$$f(x,y)=\begin{cases}6\mathrm{e}^{-(2x+3y)}, & x>0,y>0,\\ 0, & \text{其他}.\end{cases}$$

求随机变量 $Z=2X+3Y$ 的分布函数.

3.24　设随机变量 X 与 Y 相互独立，分别服从指数分布 $E(\lambda)$ 和 $E(\mu)$，求随机变量 $Z=X-Y$ 的密度函数.

3.25　在线段$(0,a)$上任意抛两点(抛掷两点的位置在$(0,a)$上独立地服从均匀分布)，试求两点间距离的密度函数.

3.26　设随机变量 X 与 Y 独立，都服从标准正态分布，试求随机变量 $Z=X/Y$ 的密度函数.

3.27　设二维随机变量(X,Y)的联合密度函数为

$$f(x,y)=\begin{cases}x+y, & 0<x<1,0<y<1,\\ 0, & \text{其他}.\end{cases}$$

求随机变量 $Z=X+Y$ 的密度函数.

3.28　设随机变量 X 与 Y 独立，X 服从 0－1 分布 $B(1,p)(0<p<1)$，Y 的密度函数为 $f(y)$. 求 $Z=XY$ 的分布函数.

第 4 章　随机变量的数字特征

我们已经知道，每个随机变量都有一个确定的分布. 随机变量的分布能够完整地描述随机变量取值的统计规律性. 利用随机变量的分布不仅可以算出与随机变量有关的任何事件的概率，还可以算得随机变量的许多数字特征. 由随机变量的分布所决定的一些重要的数值称为随机变量的数字特征. 其中最重要的数字特征是随机变量的数学期望，也称为随机变量的平均值. 数学期望刻画了随机变量取值的平均性质. 第二个重要的数字特征是随机变量的方差. 方差刻画了随机变量取值的波动特性. 例如，在考察一个单位的职工收入水平时，最重要的指标是所有职工的平均工资(即该单位职工工资变量的数学期望). 除了平均工资以外，人们还经常希望知道的是该单位职工工资的差别情况. 这可以用工资变量的方差来描述. 方差越大，则职工工资的差距就越大；反之，方差小，则职工工资的差别就比较小，说明职工收入相对比较均衡. 在研究学生的某一门功课的学习情况时，首先关注的就是这门功课的成绩的数学期望(即平均成绩)，其次则是这门功课的成绩的方差. 数学期望刻画了这门课程的成绩的平均水平，期望值越大，则平均水平越高；反之，期望值越小，则平均水平越低. 而方差则体现了这门课程的成绩的波动情况. 方差越大，则学生成绩的差别就越大，说明学生的学习成绩出现了两极分化的倾向；反之，方差越小，则学生成绩的差别就越小，说明学生的学习成绩比较均衡. 再如，在证券投资方面，当人们要投资某种股票时，首先关注的是这支股票的平均回报率(即回报率的数学期望). 因为股票的平均回报率能够体现投资这支股票的平均收益. 其次关心的则是这支股票的回报率与平均回报率的偏离程度. 偏离程度的大小可以用回报率的方差的数值来描述，而它所体现的正是投资这支股票的风险的大小. 总之，随机变量的数字特征在理论研究和实际应用中都具有十分重要的意义.

4.1　随机变量的数学期望

4.1.1　离散型随机变量的数学期望

为了引入数学期望的概念，我们来看一个例子. 假设某公司只有职员和经理两个级别，职员的工资都是 3000 元，而经理的工资都是 7000 元. 3000 元和 7000 元的算术平均数为(3000＋7000)/2＝5000 元. 人们都了解，通过简单的算术平均得到的 5000 元不能作为这个公司员工的平均工资. 因为通常在公司里，职员都远比经理要多，从而拿高工资的人所占的比例很低. 因此这个公司的员工的平均工资应当低于 5000 元. 公司员工的平均工资的准确计算需要确切知道职员和经理人数的比例. 假设职员和经理人数的比例为 9 : 1，即在这个公司中，一般职员占了 90%，而经理只占 10%. 于是这个公司的员工的平均工资为（3000×0.9＋7000×0.1）＝3400 元，这远远低于 5000 元. 在上述例子中，若用 X 表示工资变量（是随机变量），则 X 仅有 3000 和 7000 两个值. 而取这两个值的比率（即概率）分别为 0.9 和 0.1. 这表示随机变量 X 的分布为

X	3000	7000
P	0.9	0.1

我们看到，变量 X 的取值的简单的算术平均值没有什么意义，而按照 X 取这两个值的比率的加权平均值才真正是工资的平均值. 对于一般的离散型随机变量也是如此. 据此，我们给出离散型随机变量的数学期望的定义.

定义 4.1　设 X 为离散型随机变量，其分布列为

$$P(X=x_i)=p_i,\quad i=1,2,\cdots,$$

若级数 $\sum\limits_{i=1}^{\infty}x_ip_i$ 绝对收敛，则称其和为随机变量 X（或其分布）的**数学期望**，简称为**期望**或**均值**，记为 EX，即

$$EX=\sum_{i=1}^{\infty}x_ip_i. \tag{4.1}$$

当级数 $\sum\limits_{i=1}^{\infty}x_ip_i$ 非绝对收敛时，称随机变量 X（或其分布）的数学期望不存在.

例 4.1　甲乙二人进行赌博. 每一局双方各掷一颗骰子观察出现的点数，若两颗骰子的点数相同，则乙付给甲 6 元；若两颗骰子的点数不同，则甲付给乙 1 元. 问如此的赌博规则对甲乙二人是否公平？

解　用 ξ 表示每一局甲的收益（元），易见 ξ 的分布列为

ξ	6	-1
P	$\frac{1}{6}$	$\frac{5}{6}$

每一局甲的期望收益 $E\xi=6\times\frac{1}{6}+(-1)\times\frac{5}{6}=\frac{1}{6}$. 即平均每局甲从乙处赢得 $\frac{1}{6}$ 元. 因此赌博是不公平的，规则对甲方有利.

例 4.2　设随机变量 X 服从二项分布 $B(n,p)(0<p<1)$，求 EX.

解　由定义 4.1，X 的数学期望为

$$EX=\sum_{k=0}^{n}kp_k=\sum_{k=0}^{n}k\cdot C_n^kp^k(1-p)^{n-k}$$

$$= np\sum_{k=1}^{n} C_{n-1}^{k-1} p^{k-1} (1-p)^{n-k}$$
$$= np\,[p+(1-p)]^{n-1} = np.$$

例 4.3 设随机变量 X 服从泊松分布 $P(\lambda)(\lambda>0)$，求 EX.

解 由定义 4.1，X 的数学期望为

$$EX = \sum_{k=0}^{\infty} kp_k = \sum_{k=0}^{\infty} k\cdot\frac{\lambda^k}{k!}e^{-\lambda} = \sum_{k=1}^{\infty}\frac{\lambda^k}{(k-1)!}e^{-\lambda}$$
$$= \lambda e^{-\lambda}\sum_{k=1}^{\infty}\frac{\lambda^{k-1}}{(k-1)!} = \lambda e^{-\lambda}e^{\lambda} = \lambda.$$

例 4.4 设随机变量 X 服从几何分布 $G(p)(0<p<1)$，求 EX.

解 记 $q=1-p$. 由定义 4.1，X 的数学期望为

$$EX = \sum_{k=1}^{\infty} kpq^{k-1} = p\sum_{k=0}^{\infty} kq^{k-1} = p\frac{d}{dq}\sum_{k=0}^{\infty} q^k$$
$$= p\frac{d}{dq}\left(\frac{1}{1-q}\right) = p\frac{1}{(1-q)^2} = \frac{1}{p}.$$

设 A 为随机事件，由事件 A 定义的取值为 0 或 1 的二值变量

$$I_A(\omega) = \begin{cases} 1, & \omega\in A, \\ 0, & \omega\notin A \end{cases}$$

称为事件 A 的示性变量，简记为 I_A. 由于 $P(I_A=1)=P(A)$，故事件 A 的示性变量 I_A 的数学期望等于事件 A 的概率，即 $E[I_A]=P(A)$.

4.1.2 连续型随机变量的数学期望

连续型随机变量的数学期望的定义和含义完全类似于离散型随机变量场合，只要将分布列换成密度函数并将求和换成积分即可.

定义 4.2 设随机变量 X 的密度函数为 $f(x)$，若积分 $\int_{-\infty}^{+\infty} xf(x)dx$ 绝对收敛，则称其值为 X(或其分布) 的**数学期望**，简称为**期望**或**均值**，记为 EX，即

$$EX = \int_{-\infty}^{+\infty} xf(x)dx. \tag{4.2}$$

例 4.5 设随机变量 X 服从区间 $[a,b]$ 上的均匀分布，求 EX.

解 由定义 4.2，X 的数学期望为

$$EX = \int_{-\infty}^{+\infty} xf(x)dx = \int_a^b x\frac{1}{b-a}dx = \frac{a+b}{2}.$$

这一结果与均匀分布的直观意义相符.

例 4.6 设随机变量 X 服从指数分布 $E(\lambda)(\lambda>0)$，求 EX.

解 由定义 4.2，X 的数学期望为

$$EX = \int_0^{+\infty} x\lambda e^{-\lambda x} dx = -\int_0^{+\infty} x de^{-\lambda x}$$
$$= [-xe^{-\lambda x}]_0^{+\infty} + \int_0^{+\infty} e^{-\lambda x} dx = \frac{1}{\lambda}.$$

例 4.7　设随机变量 X 服从正态分布 $N(\mu,\sigma^2)(\sigma>0)$,求 EX.

解　由定义 4.2,X 的数学期望为

$$EX = \int_{-\infty}^{+\infty} x \frac{1}{\sqrt{2\pi}\sigma} e^{-\frac{1}{2}\left(\frac{x-\mu}{\sigma}\right)^2} dx = \int_{-\infty}^{+\infty} (\mu + \sigma t) \frac{1}{\sqrt{2\pi}} e^{-\frac{t^2}{2}} dt$$
$$= \mu \int_{-\infty}^{+\infty} \frac{1}{\sqrt{2\pi}} e^{-\frac{t^2}{2}} dt + \sigma \int_{-\infty}^{+\infty} t \frac{1}{\sqrt{2\pi}} e^{-\frac{t^2}{2}} dt = \mu.$$

例 4.8　设随机变量 X 服从柯西(Cauchy)分布,即其密度函数为

$$f(x) = \frac{1}{\pi(1+x^2)}, \quad -\infty < x < +\infty,$$

由于

$$\int_{-\infty}^{+\infty} |x| f(x) dx = \frac{2}{\pi} \int_0^{+\infty} \frac{x}{1+x^2} dx = +\infty,$$

即积分 $\int_{-\infty}^{+\infty} xf(x)dx$ 不绝对收敛,从而柯西分布的数学期望不存在.

4.1.3　随机变量函数的数学期望

上面对离散型随机变量和连续型随机变量分别定义了数学期望. 根据定义计算随机变量的数学期望时,需要先知道随机变量的分布(离散型随机变量需要已知分布列,连续型随机变量需要知道密度函数). 在理论研究和实际应用中,经常需要计算随机变量函数的数学期望. 虽则可以通过前两章的方法先求出随机变量函数的分布,然后再依据数学期望的定义来计算期望,但这样做很麻烦. 有一个十分便于应用的公式,可以直接求出随机变量函数的数学期望. 其证明超出了本课程的要求,故从略.

定理 4.1　设 $Y=g(X)$,其中 X 为随机变量,$g(x)$为分段连续函数.

(1) 设离散型随机变量 X 的分布列为 $P(X = x_i) = p_i, i = 1,2,\cdots$. 若级数 $\sum_{i=1}^{\infty} g(x_i) p_i$ 绝对收敛,则 $Y = g(X)$ 的数学期望为

$$EY = E[g(X)] = \sum_{i=1}^{\infty} g(x_i) p_i. \tag{4.3}$$

(2) 若连续型随机变量 X 的密度函数为 $f(x)$,且积分 $\int_{-\infty}^{+\infty} g(x) f(x) dx$ 绝对收敛,则 $Y = g(X)$ 的数学期望为

$$EY = E[g(X)] = \int_{-\infty}^{+\infty} g(x)f(x)\mathrm{d}x. \tag{4.4}$$

例 4.9 设随机变量 X 服从泊松分布 $P(\lambda)$，求 $Y=\cos\left(\frac{\pi}{2}X\right)$ 的期望.

解 由(4.3)式，Y 的数学期望为

$$EY = E\left[\cos\left(\frac{\pi}{2}X\right)\right] = \sum_{i=0}^{\infty}\cos\left(\frac{\pi}{2}i\right)\frac{\lambda^i}{i!}\mathrm{e}^{-\lambda}$$

$$= \mathrm{e}^{-\lambda}\sum_{k=0}^{\infty}\frac{(-1)^k\lambda^{2k}}{(2k)!} = \mathrm{e}^{-\lambda}\cos\lambda.$$

例 4.10 国际市场上每年对我国某种出口商品的需求量是随机变量 X(吨)，它服从区间[2000,4000]上的均匀分布. 设每售出这种商品 1 吨，可为国家挣得外汇 3 万元；但如果销售不出而囤积于仓库，则每吨需花费保养费 1 万元. 问应组织多少货源，才能使每年的收益最大?

解 设 y 为每年出口的此种商品量，显然可以只考虑 $2000\leqslant y\leqslant 4000$ 的情况. 每年的收益是需求量 X 与货物量 y 的函数，即收益

$$g(X,y) = \begin{cases} 3X-(y-X), & 2000\leqslant X\leqslant y, \\ 3y, & y<X\leqslant 4000. \end{cases}$$

故平均收益为

$$E[g(X,y)] = \int_{-\infty}^{+\infty} g(x,y)f(x)\mathrm{d}x = \frac{1}{2000}\int_{2000}^{4000} g(x,y)\mathrm{d}x$$

$$= \frac{1}{2000}\int_{2000}^{y}(4x-y)\mathrm{d}x + \frac{1}{2000}\int_{y}^{4000} 3y\mathrm{d}x$$

$$= -\frac{1}{1000}(y-3500)^2 + 8250.$$

因此应组织 3500 吨货源，可使每年的(平均)收益最大.

定理 4.1 的结果可以平行推广至两个或两个以上随机变量函数的情况.

定理 4.2 设 $Z=g(X,Y)$，其中 $g(x,y)$ 为二元连续函数.

(1) 若二维离散型随机变量 (X,Y) 的分布列为 $P(X=x_i, Y=y_j)=p_{ij}$，$i, j=1,2,\cdots$，且级数 $\sum_{i=1}^{\infty}\sum_{j=1}^{\infty} g(x_i,y_j)p_{ij}$ 绝对收敛，则

$$EZ = E[g(X,Y)] = \sum_{i=1}^{\infty}\sum_{j=1}^{\infty} g(x_i,y_j)p_{ij}. \tag{4.5}$$

(2) 若二维连续型随机变量 (X,Y) 的密度函数为 $f(x,y)$，且积分 $\int_{-\infty}^{+\infty}\int_{-\infty}^{+\infty} g(x,y)f(x,y)\mathrm{d}x\mathrm{d}y$ 绝对收敛，则

$$EZ = E[g(X,Y)] = \int_{-\infty}^{+\infty}\int_{-\infty}^{+\infty} g(x,y)f(x,y)\mathrm{d}x\mathrm{d}y. \tag{4.6}$$

特别地，当(X,Y)是连续型随机变量时，X,Y 的数学期望分别为

$$EX = \int_{-\infty}^{+\infty}\int_{-\infty}^{+\infty} xf(x,y)\mathrm{d}x\mathrm{d}y, \tag{4.7}$$

$$EY = \int_{-\infty}^{+\infty}\int_{-\infty}^{+\infty} yf(x,y)\mathrm{d}x\mathrm{d}y. \tag{4.8}$$

例 4.11　设椭圆的两个半轴的长度 X,Y 是随机变量，其联合密度函数为

$$f(x,y) = \begin{cases} x+y, & 0 \leqslant x,y \leqslant 1, \\ 0, & \text{其他}. \end{cases}$$

试求 X 及椭圆面积的数学期望.

解　由(4.7)式得

$$E(X) = \int_0^1\int_0^1 x(x+y)\mathrm{d}x\mathrm{d}y = \frac{7}{12}.$$

由于椭圆面积为 πXY，故由(4.6)式得椭圆面积的数学期望

$$E(\pi XY) = \int_0^1\int_0^1 \pi xy(x+y)\mathrm{d}x\mathrm{d}y = \frac{\pi}{3}.$$

例 4.12　设随机变量 X 与 Y 相互独立，且服从同一分布 $N(0,1)$. 试求$E[\max(X,Y)]$.

解　由(4.6)式得

$$\begin{aligned} E[\max(X,Y)] &= \int_{-\infty}^{+\infty}\int_{-\infty}^{+\infty} \max(x,y)\,\frac{1}{2\pi}\mathrm{e}^{-\frac{x^2+y^2}{2}}\mathrm{d}x\mathrm{d}y \\ &= \frac{1}{2\pi}\int_{-\infty}^{+\infty}\mathrm{e}^{-\frac{x^2}{2}}\mathrm{d}x\int_x^{+\infty} y\mathrm{e}^{-\frac{y^2}{2}}\mathrm{d}y + \frac{1}{2\pi}\int_{-\infty}^{+\infty}\mathrm{e}^{-\frac{y^2}{2}}\mathrm{d}y\int_y^{+\infty} x\mathrm{e}^{-\frac{x^2}{2}}\mathrm{d}x \\ &= \frac{1}{\pi}\int_{-\infty}^{+\infty}\mathrm{e}^{-x^2}\mathrm{d}x = \frac{1}{\pi}\sqrt{\pi} = \frac{1}{\sqrt{\pi}}. \end{aligned}$$

例 4.13　求 $EX^2, E\dfrac{Y+1}{X+1}$，其中二维随机变量(X,Y)的联合分布列为

Y \ X	0	1	2
0	0	$\frac{3}{8}$	$\frac{1}{8}$
1	$\frac{1}{8}$	$\frac{1}{8}$	$\frac{1}{4}$

解　根据(4.5)式得

$$EX^2=0^2\cdot\left(0+\frac{1}{8}\right)+1^2\cdot\left(\frac{3}{8}+\frac{1}{8}\right)+2^2\cdot\left(\frac{1}{8}+\frac{1}{4}\right)=2,$$

$$E\left[\frac{Y+1}{X+1}\right]=\frac{0+1}{0+1}\cdot 0+\frac{0+1}{1+1}\cdot\frac{3}{8}+\frac{0+1}{2+1}\cdot\frac{1}{8}$$
$$+\frac{1+1}{0+1}\cdot\frac{1}{8}+\frac{1+1}{1+1}\cdot\frac{1}{8}+\frac{1+1}{2+1}\cdot\frac{1}{4}=\frac{37}{48}.$$

4.1.4 数学期望的性质

设 X,Y 为随机变量，且 EX,EY 存在.

性质 1 对任意常数 C，有 $EC=C$.

性质 2 对任意常数 a,b，有 $E(aX+bY)=aEX+bEY$；

特别地，$E(aX)=aEX$，$E(X+Y)=EX+EY$.

性质 3 若 X,Y 相互独立，则有 $E(XY)=(EX)(EY)$.

性质 4 若 $X\geqslant 0$，则有 $EX\geqslant 0$；若 $X\leqslant Y$，则有 $EX\leqslant EY$.

性质 5 $|EX|\leqslant E|X|$.

证明 (1) 常数 C 可以看成只取一个值 C 的离散型随机变量，故有 $EC=C\cdot 1=C$.

(2) 以连续型变量为例加以证明. 设随机变量 X,Y 的联合密度函数为 $f(x,y)$，则依随机变量函数的期望公式(4.6)式～(4.8)式有

$$\begin{aligned}E(aX+bY)&=\int_{-\infty}^{+\infty}\int_{-\infty}^{+\infty}(ax+by)f(x,y)\mathrm{d}x\mathrm{d}y\\&=a\int_{-\infty}^{+\infty}\int_{-\infty}^{+\infty}xf(x,y)\mathrm{d}x\mathrm{d}y+b\int_{-\infty}^{+\infty}\int_{-\infty}^{+\infty}yf(x,y)\mathrm{d}x\mathrm{d}y\\&=aEX+bEY.\end{aligned}$$

(3) 以连续型变量为例. 设 X,Y 的密度分别为 $f(x),g(y)$，因 X,Y 独立，故 (X,Y) 的联合密度为 $f(x,y)=f_X(x)f_Y(y)$. 由(4.6)式～(4.8)式有

$$\begin{aligned}E(XY)&=\int_{-\infty}^{+\infty}\int_{-\infty}^{+\infty}(xy)f(x,y)\mathrm{d}x\mathrm{d}y=\int_{-\infty}^{+\infty}\int_{-\infty}^{+\infty}xyf_X(x)f_Y(y)\mathrm{d}x\mathrm{d}y\\&=\int_{-\infty}^{+\infty}xf_X(x)\mathrm{d}x\cdot\int_{-\infty}^{+\infty}yf_Y(y)\mathrm{d}y=EX\cdot EY.\end{aligned}$$

(4) 由数学期望的定义容易看出，若 $X\geqslant 0$，则有 $EX\geqslant 0$. 由此易知当 $X\leqslant Y$ 时，有 $EX\leqslant EY$.

(5) 因为有 $-|X|\leqslant X\leqslant |X|$，由性质 4 和性质 2 得，$-E|X|\leqslant EX\leqslant E|X|$，此即 $|EX|\leqslant E|X|$. 性质 5 得证.

易见性质 2 与性质 3 可以推广至任意有限个随机变量的情形. 即若 EX_1，$EX_2,\cdots,EX_n$ 存在，则有

$$E\left(\sum_{i=1}^{n} a_i X_i\right) = \sum_{i=1}^{n} a_i E X_i. \tag{4.9}$$

若 $EX_1, EX_2, \cdots, EX_n$ 存在，且 $X_1, X_2, \cdots, X_n$ 相互独立，则有

$$E\left(\prod_{i=1}^{n} X_i\right) = \prod_{i=1}^{n} E X_i. \tag{4.10}$$

例 4.14　设随机变量 X 服从超几何分布 $H(n;M,N)$，求 EX.

解　在第二章中，已给出超几何分布的定义为

$$P(X=k)=\frac{C_M^k C_{N-M}^{n-k}}{C_N^n},\quad 0\leqslant k\leqslant n.$$

考虑超几何分布的背景：一批产品共 N 件，其中 M 件是次品. 现从中不放回任取 n 次，每次一件. 则取得的次品件数 X 服从超几何分布 $H(n;M,N)$. 令

$$X_i=\begin{cases}1, & \text{第 } i \text{ 次取得次品}, \\ 0, & \text{否}.\end{cases}\quad i=1,2,\cdots,n.$$

易知 $EX_i=P(X_i=1)=M/N,\ i=1,2,\cdots,n$. 显然有

$$X=X_1+X_2+\cdots+X_n,$$

从而利用期望的性质 2 得

$$EX=EX_1+EX_2+\cdots+EX_n=n\frac{M}{N}.$$

4.2　随机变量的方差

4.2.1　方差的定义

4.1 节讨论了随机变量的数学期望. 随机变量的数学期望刻画了随机变量的取值的平均水平. 但在有些问题中，仅仅知道数学期望是不够的. 例如，甲乙两人生产同种零件，甲生产的零件的尺寸服从均匀分布 $U[\mu-0.01,\mu+0.01]$，乙生产的零件的尺寸服从均匀分布 $U[\mu-0.1,\mu+0.1]$，其中 μ 为零件的设计尺寸. 显然，两人生产的零件的平均尺寸(即数学期望)均为 μ，但甲生产的零件的尺寸波动较小，而乙所生产的零件的尺寸波动较大，说明乙的技术不如甲稳定. 为了刻画随机变量取值的分散程度，需要引入方差的概念.

定义 4.3　设 X 为随机变量，若 $E(X-EX)^2$ 存在，则称它为随机变量 X 的方差，记为 DX. 即

$$DX = E(X-EX)^2. \tag{4.11}$$

而 $\sqrt{DX}$ 称为随机变量 X 的**标准差**或**均方差**.

由定义可以看出，若随机变量 X 的方差较小，则 X 的取值比较集中；反之，若

随机变量 X 的方差较大，则 X 的取值比较分散. 因此，方差是能够刻画随机变量取值的分散程度的数字特征.

容易导出计算随机变量方差的另一公式：

$$DX = EX^2 - (EX)^2. \tag{4.12}$$

例 4.15 设随机变量 X 的分布列为

$$P(X=k)=\frac{1}{N},\quad k=1,2,\cdots,N.$$

求 X 的方差.

解 由(4.1)式，

$$EX=\sum_{k=1}^{N}kP(X=k)=\sum_{k=1}^{N}k\frac{1}{N}=\frac{1}{2}(N+1),$$

由(4.3)式，

$$EX^2=\sum_{k=1}^{N}k^2P(X=k)=\sum_{k=1}^{N}k^2\frac{1}{N}=\frac{1}{6}(N+1)(2N+1).$$

故根据(4.12)式，X 的方差为

$$DX=\frac{1}{6}(N+1)(2N+1)-\left[\frac{1}{2}(N+1)\right]^2=\frac{N^2-1}{12}.$$

例 4.16 设随机变量 X 服从二项分布 $B(n,p)(0<p<1)$，求 DX.

解 由公式(4.3)，

$$\begin{aligned}E[X(X-1)]&=\sum_{k=0}^{n}k(k-1)\cdot C_n^k p^k(1-p)^{n-k}\\&=n(n-1)p^2\sum_{k=2}^{n}C_{n-2}^{k-2}p^{k-2}(1-p)^{n-k}\\&=n(n-1)p^2[p+(1-p)]^{n-2}=n(n-1)p^2.\end{aligned}$$

根据(4.12)式并利用例 4.2 的结果得到

$$\begin{aligned}DX&=EX^2-(EX)^2=E[X(X-1)]+EX-(EX)^2\\&=n(n-1)p^2+np-(np)^2=np(1-p).\end{aligned}$$

例 4.17 设随机变量 X 服从泊松分布 $P(\lambda)(\lambda>0)$，求 DX.

解 由公式(4.3)得

$$\begin{aligned}E[X(X-1)]&=\sum_{k=0}^{\infty}k(k-1)p_k=\sum_{k=0}^{\infty}k(k-1)\cdot\frac{\lambda^k}{k!}e^{-\lambda}\\&=\lambda^2e^{-\lambda}\sum_{k=2}^{\infty}\frac{\lambda^{k-2}}{(k-2)!}=\lambda^2e^{-\lambda}\sum_{m=0}^{\infty}\frac{\lambda^m}{m!}\\&=\lambda^2.\end{aligned}$$

根据(4.12)式并利用例 4.3 的结果得到

$$DX=E[X(X-1)]+EX-(EX)^2=\lambda^2+\lambda-\lambda^2=\lambda.$$

即泊松分布 $P(\lambda)$ 的参数 λ 既是期望也是方差.

例 4.18　设随机变量 X 服从几何分布 $G(p)(0<p<1)$,求 DX.

解　由随机变量函数的期望公式(4.3),

$$\begin{aligned}E[X(X+1)] &= \sum_{k=1}^{\infty}(k+1)kpq^{k-1} = p\sum_{k=-1}^{\infty}(k+1)kq^{k-1}\\ &= p\frac{\mathrm{d}^2}{\mathrm{d}q^2}\sum_{k=-1}^{\infty}q^{k+1} = p\frac{\mathrm{d}^2}{\mathrm{d}q^2}\left(\frac{1}{1-q}\right)=\frac{2}{p^2}.\end{aligned}$$

根据(4.12)式并利用例 4.4 的结果得到

$$\begin{aligned}DX &= E[X(X+1)]-EX-(EX)^2\\ &=\frac{2}{p^2}-\frac{1}{p}-\left(\frac{1}{p}\right)^2=\frac{1-p}{p^2}.\end{aligned}$$

例 4.19　设随机变量 X 服从区间 $[a,b]$ 上的均匀分布,求 DX.

解　由(4.4)式得

$$EX^2=\int_{-\infty}^{+\infty}x^2f(x)\mathrm{d}x=\int_a^b x^2\frac{1}{b-a}\mathrm{d}x=\frac{a^2+ab+b^2}{3}.$$

从而由(4.12)式并利用例 4.5 的结果得到

$$DX=EX^2-(EX)^2=\frac{a^2+ab+b^2}{3}-\left(\frac{a+b}{2}\right)^2=\frac{(b-a)^2}{12}.$$

例 4.20　设随机变量 X 服从指数分布 $E(\lambda)(\lambda>0)$,求 DX.

证明　由(4.4)式得

$$EX^2=\int_0^{+\infty}x^2\lambda\mathrm{e}^{-\lambda x}\mathrm{d}x=\frac{1}{\lambda^2}\int_0^{+\infty}t^2\mathrm{e}^{-t}\mathrm{d}t=\frac{2}{\lambda^2}.$$

从而由(4.12)式并利用例 4.6 的结果得到

$$DX=EX^2-(EX)^2=\frac{2}{\lambda^2}-\frac{1}{\lambda^2}=\frac{1}{\lambda^2}.$$

例 4.21　设随机变量 X 服从正态分布 $N(\mu,\sigma^2)(\sigma>0)$,求 DX.

证明　利用(4.11)式得

$$\begin{aligned}DX &= E(X-EX)^2=\int_{-\infty}^{+\infty}(x-\mu)^2\frac{1}{\sqrt{2\pi}\sigma}\mathrm{e}^{-\frac{1}{2}\left(\frac{x-\mu}{\sigma}\right)^2}\mathrm{d}x\\ &=\sigma^2\int_{-\infty}^{+\infty}t^2\frac{1}{\sqrt{2\pi}}\mathrm{e}^{-\frac{t^2}{2}}\mathrm{d}t=\sigma^2\left[-t\mathrm{e}^{-\frac{t^2}{2}}\right]_{-\infty}^{+\infty}+\sigma^2\int_{-\infty}^{+\infty}\frac{1}{\sqrt{2\pi}}\mathrm{e}^{-\frac{t^2}{2}}\mathrm{d}t\\ &=\sigma^2\int_{-\infty}^{+\infty}\frac{1}{\sqrt{2\pi}}\mathrm{e}^{-\frac{t^2}{2}}\mathrm{d}t=\sigma^2.\end{aligned}$$

4.2.2　切比雪夫不等式

定理 4.3　设随机变量 X 的期望 EX 与方差 DX 存在,则对任意 $\varepsilon>0$,有

$$P(|X-EX|\geqslant\varepsilon)\leqslant\frac{DX}{\varepsilon^2}.$$

证明 由方差的定义(4.11)式及数学期望的性质 4 有

$$\begin{aligned}DX&=E(X-EX)^2\geqslant E[(X-EX)^2I_{\{|X-EX|\geqslant\varepsilon\}}]\\&\geqslant E[\varepsilon^2I_{\{|X-EX|\geqslant\varepsilon\}}]=\varepsilon^2E[I_{\{|X-EX|\geqslant\varepsilon\}}]\\&=\varepsilon^2P[|X-EX|\geqslant\varepsilon].\end{aligned}$$

最后一个等式利用了例 4.4 之后引入的示性变量的数学期望.

4.2.3 方差的性质

性质 1 对任一随机变量 X 有 $DX\geqslant0$. $DX=0$ 的充要条件是存在常数 C,使得 $P(X=C)=1$.

性质 2 设 X 为随机变量,对任意常数 C,d,有 $D(CX+d)=C^2DX$;

性质 3 设 X,Y 为随机变量,则

$$D(X\pm Y)=DX+DY\pm2E[(X-EX)(Y-EY)],$$

特别地,若 X 与 Y 独立,则有 $D(X\pm Y)=DX+DY$;

性质 4 对任意常数 $C\neq EX$,有

$$DX=E(X-EX)^2<E(X-C)^2.$$

性质 1~4 的证明

(1) 显然 $DX=E(X-EX)^2\geqslant0$. 若 $DX=0$,则根据切比雪夫(Chebyshev)不等式,对任意 $\varepsilon>0$,有

$$P(|X-EX|>\varepsilon)\leqslant\varepsilon^{-2}DX=0.$$

由 ε 的任意性可知

$$P(X\neq EX)=P(|X-EX|>0)=0,$$

即有 $P(X=EX)=1$. 反之,若 $P(X=C)=1$,则 $EX=C,EX^2=C^2$,从而 $DX=EX^2-(EX)^2=0$.

(2) $D(CX+d)=E[(CX+d)-E(CX+d)]^2=C^2E(X-EX)^2=C^2DX$.

(3) 根据方差的定义

$$\begin{aligned}D(X+Y)&=E[(X+Y)-E(X+Y)]^2=E[(X-EX)+(Y-EY)]^2\\&=E(X-EX)^2+E(Y-EY)^2+2E[(X-EX)(Y-EY)]\\&=DX+DY+2E[(X-EX)(Y-EY)].\end{aligned}$$

由于 X 与 Y 独立,易知 $X-EX$ 与 $Y-EY$ 也独立,根据期望的性质 3 有

$$E[(X-EX)(Y-EY)]=E(X-EX)\cdot E(Y-EY)=0.$$

故 $D(X+Y)=DX+DY$.

(4) 显然有 $E[(EX-C)(X-EX)]=(EX-C)E(X-EX)=0$,故

$$E(X-C)^2=E[(X-EX)+(EX-C)]^2=DX+(EX-C)^2>DX.$$

性质 3 可以推广多个随机变量 $X_1,X_2,\cdots,X_n$ 的情形:

$$D\left(\sum_{i=1}^{n}X_i\right)=\sum_{i=1}^{n}DX_i+2\sum_{1\leqslant i<j\leqslant n}E[(X_i-EX_i)(X_i-EX_i)].\tag{4.13}$$

而若 $X_1,X_2,\cdots,X_n$ 相互独立,则有

$$D\left(\sum_{i=1}^{n}X_i\right)=\sum_{i=1}^{n}DX_i.\tag{4.14}$$

例 4.22　设随机变量 $X_1,X_2,\cdots,X_n$ 相互独立,且 $EX_i=\mu,DX_i=\sigma^2,i=1,2,\cdots,n$. 记 $\overline{X}=\frac{1}{n}\sum_{i=1}^{n}X_i$. 求 $E\overline{X}$, $D\overline{X}$.

解　根据期望的性质有

$$E\overline{X}=E\left(\frac{1}{n}\sum_{i=1}^{n}X_i\right)=\frac{1}{n}E\left(\sum_{i=1}^{n}X_i\right)=\frac{1}{n}\sum_{i=1}^{n}EX_i=\mu.$$

由于 $X_1,X_2,\cdots,X_n$ 相互独立,由方差的性质得

$$D\overline{X}=D\left(\frac{1}{n}\sum_{i=1}^{n}X_i\right)=\frac{1}{n^2}D\left(\sum_{i=1}^{n}X_i\right)=\frac{1}{n^2}\sum_{i=1}^{n}DX_i=\frac{\sigma^2}{n}.$$

本例的计算过程虽然十分简单,但其结论在实际工作中却非常有用. 例如,在精密测量时,为了减少测量误差,往往对同一个量(称为目标量)重复测量多次,然后取多次测量结果的算术平均值作为目标量的近似值. 例 4.12 的结果对这种做法的合理性给出了解释. 这正是概率统计方法在精密测量中的应用. 若将本例的方法推广为加权平均(期望、方差也不必相同)的情况,则在证券投资中可以计算出,怎样进行投资组合可以降低投资的风险(即具有较小的方差). 类似的应用在许多领域都可以找到.

设 X 为随机变量,期望 EX 和方差 DX 均存在,令

$$X^*=\frac{X-EX}{\sqrt{DX}}.$$

易见有 $EX^*=0,DX^*=1$. 称随机变量 X^* 为 X 的**标准化**.

下面是一个体现各部分知识综合运用的例题.

例 4.23　设随机变量 X,Y 相互独立,均服从正态分布 $N(\mu,\sigma^2)$. 试求 $E|X-Y|,D|X-Y|$.

解　利用第 3 章正态分布的性质(3.31)有,$X-Y\sim N(0,2\sigma^2)$, 从而有

$$U=\frac{X-Y}{\sqrt{2}\sigma}\sim N(0,1).$$

容易算出

$$E|U|=\int_{-\infty}^{+\infty}|x|\frac{1}{\sqrt{2\pi}}e^{-\frac{x^2}{2}}dx=\sqrt{\frac{2}{\pi}},$$

注意到 $EU^2=DU=1$，从而

$$D|U|=EU^2-(E|U|)^2=1-2/\pi.$$

于是有

$$E|X-Y|=E|\sqrt{2}\sigma\cdot U|=\sqrt{2}\sigma\cdot E|U|=2\sigma/\sqrt{\pi},$$

$$D|X-Y|=D|\sqrt{2}\sigma\cdot U|=2\sigma^2\cdot D|U|=2\sigma^2(1-2/\pi).$$

进一步,利用公式

$$\max(X,Y)=\frac{X+Y}{2}+\frac{|X-Y|}{2} \tag{4.15}$$

以及正态分布的期望 $EX=EY=\mu$，可以立即得到

$$E[\max(X,Y)]=\mu+\frac{\sigma}{\sqrt{\pi}}.$$

这一结果也可以用例 4.12 的方法得到. 本题的解法充分利用正态分布的性质将需要用二重积分计算的问题转化为一元积分(可称为积分降维法),再应用显明的等式(4.15)可以迅速得出结论,从而简化了计算过程.

4.3 协方差和相关系数

4.3.1 协方差

对于二维随机变量(X,Y),我们除了可以讨论 X,Y 的数学期望和方差以外,还需讨论描述 X 与 Y 之间相互关系的数字特征. 在方差的性质 3 的证明过程中我们知道,若 X 与 Y 相互独立,则有

$$E[(X-EX)(Y-EY)]=0.$$

这表明当 $E[(X-EX)(Y-EY)]\neq 0$ 时,X 与 Y 不独立,而是存在一定的关系.

定义 4.4 设 X,Y 为随机变量,若 $E|(X-EX)(Y-EY)|$存在,则称 $E[(X-EX)(Y-EY)]$为随机变量 X 与 Y 的**协方差**,记为 $\mathrm{cov}(X,Y)$,即

$$\mathrm{cov}(X,Y)=E[(X-EX)(Y-EY)]. \tag{4.16}$$

特别,$\mathrm{cov}(X,X)=DX$. 即随机变量与自身的协方差就是其方差.

容易导出

$$\mathrm{cov}(X,Y)=E(XY)-E(X)E(Y). \tag{4.17}$$

这是计算协方差的另一公式.

例 4.24　设$(X,Y)\sim N(\mu_1,\mu_2,\sigma_1^2,\sigma_2^2,\rho)$，求$\mathrm{cov}(X,Y)$.

解　由例 3.5 的结果可知$EX=\mu_1,EY=\mu_2$. 置换变量得

$$\begin{aligned}\mathrm{cov}(X,Y)&=\int_{-\infty}^{+\infty}\int_{-\infty}^{+\infty}(x-\mu_1)(y-\mu_2)f(x,y)\mathrm{d}x\mathrm{d}y\\&=\frac{\sigma_1\sigma_2}{2\pi\sqrt{1-\rho^2}}\int_{-\infty}^{+\infty}\int_{-\infty}^{+\infty}uv\exp\left[-\frac{u^2-2\rho uv+v^2}{2(1-\rho^2)}\right]\mathrm{d}v\\&=\frac{\sigma_1\sigma_2}{2\pi\sqrt{1-\rho^2}}\int_{-\infty}^{+\infty}u\,\mathrm{e}^{-\frac{u^2}{2}}\mathrm{d}u\int_{-\infty}^{+\infty}v\exp\left[-\frac{(v-\rho u)^2}{2(1-\rho^2)}\right]\mathrm{d}v\\&=\frac{\sigma_1\sigma_2}{2\pi}\int_{-\infty}^{+\infty}u\,\mathrm{e}^{-\frac{u^2}{2}}\mathrm{d}u\int_{-\infty}^{+\infty}[\rho u+\sqrt{1-\rho^2}t]\exp[-\frac{t^2}{2}]\mathrm{d}t\\&=\sigma_1\sigma_2\int_{-\infty}^{+\infty}\frac{1}{\sqrt{2\pi}}\rho u^2\mathrm{e}^{-\frac{u^2}{2}}\mathrm{d}u=\rho\sigma_1\sigma_2.\end{aligned}$$

由协方差的定义容易得到协方差的运算性质.

性质 1（对称）　$\mathrm{cov}(X,Y)=\mathrm{cov}(Y,X)$；

性质 2（线性）　$\mathrm{cov}(aX_1+bX_2,Y)=a\mathrm{cov}(X_1,Y)+b\mathrm{cov}(X_2,Y)$.

这两条性质需要假定右边出现的协方差均存在. 另外线性性质可以推广至任意有限个随机变量的情形. 结合对称性可得到协方差的双线性性质：

$$\mathrm{cov}\Big(\sum_{i=1}^{m}a_iX_i,\sum_{j=1}^{n}b_jY_j\Big)=\sum_{i=1}^{m}\sum_{j=1}^{n}a_ib_j\mathrm{cov}(X_i,Y_j).\tag{4.18}$$

这两条性质可以简洁地表述为，协方差是对称双线性(二元)函数.

(4.18)式当$m=n=1$时的一个特殊情况是

$$\mathrm{cov}(aX,bY)=ab\mathrm{cov}(Y,X).\tag{4.19}$$

前面已经推得，若X,Y独立，则$\mathrm{cov}(X,Y)=0$. 另外，随机变量与任何常数的协方差显然等于零. 为了提请读者注意应用，把它们写成定理的形式. 即有

定理 4.4　设X,Y为随机变量. 若X与Y独立，则$\mathrm{cov}(X,Y)=0$. 特别，对任意常数C，有$\mathrm{cov}(X,C)=0$.

有了协方差，前面方差的性质 3 现在可以写成：设X,Y为随机变量，则

$$D(X\pm Y)=DX+DY\pm 2\mathrm{cov}(X,Y).\tag{4.20}$$

而对任意有限个随机变量$X_1,X_2,\cdots,X_n$，有

$$D\Big(\sum_{i=1}^{n}X_i\Big)=\sum_{i=1}^{n}DX_i+2\sum_{1\leqslant i<j\leqslant n}\mathrm{cov}(X_i,X_j).\tag{4.21}$$

4.3.2　相关系数

以上为了研究两个随机变量的相互依赖关系，讨论了协方差的概念及性质. 我们看到，若协方差不等于零，则两个随机变量不独立. 也就是说，协方差不等于零，

反映了两个随机变量之间存在一定的关系.那么,协方差数值的大小能否直接反映出两个随机变量的这种关系的密切程度呢?容易了解,协方差是有单位(等于两个随机变量单位的乘积)的量,其数值大小会受到计量单位的影响.因此协方差数值的大小不能直接反映两个随机变量的这种关系的密切程度.为消除计量单位的影响,对 X,Y 分别施行标准化,得 $X^*=\frac{X-EX}{\sqrt{DX}}, Y^*=\frac{Y-EY}{\sqrt{DY}}$. 然后再求 X^*,Y^* 的协方差得

$$\operatorname{cov}(X^*,Y^*)=\operatorname{cov}\left(\frac{X-EX}{\sqrt{DX}},\frac{Y-EY}{\sqrt{DY}}\right)=\frac{\operatorname{cov}(X,Y)}{\sqrt{DX}\sqrt{DY}}.$$

由此引入两个随机变量的相关系数的概念.

定义 4.5 设 X,Y 为随机变量,若 $DX>0, DY>0$,则称

$$\rho_{XY}=\frac{\operatorname{cov}(X,Y)}{\sqrt{DX}\sqrt{DY}} \tag{4.22}$$

为随机变量 X 与 Y 的**相关系数**.在不致混淆时,可简记为 ρ.

例 4.25 设$(X,Y)\sim N(\mu_1,\mu_2,\sigma_1^2,\sigma_2^2,\rho)$,求 X 与 Y 的相关系数 ρ_{XY}.

解 由例 4.24 可知,$\operatorname{cov}(X,Y)=\rho\sigma_1\sigma_2$,故由相关系数定义(4.21)式得

$$\rho_{XY}=\frac{\operatorname{cov}(X,Y)}{\sqrt{DX}\sqrt{DY}}=\frac{\rho\sigma_1\sigma_2}{\sigma_1\sigma_2}=\rho,$$

即二元正态分布 $N(\mu_1,\mu_2,\sigma_1^2,\sigma_2^2,\rho)$的参数 ρ 正是 X 与 Y 的相关系数.

下面的定理给出了相关系数的重要性质.

定理 4.5 若 X 与 Y 的相关系数 ρ 存在,则

(1) $|\rho|\leqslant 1$;

(2) $|\rho|=1$ 的充要条件是存在常数 a,b,使得 $P(Y=aX+b)=1$.

证明 (1) 由相关系数 ρ 存在,可知 $DX>0$. 考察实变量 t 的二次函数:

$$\begin{aligned}D(Y-tX)&=E[(Y-EY)-t(X-EX)]^2\\&=t^2DX-2t\operatorname{cov}(X,Y)+DY.\end{aligned}$$

由于 $D(Y-tX)\geqslant 0$,即以 t 为变量的二次函数 $t^2DX-2t\operatorname{cov}(X,Y)+DY$ 恒大于或等于零.故其判别式 $\Delta\leqslant 0$. 由此得到

$$[\operatorname{cov}(X,Y)]^2\leqslant DX\cdot DY.$$

故有 $|\operatorname{cov}(X,Y)|\leqslant\sqrt{DX}\cdot\sqrt{DY}$. 于是有 $|\rho|\leqslant 1$.

(2) 显然 $|\rho|=1$ 等价于上述二次函数的判别式 $\Delta=0$. 而 $\Delta=0$ 等价于二次函数有二重根,即存在常数 a,使得 $D(Y-aX)=0$. 再由方差的性质可知,$D(Y-aX)=0$ 等价于存在 b,使得 $P(Y=aX+b)=1$. 因此 $|\rho|=1$ 等价于存在常数 a,b,

使得 $P(Y=aX+b)=1$.

4.3.3 独立与不相关

定义 4.6 设随机变量 X 与 Y 的相关系数 ρ 存在:

(1) 如果 $\rho=0$,则称 X 与 Y **不相关**;否则,称 X 与 Y **相关**.

(2) 如果 $\rho>0$,则称 X 与 Y **正相关**;如果 $\rho<0$,则称 X 与 Y **负相关**.

我们强调指出,相关系数只是随机变量之间线性关系强弱的一个度量. 因为根据定理 4.5,当且仅当 $|\rho|=1$ 时,随机变量 X 与 Y 之间才存在着完全的线性关系. 而当 $|\rho|<1$ 时,这种线性相关的程度就随着 $|\rho|$ 的减小而越弱. 至 $\rho=0$ 时,X 与 Y 的线性相关性完全消失. 前面已经指出,若 X 与 Y 独立,则 $\mathrm{cov}(X,Y)=0$. 这表明当 X 与 Y 独立时,必有相关系数 $\rho=0$,即 X 与 Y 不相关. 这一点直观上很容易理解,因为既然 X 与 Y 独立,X 与 Y 之间就不存在任何关系,当然也不存在线性相关关系,故必有 $\rho=0$. 由此还可以看出,若 X 与 Y 不相关,X,Y 却未必独立. 因为 $\rho=0$ 只表示 X 与 Y 之间不存在线性关系,但 X 与 Y 有可能存在其他形式的关系. 参考下面的例 4.26.

例 4.26 设随机变量 $\xi\sim U(-\pi,\pi)$,而 $X=\sin\xi, Y=\cos\xi$. 由于

$$EX=\frac{1}{2\pi}\int_{-\pi}^{\pi}\sin x\mathrm{d}x=0,\quad DX=EX^2=\frac{1}{2\pi}\int_{-\pi}^{\pi}\sin^2 x\mathrm{d}x=\frac{1}{2}.$$

同理有 $EY=0, DY=\frac{1}{2}$. 又

$$EXY=\frac{1}{2\pi}\int_{-\pi}^{\pi}\sin x\cos x\mathrm{d}x=0.$$

故 $\mathrm{cov}(X,Y)=0$. 于是 X 与 Y 的相关系数 $\rho=0$. 即 X 与 Y 不相关. 这表示 X 与 Y 之间不存在线性关系. 但显然 X 与 Y 之间满足等式关系 $X^2+Y^2=1$. 由此可知 X 与 Y 不独立. 事实上,设事件

$$A=\left\{X\leqslant\frac{\sqrt{2}}{2}\right\},\quad B=\left\{Y\leqslant\frac{\sqrt{2}}{2}\right\}.$$

$$P\left(X>\frac{\sqrt{2}}{2}\right)=P\left(X\in\left(\frac{\pi}{4},\frac{3\pi}{4}\right)\right)=\frac{1}{4},\quad P\left(Y>\frac{\sqrt{2}}{2}\right)=P\left(X\in\left(-\frac{\pi}{4},\frac{\pi}{4}\right)\right)=\frac{1}{4},$$

故

$$P\left(X>\frac{\sqrt{2}}{2}\right)P\left(Y>\frac{\sqrt{2}}{2}\right)=\frac{1}{16}\neq 0=P\left(X>\frac{\sqrt{2}}{2},Y>\frac{\sqrt{2}}{2}\right).$$

这表明事件 $\overline{A}$ 与 $\overline{B}$ 不独立. 于是事件 A 与 B 不独立,即有

$$P\left(X\leqslant\frac{\sqrt{2}}{2}\right)P\left(Y\leqslant\frac{\sqrt{2}}{2}\right)\neq P\left(X\leqslant\frac{\sqrt{2}}{2},Y\leqslant\frac{\sqrt{2}}{2}\right).$$

由此得 X 与 Y 不独立.

当然,也可以利用第三章定理 6 之(2)的函数独立性证明 X 与 Y 不独立. 因为 $X^2+Y^2=1$ 表示 X^2 与 Y^2 完全负相关,因此有 $\rho_{X^2Y^2}=-1$. 故 X^2 与 Y^2 不独立. 从而 X 与 Y 不独立.

例 4.27 设二维随机变量(X,Y)在平面区域 G 上服从均匀分布,其中

$$G=\{(x,y):x^2+y^2<1\},$$

如图 4.1 所示,问 X 与 Y 是否不相关? 是否独立?

解 显然(X,Y)的密度函数为

$$f(x,y)=\begin{cases}\dfrac{1}{\pi}, & x^2+y^2<1,\\ 0, & \text{其他}.\end{cases}$$

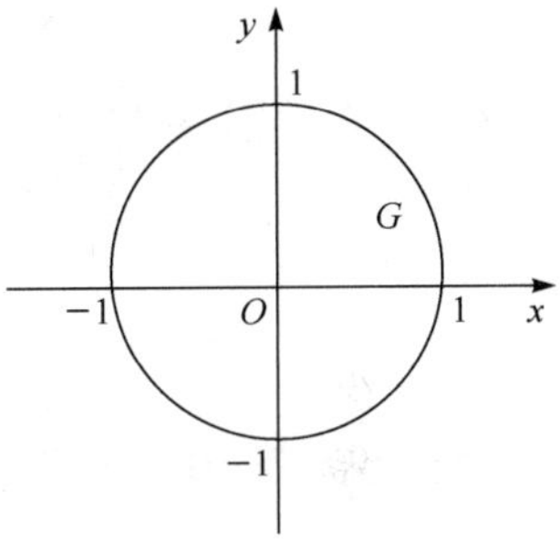

图 4.1

由(4.7)式

$$\begin{aligned}EX &= \int_{-\infty}^{+\infty}\int_{-\infty}^{+\infty} xf(x,y)\mathrm{d}x\mathrm{d}y\\ &= \frac{1}{\pi}\int_{-1}^{1}\mathrm{d}y\int_{-\sqrt{1-y^2}}^{\sqrt{1-y^2}} x\mathrm{d}x = 0.\end{aligned}$$

同理 $EY=0$. 而

$$\begin{aligned}\operatorname{cov}(X,Y) &= E(XY)-(EX)(EY)\\ &= \int_{-\infty}^{+\infty}\int_{-\infty}^{+\infty} xyf(x,y)\mathrm{d}x\mathrm{d}y = \frac{1}{\pi}\int_{-1}^{1}x\mathrm{d}x\int_{-\sqrt{1-x^2}}^{\sqrt{1-x^2}}y\mathrm{d}y = 0.\end{aligned}$$

因此 X 与 Y 的相关系数

$$\rho=\frac{\operatorname{cov}(X,Y)}{\sqrt{DX}\sqrt{DY}}=0.$$

即 X 与 Y 不相关.

容易求得 X 和 Y 的边际密度函数分别为

$$f_X(x)=\begin{cases}\dfrac{2}{\pi}\sqrt{1-x^2}, & |x|<1,\\ 0, & |x|\geqslant 1.\end{cases}\qquad f_Y(x)=\begin{cases}\dfrac{2}{\pi}\sqrt{1-y^2}, & |y|<1,\\ 0, & |y|\geqslant 1.\end{cases}$$

显然有 $f(x,y)\neq f_X(x)f_Y(y)$,故 X 与 Y 不独立.

由以上两例可以看出,不相关性与独立性是两个不同的概念. 两者既有联系又有区别. 不相关性是独立性的必要条件. 但在一般情形下,由不相关性不能推出独立性. 不过,从例 3.11 和例 4.25 可以看出,若(X,Y)服从二元正态分布,则 X,Y 不相关与相互独立是等价的. 据此,我们得到

定理 4.6 设随机变量 X 与 Y 的相关系数 ρ_{XY} 存在:

(1) 若 X 与 Y 独立,则 X 与 Y 不相关;

(2) 设$(X,Y)\sim N(\mu_1,\mu_2,\sigma_1^2,\sigma_2^2,\rho)$,若 X 与 Y 不相关,则 X 与 Y 独立.

在论证相关性(即计算相关系数)的过程中,熟练掌握方差以及协方差的性质

有时会大大简化计算.

例 4.28　设随机变量 X 与 Y 独立，且具有相同的方差 $\sigma^2>0$. 又设 $U=X+Y$，$V=X-Y$. 试证 U 与 V 不相关.

证明　由 X 与 Y 独立，利用方差的性质得 $D(X\pm Y)=DX+DY$，即有 $DU=DV=2\sigma^2$. 而根据协方差的性质有

$$\begin{aligned}\operatorname{cov}(U,V)&=\operatorname{cov}(X+Y,X-Y)\\&=\operatorname{cov}(X,X)-\operatorname{cov}(X,Y)+\operatorname{cov}(Y,X)-\operatorname{cov}(Y,Y)\\&=DX-DY=0.\end{aligned}$$

于是有 $\rho_{UV}=\dfrac{\operatorname{cov}(U,V)}{\sqrt{DU}\sqrt{DV}}=0$. 即 U 与 V 不相关.

4.4　随机变量的矩

除了上面介绍的数学期望与方差以外，比较重要的数字特征当属随机变量的各种矩了.

定义 4.7　设 X 为随机变量，若 $E|X|^k$（k 为正整数）存在，记

$$\alpha_k=EX^k,\quad \beta_k=E\mid X\mid^k,$$

则 α_k,β_k 分别称为随机变量 X 的 k 阶**原点矩**、k 阶**绝对原点矩**.

又若 $E|X-EX|^k$（$k\geqslant 2$ 且为正整数）存在，记

$$\mu_k=E(X-EX)^k,\quad \nu_k=E\mid X-EX\mid^k,$$

则 μ_k,ν_k 分别称为随机变量 X 的 k 阶**中心矩**、k 阶**绝对中心矩**.

定义 4.8　设 X,Y 为随机变量，k,l 为正整数，若

$$EX^kY^l$$

存在，则称之为随机变量 X 和 Y 的 $k+l$ 阶**混合原点矩**；又若

$$E(X-EX)^k(Y-EY)^l$$

存在，则称之为随机变量 X 和 Y 的 $k+l$ 阶**混合中心矩**.

显然，随机变量 X 的一阶原点矩就是期望，即 $\alpha_1=EX$；X 的二阶中心矩就是方差，即 $\mu_2=DX$. 而 X,Y 的二阶混合中心矩就是 X,Y 的协方差.

例 4.29　求服从指数分布 $E(\lambda)$ 的随机变量 X 的各阶原点矩.

解　根据随机变量函数的期望公式有

$$\begin{aligned}EX^k&=\int_{-\infty}^{+\infty}x^kf_X(x)\mathrm{d}x=\int_0^{+\infty}x^k\lambda\mathrm{e}^{-\lambda x}\mathrm{d}x\\&=\frac{1}{\lambda^k}\int_0^{+\infty}t^k\mathrm{e}^{-t}\mathrm{d}t=\frac{k!}{\lambda^k}.\end{aligned}$$

习 题 4

4.1 某人有 n 把钥匙,其中只有 1 把可以打开房门. 现在他无放回地试开房门,直到打开门为止. 求试开次数的数学期望.

4.2 设一整数等可能地在 1 到 10 中取值,以 Y 记除得尽这一整数的正整数的个数,求 EY.

4.3 对一目标进行射击,直到命中为止. 如果每次射击命中率为 p,求射击次数的数学期望与方差.

4.4 设随机变量 X 只取非负整数值,其分布列为

$$P(X=k)=\frac{a^k}{(1+a)^{k+1}},\quad k=0,1,2,\cdots,$$

其中 $a>0$. 试求 EX, DX.

4.5 对一目标进行射击,直到命中 r 次为止. 如果每次射击命中率为 p,求射击次数的数学期望与方差.

4.6 某工厂检查产品质量时,对每批产品进行放回抽样检查. 在前 n_0 次抽样检查中如果发现次品,则立即停止检查而认为这批产品不合格;如果接连检查 n_0 个产品都是合格品,则也停止检查而认为这批产品合格. 设每批产品的次品率为 p,求每批产品抽样检查的平均数.

4.7 设随机变量 X 的概率密度函数为

$$f(x)=\begin{cases}1-|1-x|, & 0\leqslant x\leqslant 2,\\ 0, & \text{其他}.\end{cases}$$

求 DX.

4.8 设随机变量 X 的概率密度函数为

$$f(x)=\frac{1}{2\lambda}e^{-\frac{1}{\lambda}|x-\mu|},\quad -\infty<x<+\infty,$$

其中 $\lambda>0$. 试求 X 的数学期望与方差.

4.9 设随机变量 ξ 的概率密度函数为

$$f(x)=\begin{cases}\dfrac{2}{\pi}\cos^2 x, & |x|\leqslant\dfrac{\pi}{2},\\ 0, & |x|>\dfrac{\pi}{2}.\end{cases}$$

求 $E\xi$, $D\xi$.

4.10 设随机变量 X 的分布函数为

$$F(x)=\begin{cases}\dfrac{1}{2}e^{x-\theta}, & x<\theta,\\ 1-\dfrac{1}{2}e^{\theta-x}, & x\geqslant\theta.\end{cases}$$

求 DX, EX^2.

4.11 设随机变量 X 的分布列为

$$P(X=k)=p(1-p)^{k-1},\quad k=1,2,\cdots.$$

试求 $Y=\sin\left(\frac{\pi}{2}X\right)$ 的数学期望.

4.12　设随机变量 X 服从柯西分布,即其概率密度函数为

$$f(x)=\frac{1}{\pi(1+x^2)},\quad -\infty<x<+\infty.$$

求 $E[\min(|X|,1)]$.

4.13　设随机变量 (X,Y) 的概率密度函数为

$$f(x,y)=\begin{cases}x+y, & 0\leqslant x,y\leqslant 1,\\ 0, & \text{其他}.\end{cases}$$

求 $E(XY)$.

4.14　n 个人同乘一辆长途汽车,沿途有 N 个车站.设每个人在任一车站下车是等可能的.每到一个车站时,如果没有人下车,就不停车.求停车次数的数学期望.

4.15　某种季节性商品,应季销售每千克可获利 t 元,季后销售每千克亏损 s 元.设一家商店在季节内该种商品的需求量是随机变量 X(千克),它服从区间 $[a,b]$ 上的均匀分布.问季节初应购进这种商品多少千克,可以使期望利润达到最大?

4.16　在长为 l 的线段上任取两点,试求两点间距离的期望与方差.

4.17　设随机变量 X 与 Y 相互独立且分别服从参数为 λ,μ 的指数分布,求 $E[\min(X,Y)]$.

4.18　设随机变量 X 只取非负整数值,且 EX 存在,试证:

$$EX=\sum_{k=1}^{\infty}P(X\geqslant k).$$

4.19　证明:若对连续型随机变量 X 有 $Ee^{aX}<+\infty$,其中 $a>0$ 为常数,则

$$P(X\geqslant\varepsilon)\leqslant\frac{E[e^{aX}]}{e^{a\varepsilon}}.$$

4.20　设随机变量 X 的取值属于有限区间 $[a,b]$,试证:

$$a\leqslant EX\leqslant b,\quad DX\leqslant\left(\frac{b-a}{2}\right)^2.$$

4.21　设随机变量 (X,Y) 服从二维正态分布,$EX=EY=0,DX=DY=1,E(XY)=r$.试证:

$$E[\max(X,Y)]=\sqrt{\frac{1-r}{\pi}}.$$

4.22　已知随机变量 (X,Y) 的联合分布列如下表,求 $\mathrm{cov}(X,Y),\rho_{XY}$.

X \ Y	-2	0	1	2
0	0.1	0.2	0	0.2
1	0.2	0	0.2	0.1

4.23 设二维随机变量(X,Y)的联合密度函数为

$$f(x,y)=\begin{cases}2-x-y, & 0<x,y<1,\\ 0, & \text{其他}.\end{cases}$$

求X与Y的相关系数.

4.24 设X与Y都是只能取两个值的随机变量,试证:若X与Y不相关,则X与Y独立.

4.25 设随机变量X与Y相互独立,且$X\sim N(\lambda,\sigma^2)$,$Y\sim N(\mu,2\sigma^2)$. 求随机变量$U=X+Y$与$V=2X-Y$的相关系数.

4.26 已知$X\sim N(1,3^2)$,$Y\sim N(0,4^2)$,$\rho_{XY}=-\frac{1}{2}$. 设随机变量$Z=\frac{X}{3}+\frac{Y}{2}$,求:

(1) EZ,DZ;

(2) 求随机变量X与Z的相关系数ρ_{XZ}.

4.27 若随机变量X的密度函数是偶函数,且$EX^2<+\infty$. 试证X与$|X|$不相关,但它们不相互独立.

4.28 设随机变量X,Y二阶矩有限且$D(X+Y)=D(X-Y)$,则必有(　　).

(A) X与Y独立　　　　(B) X与Y不相关

(C) $DY=0$　　　　(D) $E(XY)=(EX)(EY)$

4.29 已知$X_1,X_2,\cdots,X_n$是n个相互独立同分布且方差有限(且不为零)的随机变量,记$\overline{X}=\frac{1}{n}\sum_{i=1}^{n}X_i$. 证明:$X_i-\overline{X}$与$X_j-\overline{X}(i\neq j)$的相关系数为$-\frac{1}{n-1}$.

4.30 设随机变量$X_1,X_2,\cdots,X_{m+n}(n>m)$独立同分布,且有非零有限的方差$\sigma^2$. 记$S=X_1+\cdots+X_n$,$T=X_{m+1}+\cdots X_{m+n}$. 求:

(1) S与T的协方差;

(2) S与T的相关系数.

第5章 极限定理

概率论是研究随机现象统计规律性的数学学科，而这种统计规律性需要在相同条件下进行大量的重复试验才能够表现出来. 同其他科学一样，概率论的理论和方法必须符合客观实际. 在第1章里，我们介绍了随机事件的概率的统计性定义，并指出概率的统计性定义是不严密的，因为在概率的统计性定义中引用了尚未证明的频率的稳定性. 随机事件的概率的严格定义最后是用公理化方法给出的. 在概率的公理化系统中，仍然需要对频率的稳定性给出理论上的论证，因为频率稳定性是事件概率的存在性和客观性的依据. 本章将要介绍的第一部分内容——大数定律，即是为论证频率稳定性的. 确切地说，作为极限定理内容之一的大数定律，研究的是大量随机现象中某些平均结果的稳定性，频率稳定性仅是其特例. 另外，许多情形下，或者不掌握随机变量的精确分布，或者因精确分布比较复杂而不便于具体使用. 在类似的情形下，人们需要确定独立随机变量之和的极限分布. 本章将要介绍的第二部分内容——中心极限定理，研究的是相互独立的随机变量之和的分布趋于正态分布的条件.

大数定律和中心极限定理的研究，在概率论的发展史上占有重要地位，是概率论成为一门成熟的数学学科的重要标志之一. 在概率论中，有关极限定理的内容相当广泛，理论结果也十分深刻. 限于本课程的要求，本书只能介绍最常用也是最基本的几个极限定理.

5.1 大数定律

大数定律是自然界普遍存在且已经实践证明的定律. 任何随机现象出现时都表现出随机性，然而当一种随机现象大量重复出现或大量随机因素共同作用所产生的平均结果，实际上是稳定的，几乎是非随机的. 例如，各个家庭甚至各个村庄或居民小区的男女人数的比例会有差异，这是随机性的表现，然而在较大范围内（如一个省或一个国家）男女人数的比例则是均衡的和稳定的；在天平上称量一件物品的质量，少数几次的称量结果会有所波动，但是多次重复称量结果的平均值却稳定在被称量物品的质量附近. 这已是众所周知的事实. 概率论中用来阐述大量随机现象平均结果的稳定性（包括频率稳定性）的一系列定理统称为大数定律.

为了介绍大数定律，需要引入随机变量序列依概率收敛的概念.

定义5.1 设$Y_1,Y_2,\cdots,Y_n,\cdots$是随机变量列，$Y$是一个随机变量，如果对任意

$\varepsilon>0$，有

$$\lim_{n\to\infty}P\{|Y_n-Y|\geqslant\varepsilon\}=0, \tag{5.1}$$

则称随机变量列 $Y_1,Y_2,\cdots,Y_n,\cdots$**依概率收敛**于随机变量 Y，记为 $Y_n\xrightarrow{P}Y$. 随机变量列 $Y_1,Y_2,\cdots,Y_n,\cdots$可简记为$\{Y_n\}_{n=1}^{\infty}$或$\{Y_n\}$.

特别地，若随机变量 Y 是一个常数，即随机变量列$\{Y_n\}$依概率收敛于某个常数 C，则表示当 n 充分大时，随机变量 Y_n 几乎失去了随机性，其值越来越接近于常数 C. 或者说随着 n 的增大，Y_n 稳定于常数 C.

定义 5.2 设 $X_1,X_2,\cdots,X_n,\cdots$是随机变量列，记 $\overline{X}_n=S_n/n$，其中 $S_n=X_1+X_2+\cdots+X_n$. 若存在数列 $a_1,a_2,\cdots,a_n,\cdots$，使得对任意 $\varepsilon>0$，$\lim\limits_{n\to\infty}P\{|\overline{X}_n-a_n|\geqslant\varepsilon\}=0$，即 $\overline{X}_n-a_n\xrightarrow{P}0$，则称 $X_1,X_2,\cdots,X_n,\cdots$**服从大数定律**.

本书只研究$\{X_n\}$中每一个随机变量的期望 $EX_n(n\geqslant1)$均存在的情况，这时定义 5.2 中的常数列$\{a_n\}$可取为$\{E\overline{X}_n\}$. 即对任意的 $\varepsilon>0$，有

$$\lim_{n\to\infty}P\{|\overline{X}_n-E\overline{X}_n|\geqslant\varepsilon\}=0, \tag{5.2}$$

或者简单地表示为 $\overline{X}_n-E\overline{X}_n\xrightarrow{P}0$.

根据随机变量列$\{X_n\}$所具有的性质不同，可得到不同形式的大数定律.

定理 5.1（切比雪夫大数定律） 设随机变量列$\{X_n\}$两两不相关，且相应的方差序列$\{DX_n\}$有界，则$\{X_n\}$服从大数定律，即(5.2)式成立.

证明 根据切比雪夫不等式，对任意的 $\varepsilon>0$，有

$$P\{|\overline{X}_n-E\overline{X}_n|\geqslant\varepsilon\}\leqslant\frac{1}{\varepsilon^2}D(\overline{X}_n)=\frac{1}{\varepsilon^2n^2}D\Big(\sum_{i=1}^{n}X_i\Big). \tag{5.3}$$

设$\{DX_n\}$的上界为正常数 C，即对一切 $n\geqslant1$，$DX_n\leqslant C$. 由于$\{X_n\}$两两不相关，故 $D\Big(\sum\limits_{i=1}^{n}X_i\Big)=\sum\limits_{i=1}^{n}DX_i$. 于是有 $D\Big(\sum\limits_{i=1}^{n}X_i\Big)\leqslant nC$. 由此易知(5.2)式成立. 即$\{X_n\}$服从大数定律.

特别地，如果随机变量列$\{X_n\}$两两不相关，且存在相同的数学期望与方差，即有 $EX_n=\mu,DX_n=\sigma^2,n=1,2,\cdots$，则$\{X_n\}$服从大数定律. 这时，由于期望均等于 μ，大数定律的结论简化为 $\overline{X}_n\xrightarrow{P}\mu$，即对任意的 $\varepsilon>0$，有

$$\lim_{n\to\infty}P\{|\overline{X}_n-\mu|\geqslant\varepsilon\}=0. \tag{5.4}$$

(5.4)式表明，随着 n 的增大，n 个随机变量的算术平均值 $\overline{X}_n$ 越来越接近于共同的期望 μ，这就是所谓算术平均值 $\overline{X}_n$ 具有稳定性的确切含义.

例 5.1 设$\{X_n\}$，$n=1,2,\cdots$是相互独立的随机变量列，X_n 的分布列为

$$P(X_n=-\sqrt{n})=P(X_n=\sqrt{n})=2^{-n-1},$$
$$P(X_n=0)=1-2^{-n},\quad n=1,2,\cdots,$$

则$\{X_n\}$服从大数定律.

证明　因为

$$EX_n=(-\sqrt{n})\cdot\frac{1}{2^{n+1}}+\sqrt{n}\cdot\frac{1}{2^{n+1}}+0\cdot\left(1-\frac{1}{2^n}\right)=0,$$

故

$$DX_n=EX_n^2=(-\sqrt{n})^2\cdot\frac{1}{2^{n+1}}+\sqrt{n}^2\cdot\frac{1}{2^{n+1}}+0^2\cdot\left(1-\frac{1}{2^n}\right)=\frac{n}{2^n}.$$

由于数学期望 EX_n 都等于零,故 $E\overline{X}_n=0$. 由高等数学中的极限理论可知,数列 $DX_n=\frac{n}{2^n}$的极限为零,所以$\{DX_n\}$有界. 而因为$\{X_n\}$相互独立,故$\{X_n\}$两两不相关. 于是应用切比雪夫大数定律可知,所给的随机变量列$\{X_n\}$服从大数定律,即对任意的 $\varepsilon>0$,有$\lim\limits_{n\to\infty}P\{|\overline{X}_n|\geqslant\varepsilon\}=0$.

切比雪夫大数定律要求每个随机变量 X_n 的方差 DX_n 存在,但如果随机变量列$\{X_n\}$不仅是独立而且是同分布的,则不必要求方差存在,而只要数学期望存在就够了. 这就是下面的辛钦(Xinqin)大数定律. 其证明超出了本课程的要求,故从略.

定理 5.2(辛钦大数定律)　设 $X_1,X_2,\cdots,X_n,\cdots$为独立同分布的随机变量列,且具有有限的数学期望 $\mu=EX_n,n=1,2,\cdots$. 则$\{X_n\}$服从大数定律,即对任意的 $\varepsilon>0$,有

$$\lim_{n\to\infty}P\{|\overline{X}_n-\mu|\geqslant\varepsilon\}=0.$$

在例 5.1 中,由于所给的随机变量列$\{X_n\}$不是同分布的,故不能应用辛钦大数定律证明.

现在可以证明频率的稳定性了,它是上面两个大数定律的推论.

定理 5.3(伯努利大数定律)　设 μ_n 为 n 重伯努利试验中事件 A 出现的次数,而 $p(0<p<1)$为每次试验事件 A 出现的概率. 则对任意的 $\varepsilon>0$,有

$$\lim_{n\to\infty}P\left\{\left|\frac{\mu_n}{n}-p\right|\geqslant\varepsilon\right\}=0.\tag{5.5}$$

证明　令

$$X_i=\begin{cases}1, & 第\ i\ 次试验\ A\ 发生,\\ 0, & 否则.\end{cases}\quad i=1,2,\cdots.$$

由于每次试验 A 出现的概率均为 p,故 $X_1,X_2,\cdots,X_n,\cdots$服从相同的 0-1 分布

$B(1,p)$，从而具有相同的期望与方差，即有 $EX_n=p,DX_n=p(1-p),n=1,2,\cdots$. 又因为各次试验相互独立，所以 $X_1,X_2,\cdots,X_n,\cdots$独立同分布，从而根据辛钦大数定律可知有 $\overline{X}_n \xrightarrow{P} p$. 即对任意的 $\varepsilon>0$，有

$$\lim_{n\to\infty}P\{|\overline{X}_n-p|\geqslant\varepsilon\}=0. \tag{5.6}$$

又显然有 $\mu_n=X_1+X_2+\cdots+X_n$，因此得 $\overline{X}_n=\mu_n/n$. 代入(5.6)式即得证结论(5.5)式. 由于每个随机变量的方差存在且相等，易见用切比雪夫大数定律也可证明伯努利大数定律.

伯努利大数定律表明，当在条件不变的情况下独立地进行多次试验(即独立重复试验)时，随着试验次数的增大，随机事件 A 的频率将逐步趋于稳定，且频率的稳定中心即为事件 A 的概率.

如果事件 A 的概率很小，则正如伯努利大数定律所指出的，事件 A 的频率也很小. 或者说，事件 A 很少发生. 例如，若事件 A 的概率为 0.01，则在 100 次试验中事件 A 平均发生一次，而在 1000 次试验中事件 A 平均发生十次. 因此，在实际工作中，通常忽略那些概率很小的事件在个别试验中发生的可能性. 这就是概率统计中所谓的实际推断原理.

实际推断原理 发生的概率 α(通常取为 0.1，0.05，或 0.01)很小的事件(简称为小概率事件)在个别试验中是不可能发生的.

实际推断原理也称为小概率事件的实际不可能性原理，它在实际工作中有着广泛的应用. 至于概率小到何等程度才算得上是小概率事件，则要具体问题具体分析. 一般问题中以 0.05 的界限就够了. 但对于一经发生就会引起严重后果的事件，则应将小概率的标准规定得更低一些，比如 0.01 或更低.

例 5.2 某手机生产厂商宣称其产品的合格率达到 99%，检验人员从其生产的 10000 件手机中抽查了 100 件，发现其中有两部手机不合格. 问能否据此断定该厂商谎报合格率?

解 用 X 表示抽查的 100 件手机中的不合格件数. 由于产品总数很大，且抽取的件数(100 件)相对于总数又很小，故不放回抽取可以近似当作有放回抽取. 假设该厂产品的合格率为 99%，则 X 的分布近似为二项分布 $B(100,0.01)$. 从而抽查的 100 件当中有两件以上不合格品的概率为

$$\begin{aligned}P(X\geqslant 2)&=1-P(X=0)-P(X=1)\\&=1-0.99^{100}-100\cdot 0.01\cdot 0.99^{99}=0.264.\end{aligned}$$

这个概率不是很小，因此不能据此断定该厂商谎报合格率. 类似可以算出，

$$P(X\geqslant 3)=0.079,\quad P(X\geqslant 4)=0.018.$$

按照一般的小概率标准 5%，即使在抽查的 100 件手机中发现三件不合格品，也不

能断定该厂商谎报合格率. 但若发现四件或四件以上的不合格品(这是一个概率为 1.8%的小概率事件), 根据实际推断原理就可以断定该厂谎报合格率.

我们指出, 任何有正概率的随机事件, 无论其概率多么小, 总是可能发生的. 因此, 用实际推断原理作出的结论并不是完全可靠的, 或者说用实际推断原理进行统计推断可能会出现错误. 不过, 出现这种错误的概率不会超过实际推断原理规定的小概率界线 5%. 例如, 在上面的例子中, 我们说若发现四件或四件以上的不合格品, 就可以断定该厂谎报合格率. 如此推断也可能会出现错误, 但出现错误的概率仅为 1.8%, 这是一个小概率事件. 也就是说, 既然不能百分之百保证统计推断不出现错误, 当然希望出现错误的概率越小越好, 至少应使推断出现错误的事件是一个小概率事件. 像这样先做出一个统计假设(称为原假设), 然后在此假设下计算一个已经发生的事件的概率, 根据其是否是小概率事件对原假设作出拒绝或接受的结论的统计推断方法称为统计假设检验, 它是数理统计部分的主要内容之一. 我们将在第 8 章系统地介绍统计假设检验的理论与方法.

5.2　中心极限定理

本章将要介绍的第二部分内容——中心极限定理, 是概率论中有关论证"大量随机变量之和的极限分布是正态分布"的一系列定理的总称. 许多情形下, 一种随机现象可能受到多种不确定因素的影响, 如果这些因素彼此没有依赖关系, 且单个因素没有突出的影响, 那么, 这些因素的总和效应将会使随机现象近似地服从正态分布. 这正是中心极限定理所描述的统计规律. 中心极限定理还对正态分布之所以广泛存在于客观世界中的原因作出了解释.

限于本课程的要求, 本书只讨论两个最常用的中心极限定理. 一是独立同分布场合的中心极限定理, 另一个是伯努利试验场合的中心极限定理.

定理 5.4(列维-林德伯格)　设 $\{X_n\}$ 是独立同分布(简记为 $i.i.d$)的随机变量列, 且具有有限的期望与方差, 即 $EX_n=\mu, DX_n=\sigma^2, n=1,2,\cdots$. 则对任意的实数 x, 有

$$\lim_{n\to\infty}P\left\{\frac{S_n-n\mu}{\sqrt{n}\sigma}\leqslant x\right\}=\Phi(x), \tag{5.7}$$

其中 $S_n=\sum_{i=1}^{n}X_i$ 为 $\{X_n\}$ 的部分和, 而 $\Phi(x)$ 为标准正态分布函数. 其证明超出了本课程的要求, 故从略.

列维-林德伯格中心极限定理的结论(5.7)式也可以用 $\overline{X}_n$ 等价地表示成

$$\lim_{n\to\infty}P\left\{\sqrt{n}\frac{\overline{X}_n-\mu}{\sigma}\leqslant x\right\}=\Phi(x). \tag{5.8}$$

定理 5.5(棣莫弗-拉普拉斯) 设 $\mu_n \sim B(n,p)$，即 μ_n 为 n 重伯努利试验中事件 A 发生的次数，每次试验事件 A 发生的概率为 $p(0<p<1)$. 则对任意的实数 x，有

$$\lim_{n\to\infty} P\left\{\frac{\mu_n - np}{\sqrt{np(1-p)}} \leqslant x\right\} = \Phi(x). \tag{5.9}$$

证明 与定理 5.3 的证明类似，将 μ_n 表示为相互独立且服从相同的 0-1 分布 $B(1,p)$ 的随机变量 $X_1, X_2, \cdots, X_n, \cdots$ 之和，即 $\mu_n = X_1 + X_2 + \cdots + X_n$. 于是本定理即是上述独立同分布场合的中心极限定理(定理 5.4)的特殊情形. 而 $EX_n = p$，$DX_n = p(1-p)$，$n=1,2,\cdots$，代入(5.7)式即得(5.9)式.

由此定理可知，正态分布是二项分布的极限分布. 因此，当 n 较大时，可利用正态分布计算与二项分布有关的事件的概率. 例如

$$P(m_1 \leqslant \mu_n \leqslant m_2) = P\left(\frac{m_1 - np}{\sqrt{np(1-p)}} \leqslant \frac{\mu_n - np}{\sqrt{np(1-p)}} \leqslant \frac{m_2 - np}{\sqrt{np(1-p)}}\right)$$
$$\approx \Phi\left(\frac{m_2 - np}{\sqrt{np(1-p)}}\right) - \Phi\left(\frac{m_1 - np}{\sqrt{np(1-p)}}\right). \tag{5.10}$$

列维-林德伯格(Levy-Lindeberg)中心极限定理是由这两人在 20 世纪 20 年代证明的，而棣莫弗-拉普拉斯(de Moivre-Laplace)中心极限定理是先由棣莫弗在 1716 年对 $p=\frac{1}{2}$ 的情形给出证明，后经拉普拉斯推广到 $0<p<1$ 的一般情形. 它是历史上最早的中心极限定理.

例 5.3 某高校拟新建一个食堂以解决学生就餐紧张问题. 据分析，新食堂建成后，全校 10000 名学生中平均将有 10%的学生到新食堂就餐，并假定学生在选择食堂时是相互独立的. 现新食堂的设计者在计划新食堂的座位时，希望空座位超过 200 的概率不超过 0.05，问新食堂最多可设计多少个座位?

解 设在新建食堂中设计 m 个座位. 因为每名学生是否到新食堂就餐是伯努利试验，所以这是 n 重伯努利试验问题，其中 $n=10000$. 显然到新食堂就餐的人数 μ_n 服从参数为 10000 和 0.1 的二项分布，即 $\mu_n \sim B(10000, 0.1)$. 依题意，要满足 $P\{\mu_n < m-200\} \leqslant 0.05$，或等价地 $P\{\mu_n \geqslant m-200\} \geqslant 0.95$. 根据二项分布的中心极限定理(定理 5.5)有

$$P\{\mu_n \geqslant m-200\} = P\left\{\frac{\mu_n - np}{\sqrt{np(1-p)}} \geqslant \frac{m-200-1000}{\sqrt{10000 \cdot 0.1 \cdot 0.9}}\right\}$$
$$\approx 1 - \Phi\left(\frac{m-1200}{30}\right) = \Phi\left(\frac{1200-m}{30}\right).$$

查表得 $\frac{1200-m}{30} \geqslant 1.645$，解得 $m \leqslant 1150.65$. 即新食堂最多可设计 1150 个座位，才

能使空座位超过 200 的概率不超过 0.05.

例 5.4 某系统中使用的电子元件的寿命服从参数 $\lambda=0.2$(单位:1/天)的指数分布,若元件失效,则立即更换. 试求在一年时间内系统使用多于 100 个元件的概率.

解 用 X_i 表示第 i 个元件的寿命,$i=1,2,\cdots,100$,S_{100} 表示 100 个元件的寿命之和,即 $S_{100}=X_1+X_2+\cdots+X_{100}$. 注意到 $X_1,X_2,\cdots,X_{100}$ 相互独立且服从相同的指数分布 $E(0.2)$,故 $\mu=EX_i=5,\sigma=\sqrt{DX_i}=5$. 依题意,需求 $P(0\leqslant S_{100}<365)$. 应用定理 5.4 之(5.7)式得

$$\begin{aligned}P(0\leqslant S_{100}<365)&=P\left\{\frac{0-500}{\sqrt{100}\cdot 5}\leqslant\frac{S_{100}-n\mu}{\sqrt{n}\sigma}<\frac{365-500}{\sqrt{100}\cdot 5}\right\}\\&\approx\Phi(-2.7)-\Phi(-10)=1-\Phi(2.7)-0\\&=1-0.9965=0.0035,\end{aligned}$$

即一年时间内系统使用多于 100 个元件的概率为 0.0035.

例 5.5 某天文学家试图观测水星与火星之间的距离 D. 他计划使用同一光学仪器作出 n 次独立的观测 $X_1,X_2,\cdots,X_n$(单位:光年). 假设各次观测均没有系统误差,且观测的精度相同为 2, 即 $EX_i=D,\sqrt{DX_i}=2,i=1,2,\cdots,n$. 现天文学家用 $\overline{X}_n=\frac{1}{n}\sum_{i=1}^{n}X_i$ 作为距离 D 的估计. 为使 $\overline{X}_n$ 对 D 的估计的误差不超过 0.25 光年的概率大于 0.98,问这位天文学家至少要作出多少次独立的观测?

解 因为使用同一仪器进行观测,可认为 $X_1,X_2,\cdots,X_n$ 是独立同分布的. 由题设条件,$EX_i=D,\sigma=\sqrt{DX_i}=2$. 依题意,要求 $P(|\overline{X}_n-D|\leqslant 0.25)>0.98$. 应用定理 5.4 之(5.8)式得

$$\begin{aligned}P(|\overline{X}_n-D|\leqslant 0.25)&=P\left(\left|\sqrt{n}\,\frac{\overline{X}_n-D}{\sigma}\right|\leqslant\frac{0.25}{2}\sqrt{n}\right)\\&=P\left(-\frac{0.25}{2}\sqrt{n}\leqslant\sqrt{n}\,\frac{\overline{X}_n-D}{\sigma}\leqslant\frac{0.25}{2}\sqrt{n}\right)\\&\approx\Phi(0.125\sqrt{n})-\Phi(-0.125\sqrt{n})\\&=2\Phi(0.125\sqrt{n})-1.\end{aligned}$$

也就是要求 $2\Phi(0.125\sqrt{n})-1>0.98$,于是得到 $\Phi(0.125\sqrt{n})>0.99$. 查表得 $0.125\sqrt{n}>2.33$,故 $n>347.4$. 即这位天文学家至少要作出 348 次独立的观测,才能使 $\overline{X}_n$ 对 D 的估计的误差不超过 0.25 光年的概率大于 0.98.

习 题 5

5.1 利用切比雪夫不等式估计随机变量与其数学期望的差超过三倍标准差的概率.

5.2 试证泊松大数定律:设$\{X_n\}$,$n=1,2,\cdots$为独立随机变量序列,$P(X_n=1)=p_n$,$P(X_n=0)=1-p_n$,$n=1,2,\cdots$. 则序列$\{X_n\}$服从大数定律.

5.3 设$\{X_n\}$,$n=1,2,\cdots$为相互独立的随机变量序列,若

$$P(X_n=-n)=\frac{1}{2n^4},\quad P(X_n=n)=\frac{1}{2n^4},\quad P(X_n=0)=1-\frac{1}{n^4},\quad n=1,2,\cdots.$$

试证$\{X_n\}$,$n=1,2,\cdots$服从大数定律.

5.4 证明马尔科夫大数定律:若随机变量列$\{X_n\}$满足马尔科夫条件

$$\lim_{n\to\infty}\frac{1}{n^2}D\Big(\sum_{i=1}^{n}X_i\Big)=0,$$

则$\{X_n\}$服从大数定律.

5.5 设$\{X_n\}$,$n=1,2,\cdots$为相互独立的随机变量序列,若

$$P(X_n=\pm\sqrt{n})=\frac{1}{2\sqrt{n}},\quad P(X_n=0)=1-\frac{1}{\sqrt{n}},\quad n=2,3,\cdots.$$

试证$\{X_n\}$,$n=1,2,\cdots$服从大数定律.

5.6 从某工厂生产的产品中任取200件,发现其中有6件不合格品.能否相信该工厂生产的产品的次品率不大于1%?

5.7 已知一本400页的书中每页的印刷错误个数服从参数为0.02的泊松分布,求这本书的印刷错误总数不超过15的概率.

5.8 一台印刷机每页印刷出现错误的概率为0.02,在这台印刷机上付印一本400页的书,求出现印刷错误的页数不超过15页的概率.

5.9 某保险公司的医疗保险有10000个客户投保,每客户每年付170元保险费.在一年内每个客户生病的概率为0.006,客户生病时可向保险公司领取2万元.

(1) 求保险公司从该项医疗保险中获得的年利润不少于20万的概率;

(2) 问保险公司在该项医疗保险中不亏本的概率是多少?

5.10 某心理学家要测定某小学学生智商的均值μ,他决定利用多次测量结果的平均值$\overline{X}=n^{-1}\sum_{i=1}^{n}X_i$作为$\mu$的估计,其中$X_1,X_2,\cdots,X_n$分别是对这$n$个孩子智商测试的结果.若$EX_i=\mu,DX_i=196,i=1,2,\cdots,n$.为使$\overline{X}$对$\mu$的估计精度在$\pm2$之间的概率不小于0.95,问他至少要从这个小学测量多少个学生?

5.11 某单位共有$n(n>100)$部电话分机,每部电话分机呼叫外线的概率为$p(0<p<1)$.设电话交换台设置了$k(0\leqslant k<n)$条外线.

(1) 试求k条外线全部被占用的概率α;

(2) 若要求外线全被占用的概率不超过α,求应设置的外线条数k.

5.12 生产线上组装每件成品的时间服从指数分布,每件成品的平均组装时间为10分钟,假设各件产品的组装时间互不影响.

(1) 试求组装100件成品需要15到20小时的概率;

(2) 试以95%的概率估计在16个小时之内最多可以组装产品的件数.

5.13 设随机变量X的概率密度函数为

$$f(x)=\begin{cases}\dfrac{x^m}{m!}e^{-x}, & x\geqslant 0,\\ 0, & x<0,\end{cases}$$

其中 m 为正整数. 证明：

$$P\{0<X<2(m+1)\}\geqslant\frac{m}{m+1}.$$

5.14　填空题

(1) 设 $X_1,X_2,\cdots$ 是独立同分布的随机变量列，其中 X_1 的数学期望 $EX_1=\mu$，方差 $DX_1=\sigma^2$. 则当 $n\to\infty$ 时，$Y_n=\dfrac{1}{n}\sum\limits_{i=1}^{n}(X_i-\mu)^2$ 依概率收敛于________.

(2) 设 $X_1,X_2,\cdots$ 是独立同分布的随机变量列，其中 X_1 的数学期望 $EX_1=\mu$，方差 $DX_1=\sigma^2$，则当 $n\to\infty$ 时，$Y_n=\dfrac{1}{n}\sum\limits_{i=1}^{n}X_i^2$ 依概率收敛于________.

5.15　选择题

设 $X_1,X_2,\cdots$ 为独立同分布随机变量序列，且 $X_k(k=1,2,\cdots)$ 服从参数为 λ 的指数分布，则(　　)成立.

(A) $\lim\limits_{n\to\infty}P\left\{\dfrac{\sum\limits_{i=1}^{n}X_i-n\lambda}{\lambda\sqrt{n}}\leqslant x\right\}=\Phi(x)$　　(B) $\lim\limits_{n\to\infty}P\left\{\dfrac{\sum\limits_{i=1}^{n}X_i-n\lambda}{\sqrt{n\lambda}}\leqslant x\right\}=\Phi(x)$

(C) $\lim\limits_{n\to\infty}P\left\{\dfrac{\lambda\sum\limits_{i=1}^{n}X_i-n}{\sqrt{n}}\leqslant x\right\}=\Phi(x)$　　(D) $\lim\limits_{n\to\infty}P\left\{\dfrac{\sum\limits_{i=1}^{n}X_i-\lambda}{\sqrt{n\lambda}}\leqslant x\right\}=\Phi(x)$

第 6 章　样本和抽样分布

前 5 章我们系统介绍了概率论的基本理论、原理与方法，从本章开始，我们来学习数理统计的基本内容.

数理统计学是应用数学的一个分支，它以对随机现象的观测所取得的数据资料为出发点，以概率论的理论为基础来研究随机现象，其目的是对所研究的问题作出某种形式的结论(称为统计推断). 故一般地可以说，数理统计学就是通过收集、整理和分析实验数据以推断随机现象的客观规律性的理论与方法.

随机现象在自然界和人类社会的普遍存在，促进了概率论和数理统计学的产生与发展. 而随着计算机科学技术的巨大进步，数据处理技术不断发展和日益成熟，为数理统计的广泛应用提供了更为广阔的前景. 数理统计学的理论与方法已渗透到社会、经济生活的各个方面，在许多领域得到了越来越多的应用. 数理统计学的内容十分丰富，不过，限于本课程的教学基本要求，我们在这里只能介绍数理统计学的基本内容，即统计推断部分. 在随后的几章中，我们首先介绍基本的统计推断的内容，包括参数估计和假设检验. 然后简要讨论回归分析的理论和应用.

6.1　总体和样本

6.1.1　总体和样本

通常把研究对象的全体称为**总体**，而把组成总体的每个单元称为个体. 例如，在研究某批电视显像管的质量时，这批电视显像管的全体就组成了总体，而其中每个显像管就是个体. 在研究上海市大学生的身高和体重的分布情况时，上海市的全体大学生组成了总体，而上海市的每个大学生是个体. 但是在数理统计中，实际上人们关心的并不是总体中的每个研究对象本身，而仅仅是它的某一项指标或某几项指标 X(可以是向量，一般是数量指标，即使是定性指标，也可以量化)和该指标 X 在总体中的分布情况. 例如，在显像管质量问题的例子中，关心的是这批显像管的寿命 X(反映质量的一个重要指标)这个数量指标而非显像管本身. 就此数量指标而言，每个个体所取的值是不同的. 在试验中，抽取了若干个个体就观察到了 X 的这样或那样的数值. 因而指标变量 X 是一个随机变量. 而 X 的分布就完全描写了总体中我们所关心的那个数量指标的分布情况. 由于我们所关心的正是总体的这一数量指标，因此我们以后就把总体和这个数量指标 X 可能取值的全体组成的集合等同起来. 或者进一步,就把总体与指标变量 X 等同起来,即用 X 来代表总体. 所谓总体的分布也就是指数量指标 X 这个随机变量的分布.

用随机变量来代表总体并引进总体分布这一概念的好处是显而易见的. 如果单看指标值的集合,则总体都可取为$(-\infty,+\infty)$而失掉其特性. 现在可以说,总体的特性由总体分布来刻画. 因此在统计上,常把总体和总体分布视为同义语. 也可根据总体分布的类型来称呼总体,如“正态总体”或“总体 $N(\mu,\sigma^2)$”等.

在数理统计中,总体的分布一般是未知的. 为了了解总体的分布和性质,就必须对总体进行抽样观察. 如果对总体进行了 n 次抽样观察,就得到总体指标 X 的一组数值$(x_1,x_2,\cdots,x_n)$,称之为容量为 n 的一组样本观测值,简称为样本值,其中 x_i 是第 i 次抽样观察的结果. 显然,由于抽样的随机性,如果再抽 n 次,则会得到另外一组观测值;如果不断地重复这一过程,就会得到多组不同的观测值. 就一次具体的抽样观察结果而言,$x_1,x_2,\cdots,x_n$ 是完全确定的一组值,但它又是随各次抽样结果而变的. 因而一般考虑问题时,就不能把它们看成确定的数值,而应看成是 n 个随机变量. 这一点称为样本的“二重性”. 为了明确区分这一点,以后将一组抽象的随机样本用大写字母表示为$(X_1,X_2,\cdots,X_n)$,以区别于一组具体的样本观测值$(x_1,x_2,\cdots,x_n)$. 如上所述,抽取样本的目的是为了对总体进行推断,因而要求抽取的样本能很好地反映总体的特性,这就需要对样本及抽样方法加上一定的限制. 在本课程范围内,要求样本具有以下性质:

(1) **代表性**:对每一次抽样,每个个体都有同样的机会被抽到,即每个 X_i 与总体 X 同分布.

(2) **独立性**:各次抽取结果互不影响,这表示 $X_1,X_2,\cdots,X_n$ 是相互独立的随机变量.

满足以上两个条件的样本称为简单随机样本,其中代表性也称为随机性. 容易了解,如果 n 次抽样观察行动互不影响,即各次抽样观察独立地进行,就可以保证样本具有所谓的独立性;其次,如果从总体中抽取样本时是随机地抽取,即总体中的每个个体有同样的机会进入样本,则样本就具有所谓的代表性. 能够获得简单随机样本的抽样方法称为简单随机抽样. 今后,如不作特别声明,所说的样本均是指简单随机样本. 样本$(X_1,X_2,\cdots,X_n)$所有可能取值的全体称为样本空间,用 $\mathscr{X}^n$ 表示. 而一组样本观测值$(x_1,x_2,\cdots,x_n)$就是样本空间 $\mathscr{X}^n$ 中的一个点.

简单随机抽样相当于概率论中的有放回抽样:当从总体中抽取容量为 n 的样本时,每抽取一个个体观测后立即放回并搅匀,然后再抽取下一个个体. 而无放回抽样得到的样本,严格说来不是简单随机样本,但因为无放回抽样比较方便,实际工作中经常采用. 当总体所含的个体数目 N 很大,而样本容量 n 相对较小(一般是 n/N 不大于 10%)时,无放回抽样就可以近似当作有放回抽样,其样本仍可看成是独立同分布的.

综上所述,我们有如下定义.

定义 6.1 总体 X 是一个有确定分布的随机变量,其分布就称为**总体分布**. 若 $X_1,X_2,\cdots,X_n$ 是 n 个相互独立且与总体 X 同分布的随机变量,则称$(X_1,X_2,\cdots,X_n)$为总体 X 的容量为 n 的**简单随机样本**,简称**样本**. 当$(X_1,X_2,\cdots,X_n)$取定一组常数值$(x_1,x_2,\cdots,x_n)$时,称这组常数值为总体 X 的一组**样本观测值**(或**样本实现**).

下面讨论样本$(X_1,X_2,\cdots,X_n)$的联合分布.

由于样本$(X_1,X_2,\cdots,X_n)$的各分量是相互独立且与总体 X 同分布的,因而样本分布完全决定于总体分布.

设总体 X 的分布函数为 $F(x)$,则样本$(X_1,X_2,\cdots,X_n)$的联合分布函数为

$$F(x_1,x_2,\cdots,x_n)=\prod_{i=1}^{n}P(X_i\leqslant x_i)=\prod_{i=1}^{n}F(x_i). \tag{6.1}$$

若总体 X 是连续型的,其密度函数为 $f(x)$,则样本的联合密度函数为

$$f(x_1,x_2,\cdots,x_n)=\prod_{i=1}^{n}f(x_i). \tag{6.2}$$

若总体 X 是离散型的,分布律为 $p(x)=P(X=x),x\in\{a_k\}$,则样本的联合分布列为

$$\begin{aligned}P_n(x_1,x_2\cdots,x_n)&=P(X_1=x_1,X_2=x_2,\cdots,X_n=x_n)\\&=\prod_{i=1}^{n}P(X_i=x_i)=\prod_{i=1}^{n}p(x_i),\quad x_i\in\{a_k\}.\end{aligned} \tag{6.3}$$

例如,若总体 X 的概率分布列为

$$P(X=x)=p^x(1-p)^{1-x},\quad x=0,1,$$

即总体 X 服从 0-1 分布 $B(1,p)$,则其样本$(X_1,X_2,\cdots,X_n)$的联合分布列为

$$\begin{aligned}P_n(x_1,x_2\cdots,x_n)&=\prod_{i=1}^{n}P(X_i=x_i)\\&=p^{\sum\limits_{i=1}^{n}x_i}(1-p)^{n-\sum\limits_{i=1}^{n}x_i},\quad x_i=0,1,i=1,2,\cdots n.\end{aligned}$$

6.1.2 统计量和样本矩

为了通过样本对总体作出推断,需要对样本进行必要的提炼和加工,以集中和提取与问题有关的信息. 由于样本是多个独立同分布的随机变量,在许多统计推断问题中,往往可以通过构造一个或两个样本的适当的函数就可以解决问题. 对样本的加工处理,同时也起到了“压缩”和“简化”数据(样本观测值)的作用.

定义 6.2 设$(X_1,X_2,\cdots,X_n)$是总体 X 的样本,$g(x_1,x_2,\cdots,x_n)$是 n 元连续

函数，且其中不含有任何未知参数. 则称 $g(X_1, X_2, \cdots, X_n)$ 为**统计量**.

由定义 6.2 可知，统计量是仅与样本 $(X_1, X_2, \cdots, X_n)$ 有关的随机变量. 若 $(x_1, x_2, \cdots, x_n)$ 是样本 $(X_1, X_2, \cdots, X_n)$ 的观测值，则称 $g(x_1, x_2, \cdots, x_n)$ 是统计量 $g(X_1, X_2, \cdots, X_n)$ 的观测值.

最常用的统计量是样本均值、样本方差以及各种类型的样本矩.

(1) **样本均值**

$$\overline{X} = \frac{1}{n}\sum_{i=1}^{n} X_i, \tag{6.4}$$

样本均值的观测值记为 $\overline{x} = \frac{1}{n}\sum_{i=1}^{n} x_i$.

(2) **样本方差**

$$S^2 = \frac{1}{n-1}\sum_{i=1}^{n} (X_i - \overline{X})^2, \tag{6.5}$$

样本方差的观测值记为 $s^2 = \frac{1}{n-1}\sum_{i=1}^{n} (x_i - \overline{x})^2$.

(3) **样本 k 阶原点矩**

$$A_k = \frac{1}{n}\sum_{i=1}^{n} X_i^k, \quad k = 1, 2, \cdots. \tag{6.6}$$

其观测值记为 $a_k = \frac{1}{n}\sum_{i=1}^{n} x_i^k, k = 1, 2, \cdots$.

(4) **样本 k 阶中心矩**

$$M_k = \frac{1}{n}\sum_{i=1}^{n} (X_i - \overline{X})^k, \quad k = 2, 3, \cdots. \tag{6.7}$$

其观测值记为 $m_k = \frac{1}{n}\sum_{i=1}^{n} (x_i - \overline{x})^k, k = 1, 2, \cdots$.

显然，样本一阶原点矩即是样本均值. 直观上，样本均值反映的是样本的中心趋势，样本方差反映的是样本的波动趋势或离散程度. 而实际上，根据第 5 章的大数定律可以证明，样本矩是依概率收敛于相应的总体矩的. 特别地，样本均值依概率收敛于总体均值，样本方差依概率收敛于总体方差(样本二阶中心矩 M_2 也收敛于总体方差). 因此，样本均值刻画了总体(指标)的中心趋势，样本方差刻画了总体(指标)的波动趋势或离散程度.

6.1.3　顺序统计量和经验分布函数

除了样本的各种矩以外，顺序统计量也是常用且重要的统计量.

定义 6.3　设 $(X_1, X_2, \cdots, X_n)$ 是总体 X 的样本，将 $X_1, X_2, \cdots, X_n$ 按照从小

到大的顺序排列，最小的记为 $X_{(1)}$，次小的记为 $X_{(2)}$，…，最大的记为 $X_{(n)}$. 即有

$$X_{(1)} \leqslant X_{(2)} \leqslant \cdots \leqslant X_{(n)}.$$

称$(X_{(1)}, X_{(2)}, \cdots, X_{(n)})$为样本的**顺序统计量**. 每个 $X_{(k)}(k=1,2,\cdots,n)$也称为顺序统计量(或第 k 位顺序统计量)，其中 $X_{(1)}=\min(X_1, X_2, \cdots, X_n)$也称为**样本极小值**，$X_{(n)}=\max(X_1, X_2, \cdots, X_n)$也称为**样本极大值**.

样本中位数定义为

$$m=\begin{cases} X_{\left(\frac{n+1}{2}\right)}, & n \text{ 为奇数}, \\ \dfrac{1}{2}\left(X_{\left(\frac{n}{2}\right)}+X_{\left(\frac{n}{2}+1\right)}\right), & n \text{ 为偶数}. \end{cases} \tag{6.8}$$

样本极差定义为 $R=X_{(n)}-X_{(1)}$.

定义 6.4 设$(X_1, X_2, \cdots, X_n)$是总体 X 的简单随机样本，总体 X 的**经验分布函数**定义为

$$F_n^*(x)=\frac{\#\{X_i \mid X_i \leqslant x\}}{n},$$

即在样本分量 $X_1, X_2, \cdots, X_n$ 中，落在点 x 处或其左方的个数，其中$\#\{\ \}$表示集合$\{\ \}$中的元素个数. 利用顺序统计量$(X_{(1)}, X_{(2)}, \cdots, X_{(n)})$可将经验分布函数改写成下列等价的形式：

$$F_n^*(x)=\begin{cases} 0, & x<X_{(1)}, \\ \dfrac{k}{n}, & X_{(k)} \leqslant x<X_{(k+1)}, \\ 1, & x \geqslant X_{(n)}. \end{cases} \tag{6.9}$$

易见 $F_n^*(x)$适合单调性、规范性($F_n^*(-\infty)=0, F_n^*(+\infty)=1$)和右连续性，即经验分布函数满足一般分布函数所具有的一切性质. 由于经验分布函数 $F_n^*(x)$与样本$(X_1, X_2, \cdots, X_n)$有关，因此它也是随机变量. 利用贝努利大数定律可以证明，对任一 $\varepsilon>0$，有

$$\lim_{n \to \infty} P\{\mid F_n^*(x)-F(x) \mid \geqslant \varepsilon\}=0,$$

即对任意的 x，经验分布函数 $F_n^*(x)$依概率收敛于总体分布函数 $F(x)$. 实际上，格列汶科(W. Glivenke)在 1933 年证明了，上述收敛不受 x 取值的影响，即对于 x 具有一致性. 我们不加证明地叙述这一结果.

定理 6.1(格列汶科定理) 当样本容量 $n \to \infty$时，经验分布函数 $F_n^*(x)$以概率 1 关于 x 一致收敛于总体分布函数 $F(x)$，即

$$P\{\lim_{n \to \infty} \sup_{x \in R} \mid F_n^*(x)-F(x) \mid=0\}=1. \tag{6.10}$$

由格列汶科定理，当样本容量 n 充分大时，经验分布函数 $F_n^*(x)$ 是总体分布函数 $F(x)$ 的很好的近似. 这也是从总体中抽取的简单随机样本能够用以对总体进行良好的统计推断的依据.

6.2　抽样分布

6.2.1　χ^2 分布

定义 6.5　设随机变量 $U_1, U_2, \cdots, U_n$ 相互独立，且均服从标准正态分布 $N(0,1)$，则称随机变量

$$X = U_1^2 + U_2^2 + \cdots + U_n^2 \tag{6.11}$$

的分布为自由度为 n 的 χ^2 分布，记为 $\chi^2(n)$. 即 $X \sim \chi^2(n)$.

根据上述定义可以导出，$\chi^2(n)$ 分布的概率密度函数为

$$\chi^2(x;n) = \begin{cases} \dfrac{1}{2^{n/2}\Gamma(n/2)} x^{\frac{n}{2}-1} e^{-\frac{x}{2}}, & x \geqslant 0, \\ 0, & x < 0 \end{cases} \tag{6.12}$$

其中 $\Gamma\left(\dfrac{n}{2}\right)$ 是高等数学中 Γ 函数 $\Gamma(\alpha) = \int_0^{+\infty} x^{\alpha-1} e^{-x} dx$ 在 $\alpha = \dfrac{n}{2}$ 处的值. 推导过程从略(参考文献[5]). 密度函数 $\chi^2(x, n)$ 的图形如图 6.1 所示.

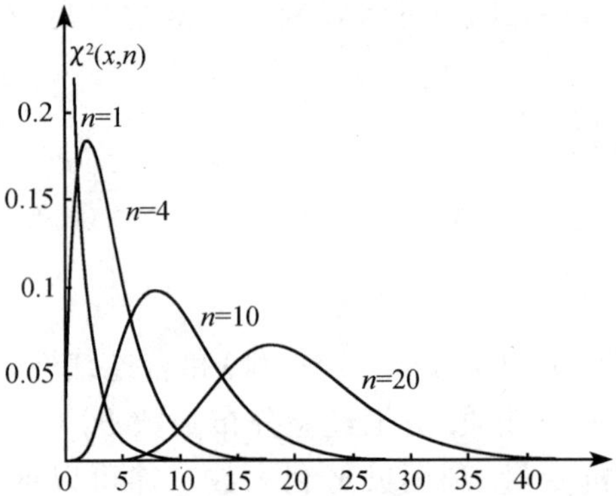

图 6.1　$\chi^2(n)$ 分布的概率密度曲线

$\chi^2(n)$ 分布的自由度 n 是分布的参数，它表示参与平方和运算的独立标准正态随机变量的个数. 图 6.1 中给出了当分布参数 $n=1,4,10,20$ 时的概率密度曲线. 从图 6.1 中可以看出，$n=20$ 的密度曲线比 $n=10$ 的密度曲线更接近对称. 事实上，参数 n 越大，密度曲线越趋于对称. 因为当参数 $n \to \infty$ 时，$\chi^2(n)$ 分布的渐近分布是正态分布(见下面性质(3)).

χ^2 分布的性质：

(1) 若 $X \sim \chi^2(n)$，则 $EX = n, DX = 2n$.

事实上，由于 $U_i \sim N(0,1)$，得 $EU_i^2 = 1, DU_i^2 = 2, i = 1, 2, \cdots, n$. 再由(6.11)式可得结果.

(2) 可加性：设随机变量 X 与 Y 相互独立，且 $X \sim \chi^2(m), Y \sim \chi^2(n)$，则 $X+$

$Y \sim \chi^2(m+n)$.

从定义 6.5 不难看出这一结论的正确性.

(3) 设 $X \sim \chi^2(n)$,则当 $n \to \infty$ 时,$\sqrt{2X}$ 的渐近分布为 $N(\sqrt{2n-1},1)$.

性质(3)的证明超出了本课程的教学要求,故从略.

定义 6.6 设 $F(x)$ 为某随机变量 ξ 的分布函数,对于给定的 $\alpha(0<\alpha<1)$,称满足

$$P(\xi > x_\alpha) = 1 - F(x_\alpha) = \alpha$$

的 x_α 为分布 $F(x)$ 的上侧 α **分位数**或**分位点**,或上侧 $100\alpha\%$ 分位点.

$\chi^2(n)$ 分布的上侧 α 分位点记为 $\chi^2_\alpha(n)$(图 6.2).当 $n \leqslant 45$ 时,上侧 α 分位点 $\chi^2_\alpha(n)$ 由附表 5 给出;而当 $n>45$ 时,$\chi^2_\alpha(n)$ 可利用由性质(3)导出的近似分位点公式算出:

$$\chi^2_\alpha(n) \approx \frac{1}{2}(u_\alpha + \sqrt{2n-1})^2, \tag{6.13}$$

其中 u_α 是标准正态分布 $N(0,1)$ 的上侧 α 分位点,其值由附表 2 给出.

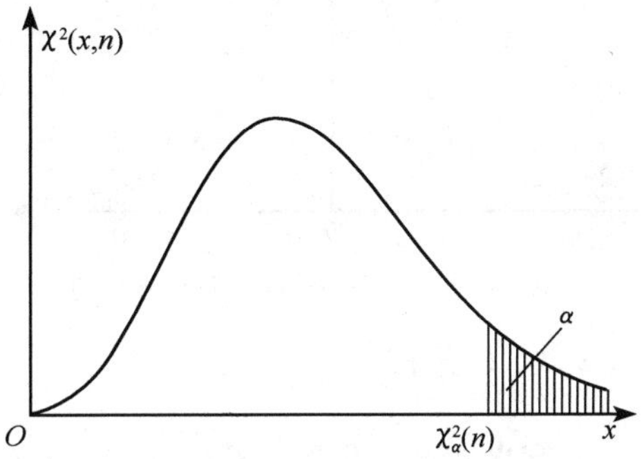

图 6.2 $\chi^2(n)$ 分布的上侧 α 分位点

6.2.2 t 分布

定义 6.7 设 $U \sim N(0,1)$,$Y \sim \chi^2(n)$,且 U 与 Y 相互独立,则称随机变量

$$T = \frac{U}{\sqrt{Y/n}} \tag{6.14}$$

的分布为自由度是 n 的 t 分布,记为 $t(n)$.即 $T \sim t(n)$.

可以导出,$t(n)$ 分布的概率密度函数为

$$t(x;n) = \frac{\Gamma((n+1)/2)}{\sqrt{n\pi}\,\Gamma(n/2)}\left(1+\frac{x^2}{n}\right)^{-\frac{n+1}{2}}, \quad -\infty < x < +\infty. \tag{6.15}$$

推导过程从略(见参考文献[5]).其图形如图 6.3 所示.

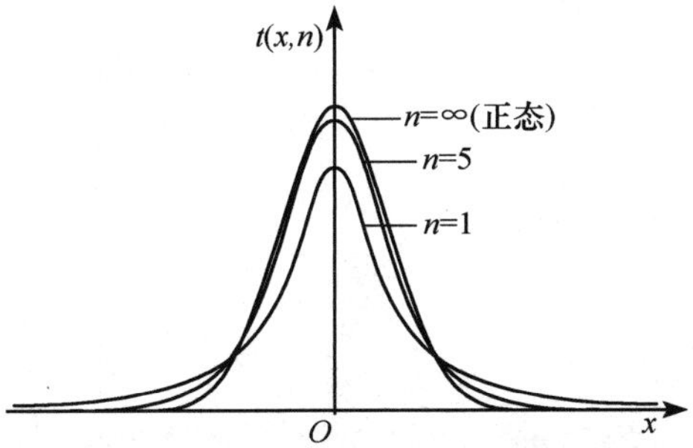

图 6.3 $t(n)$ 分布的概率密度曲线

t 分布的性质:

(1) t 分布的密度函数 $t(x;n)$ 是偶函数,即对任意的 $x \in \mathbf{R}$,有 $t(-x;n)=$

$t(x;n)$.

(2) $\lim\limits_{n\to\infty}t(x;n)=\phi(x)=\dfrac{1}{\sqrt{2\pi}}\mathrm{e}^{-\frac{x^2}{2}}$. 证明见参考文献[6].

由性质(2)可以得到 t 分布的渐近正态性:若 $T\sim t(n)$,则当 $n\to\infty$ 时,T 的渐近分布为 $N(0,1)$.

$t(n)$分布的自由度 n 是分布的参数. 图 6.3 中画出了 t 分布当参数 $n=1,5$ 的密度函数曲线,以及标准正态分布的密度函数曲线. 可以看出,t 分布的密度函数关于 y 轴对称. 当参数 $n\to\infty$ 时,$t(n)$分布的密度曲线 $t(x,n)$越来越接近标准正态分布的密度曲线 $\phi(x)$.

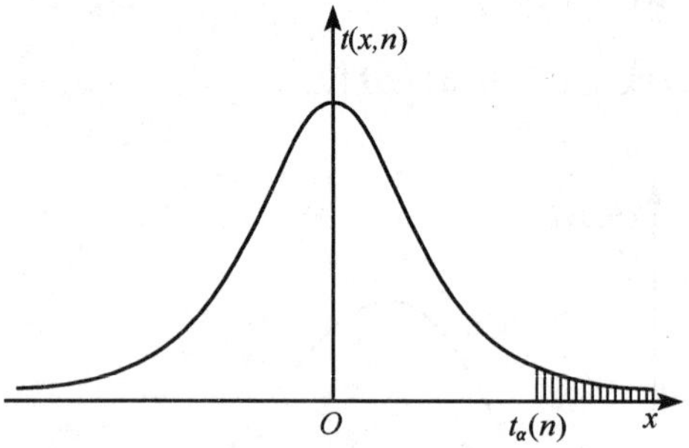

图 6.4　$t(n)$分布的上侧 α 分位点

$t(n)$分布的上侧 α 分位点记为 $t_\alpha(n)$ (图 6.4). 当 $n\leqslant 45$ 时,上侧 α 分位点 $t_\alpha(n)$由附表 6 给出;而当 $n>45$ 时,由性质(2)可知,$t_\alpha(n)\approx u_\alpha$,其中 u_α 是标准正态分布 $N(0,1)$的上侧 α 分位点.

6.2.3　F 分布

定义 6.8　设 $X\sim\chi^2(m)$,$Y\sim\chi^2(n)$,且 X 与 Y 相互独立,则称随机变量

$$F=\frac{X/m}{Y/n} \tag{6.16}$$

的分布为自由度是 m,n 的 F 分布,记为 $F(m,n)$. 即 $F\sim F(m,n)$.

可以导出,$F(m,n)$分布的概率密度函数为

$$f(x;m,n)=\begin{cases}\dfrac{\Gamma\left(\dfrac{m+n}{2}\right)}{\Gamma\left(\dfrac{m}{2}\right)\Gamma\left(\dfrac{n}{2}\right)}\left(\dfrac{m}{n}\right)\left(\dfrac{m}{n}x\right)^{\frac{m}{2}-1}\left(1+\dfrac{m}{n}x\right)^{-\frac{m+n}{2}}, & x>0,\\ 0, & x\leqslant 0.\end{cases}$$

推导过程从略(见参考文献[5]).

F 分布的性质:

(1) 倒数不变性:若 $F\sim F(m,n)$,则$\dfrac{1}{F}\sim F(n,m)$.

这由 F 分布的定义可以看出.

(2) 与 t 分布的关系:若 $T\sim t(n)$,则 $T^2\sim F(1,n)$.

事实上,因 $T\sim t(n)$,故可设 $T=\dfrac{U}{\sqrt{Y/n}}$,其中 $U\sim N(0,1)$,$Y\sim\chi^2(n)$,且 U

与 Y 相互独立. 显然有 $U^2 \sim \chi^2(1)$，且 U^2 与 Y 相互独立. 故根据 F 分布的定义有，$T^2=\frac{U^2/1}{Y/n}\sim F(1,n)$.

(3) 分位点公式：$F_{1-\alpha}(m,n)=\frac{1}{F_\alpha(n,m)}$，其中 $F_\alpha(n,m)$ 表示 F 分布 $F(n,m)$ 的上侧 α 分位点.

这个公式可由性质(1)导出，留给读者作为练习.

F 分布 $F(m,n)$ 的自由度 m,n 是分布的两个参数. 图 6.5 中画出了 F 分布当参数 $m=10,n=5$ 以及 $m=10,n=25$ 的密度函数的图形. 图 6.6 是 F 分布的上侧 α 分位点示意图.

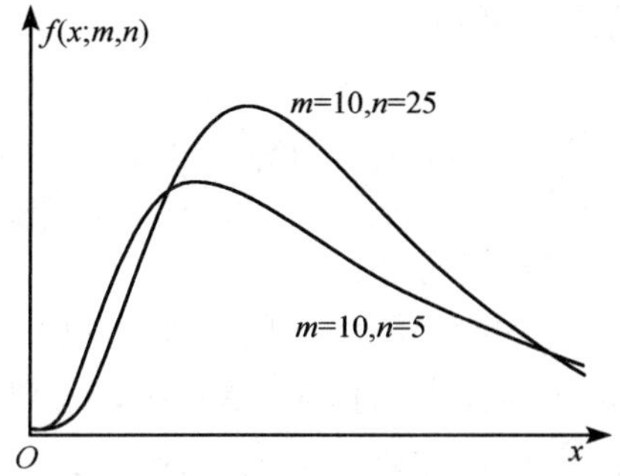

图 6.5 F 分布的概率密度曲线

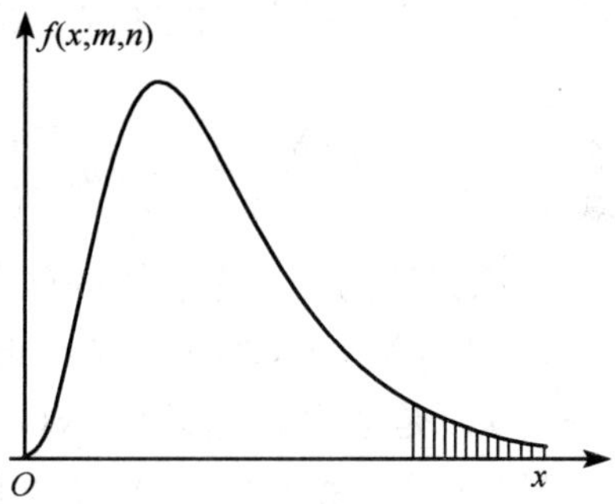

图 6.6 F 分布的上侧 α 分位点

书末附表 7 给出了 F 分布的上侧 α 分位点数值，其中的 α 都较小. 若要求对于较大的 α 的上侧分位点，则需要根据性质(3)中给出的公式换算. 例如，要求 F 分布 $F(15,10)$ 的上侧 95% 分位点，从附表 6 中查不到. 应从附表 6 中先查得 $F_{0.05}(10,15)=2.54$. 从而得

$$F_{0.95}(15,10)=\frac{1}{F_{0.05}(10,15)}=\frac{1}{2.54}=0.3937.$$

6.2.4 正态总体统计量的抽样分布

首先讨论从单个正态总体中抽取样本后样本均值和样本方差的分布.

定理 6.2(正态总体统计量的抽样分布定理) 设 $(X_1,X_2,\cdots,X_n)$ 是取自正态总体 $N(\mu,\sigma^2)$ 的容量为 n 的样本，则

(1) $\overline{X}\sim N\left(\mu,\frac{\sigma^2}{n}\right)$；

(2) $\frac{(n-1)S^2}{\sigma^2}\sim\chi^2(n-1)$；

(3) $\overline{X}$ 与 S^2 相互独立.

证明　(1) 由于 $X_1, X_2, \cdots, X_n$ 相互独立，服从同一分布 $N(\mu, \sigma^2)$，根据第 3 章的理论可知，它们的线性组合 $\overline{X} \sim N\left(\mu, \frac{\sigma^2}{n}\right)$.

(2)与(3)的证明超出了本课程的要求. 有兴趣的读者见参考文献[5].

推论 1　$\sqrt{n}\frac{\overline{X}-\mu}{\sigma} \sim N(0,1)$.

推论 2　$\sqrt{n}\frac{\overline{X}-\mu}{S} \sim t(n-1)$.

证明　根据定理 6.2(2)得到 $\frac{(n-1)S^2}{\sigma^2} \sim \chi^2(n-1)$. 又由定理 6.2(3)可得，$\sqrt{n}\frac{\overline{X}-\mu}{\sigma}$ 与 $\frac{(n-1)S^2}{\sigma^2}$ 相互独立. 所以由 t 分布的定义可知

$$\sqrt{n}\,\frac{\overline{X}-\mu}{S} = \sqrt{n}\,\frac{\overline{X}-\mu}{\sigma}\bigg/\sqrt{\frac{(n-1)S^2/\sigma^2}{(n-1)}} \sim t(n-1).$$

下面讨论两个正态总体的样本的均值差和方差比的分布.

设 $(X_1, X_2, \cdots, X_m)$ 是取自正态总体 $N(\mu_1, \sigma_1^2)$ 的容量为 m 的样本，设 $(Y_1, Y_2, \cdots, Y_n)$ 是取自正态总体 $N(\mu_2, \sigma_2^2)$ 的容量为 n 的样本，且 $(X_1, X_2, \cdots, X_m)$ 与 $(Y_1, Y_2, \cdots, Y_n)$ 相互独立. 样本均值分别记为 $\overline{X}, \overline{Y}$. 样本方差分别记为 S_1^2, S_2^2.

推论 3　$\frac{S_1^2/\sigma_1^2}{S_2^2/\sigma_2^2} \sim F(m-1, n-1)$.

证明　从定理 6.2 的结论(2)得 $\frac{(m-1)S_1^2}{\sigma_1^2} \sim \chi^2(m-1)$，$\frac{(n-1)S_2^2}{\sigma_2^2} \sim \chi^2(n-1)$. 又显然 $\frac{(m-1)S_1^2}{\sigma_1^2}$ 与 $\frac{(n-1)S_2^2}{\sigma_2^2}$ 相互独立. 所以由 F 分布的定义可知

$$\frac{S_1^2/\sigma_1^2}{S_2^2/\sigma_2^2} = \frac{\dfrac{(m-1)S_1^2/\sigma_2^2}{m-1}}{\dfrac{(n-1)S_2^2/\sigma_2^2}{n-1}} \sim F(m-1, n-1).$$

推论 4　$\frac{(\overline{X}-\overline{Y})-(\mu_1-\mu_2)}{\sqrt{\frac{\sigma_1^2}{m}+\frac{\sigma_2^2}{n}}} \sim N(0,1)$.

证明　由定理 6.2 的结论(1)得 $\overline{X} \sim N\left(\mu_1, \frac{\sigma_1^2}{m}\right)$，$\overline{Y} \sim N\left(\mu_2, \frac{\sigma_2^2}{n}\right)$. 又显然 $\overline{X}$ 与 $\overline{Y}$ 独立. 故由正态分布性质得

$$\overline{X}-\overline{Y} \sim N\left(\mu_1-\mu_2, \frac{\sigma_1^2}{m}+\frac{\sigma_2^2}{n}\right).$$

由此可得结论.

推论 5 随机变量 $\overline{X},S_1^2,\overline{Y},S_2^2$ 相互独立.

证明 由于样本$(X_1,X_2,\cdots,X_m)$与$(Y_1,Y_2,\cdots,Y_n)$独立,所以随机向量$(\overline{X},S_1^2)$与$(\overline{Y},S_2^2)$独立. 于是对任意的实数 x,y,z,t,有

$$\begin{aligned}&P(\overline{X}\leqslant x,S_1^2\leqslant y;\overline{Y}\leqslant z,S_2^2\leqslant t)\\&=P(\overline{X}\leqslant x,S_1^2\leqslant y)P(\overline{Y}\leqslant z,S_2^2\leqslant t).\end{aligned}$$

再由定理 6.2 之(3),$\overline{X}$ 与 S_1^2 独立,$\overline{Y}$ 与 S_2^2 独立,即有

$$P(\overline{X}\leqslant x,S_1^2\leqslant y)=P(\overline{X}\leqslant x)P(S_1^2\leqslant y),$$
$$P(\overline{Y}\leqslant z,S_2^2\leqslant t)=P(\overline{Y}\leqslant z)P(S_2^2\leqslant t).$$

于是有

$$\begin{aligned}&P(\overline{X}\leqslant x,S_1^2\leqslant y,\overline{Y}\leqslant z,S_2^2\leqslant t)\\&=P(\overline{X}\leqslant x)P(S_1^2\leqslant y)P(\overline{Y}\leqslant z)P(S_2^2\leqslant t),\end{aligned}$$

即 $\overline{X},S_1^2,\overline{Y},S_2^2$ 相互独立.

推论 6 当 $\sigma_1^2=\sigma_2^2=\sigma^2$ 时

$$\frac{(\overline{X}-\overline{Y})-(\mu_1-\mu_2)}{S_w\sqrt{\dfrac{1}{m}+\dfrac{1}{n}}}\sim t(m+n-2),$$

其中 $S_w=\sqrt{\dfrac{(m-1)S_1^2+(n-1)S_2^2}{m+n-2}}$称为**混合样本标准差**.

证明 由于 $\sigma_1^2=\sigma_2^2$,即两个正态总体的方差相同,用 σ^2 表示共同的方差. 则推论 4 的结论变成

$$\frac{(\overline{X}-\overline{Y})-(\mu_1-\mu_2)}{\sigma\sqrt{\dfrac{1}{m}+\dfrac{1}{n}}}\sim N(0,1).$$

而由定理 6.2 可知,$\dfrac{(m-1)S_1^2}{\sigma^2}\sim\chi^2(m-1)$,$\dfrac{(n-1)S_2^2}{\sigma^2}\sim\chi^2(n-1)$. 又显然 S_1^2 与 S_2^2 独立,故由χ^2分布的可加性有

$$\frac{(m+n-2)S_w^2}{\sigma^2}=\frac{(m-1)S_1^2+(n-1)S_2^2}{\sigma^2}\sim\chi^2(m+n-2).$$

由推论 5 可知,$(\overline{X},\overline{Y})$与 S_w^2 相互独立,所以 $\overline{X}-\overline{Y}$ 与 S_w^2 相互独立. 于是根据 t 分布的定义可知

$$\frac{(\overline{X}-\overline{Y})-(\mu_1-\mu_2)}{S_w\sqrt{\dfrac{1}{m}+\dfrac{1}{n}}}=\frac{\dfrac{(\overline{X}-\overline{Y})-(\mu_1-\mu_2)}{\sigma\sqrt{\dfrac{1}{m}+\dfrac{1}{n}}}}{\sqrt{\dfrac{(m+n-2)S_w^2/\sigma^2}{m+n-2}}}\sim t(m+n-2).$$

6.2.5 样本极大值与样本极小值的分布

设$(X_1, X_2, \cdots, X_n)$是取自总体 X 的容量为 n 的样本，总体 X 的分布函数为 $F(x)$，密度函数为 $f(x)$. 则样本最大值 $X_{(n)}$(即最大顺序统计量)的分布函数为

$$\begin{aligned}F_n(x) &= P\{X_{(n)} \leqslant x\} = P\{X_1 \leqslant x, X_2 \leqslant x, \cdots, X_n \leqslant x\} \\ &= P\{X_1 \leqslant x\}P\{X_2 \leqslant x\}\cdots P\{X_n \leqslant x\} = [F(x)]^n,\end{aligned}$$

即

$$F_n(x) = P\{X_{(n)} \leqslant x\} = [F(x)]^n. \tag{6.17}$$

从而 $X_{(n)}$ 的密度函数为

$$f_n(x) = n[F(x)]^{n-1} f(x). \tag{6.18}$$

同理，样本最小值 $X_{(1)}$(即最小顺序统计量)的分布函数为

$$\begin{aligned}F_1(x) &= P\{X_{(1)} \leqslant x\} = 1 - P\{X_1 > x, X_2 > x, \cdots, X_n > x\} \\ &= 1 - P\{X_1 > x\}P\{X_2 > x\}\cdots P\{X_n > x\} = 1 - [1 - F(x)]^n,\end{aligned}$$

即

$$F_1(x) = P\{X_{(1)} \leqslant x\} = 1 - [1 - F(x)]^n, \tag{6.19}$$

从而 $X_{(1)}$ 的密度函数为

$$f_1(x) = n[1 - F(x)]^{n-1} f(x). \tag{6.20}$$

例 6.1　设总体 $X \sim N(0, 0.5^2)$，$(X_1, X_2, \cdots, X_{16})$是总体 X 的容量为 16 的样本. 试确定正常数 c 的范围，使得 $P\left\{\sum_{i=1}^{16} X_i^2 < c\right\} \leqslant 0.99$.

解　由χ^2分布定义可知 $\xi = \sum_{i=1}^{16}\left(\frac{X_i}{0.5}\right)^2 \sim \chi^2(16)$，故

$$P\left\{\sum_{i=1}^{16} X_i^2 < c\right\} = P\left\{\sum_{i=1}^{16}\frac{X_i^2}{0.25} < 4c\right\} = P\{\xi < 4c\}.$$

依题意，要求 $P\{\xi < 4c\} \leqslant 0.99$. 等价于 $P\{\xi \geqslant 4c\} \geqslant 0.01$. 查自由度为 16 的$\chi^2$分布的上侧分位数表(附表 5)得，$4c \leqslant \chi^2_{0.01}(16) = 32.0$. 从而正常数 c 的范围是 $0 < c \leqslant 8.0$.

例 6.2　设 $\overline{X}_1$ 与 $\overline{X}_2$ 分别是取自正态总体 $N(\mu, \sigma^2)$的容量为 n 的两个独立的样本的样本均值，试确定最小样本容量 n，使得两个样本均值之差的绝对值超过总体标准差 σ 的概率小于 0.01.

解　由定理 6.2，$\overline{X}_1 \sim N\left(\mu, \frac{\sigma^2}{n}\right)$，$\overline{X}_2 \sim N\left(\mu, \frac{\sigma^2}{n}\right)$. 显然 $\overline{X}_1$ 与 $\overline{X}_2$ 独立，所以

$\overline{X}_1-\overline{X}_2 \sim N\left(0,\frac{2\sigma^2}{n}\right)$. 若令 $U=\sqrt{\frac{n}{2}}\frac{\overline{X}_1-\overline{X}_2}{\sigma}$,则 $U\sim N(0,1)$. 于是

$$P\{|\overline{X}_1-\overline{X}_2|>\sigma\}=P\left\{\sqrt{\frac{n}{2}}\frac{|\overline{X}_1-\overline{X}_2|}{\sigma}>\sqrt{\frac{n}{2}}\right\}$$
$$=\left\{|U|>\sqrt{\frac{n}{2}}\right\}=2\left[1-\Phi\left(\sqrt{\frac{n}{2}}\right)\right].$$

依题意,要求 $P\{|\overline{X}_1-\overline{X}_2|>\sigma\}<0.01$,由此易得 $\Phi(\sqrt{n/2})>0.995$. 查表得,$\sqrt{n/2}>2.575$,$n>13.2$. 从而符合条件的最小样本容量为 14.

例 6.3　设$(X_1,X_2,\cdots,X_n,X_{n+1})$是正态总体 $N(\mu,\sigma^2)$的容量为 $n+1$ 的样本,记 $\overline{X}_n=\frac{1}{n}\sum_{i=1}^{n}X_i$, $\widetilde{S}_n^2=\frac{1}{n}\sum_{i=1}^{n}(X_i-\overline{X}_n)^2$. 试求下列统计量的分布:

$$T=\sqrt{\frac{n-1}{n+1}}\frac{X_{n+1}-\overline{X}_n}{\widetilde{S}_n}.$$

解　因 $X_{n+1}\sim N(\mu,\sigma^2)$,$\overline{X}_n\sim N\left(\mu,\frac{\sigma^2}{n}\right)$,而 X_{n+1} 与 $\overline{X}_n$ 独立,从而得到 $X_{n+1}-\overline{X}_n\sim N\left(0,\frac{n+1}{n}\sigma^2\right)$. 故

$$\sqrt{\frac{n}{n+1}}\frac{X_{n+1}-\overline{X}_n}{\sigma}\sim N(0,1).$$

由定理 6.2 可知,$\frac{n\widetilde{S}_n^2}{\sigma^2}\sim\chi^2(n-1)$,且 $\overline{X}_n$ 与 $\widetilde{S}_n^2$ 独立. 又显然$(\overline{X}_n,\widetilde{S}_n^2)$与 X_{n+1} 独立. 从而 X_{n+1},$\overline{X}_n$,$\widetilde{S}_n^2$ 相互独立. 由此可得 $X_{n+1}-\overline{X}_n$ 与 $\widetilde{S}_n^2$ 独立. 于是根据 t 分布的定义得

$$T=\sqrt{\frac{n-1}{n+1}}\frac{X_{n+1}-\overline{X}_n}{\widetilde{S}_n}=\sqrt{\frac{n}{n+1}}\frac{X_{n+1}-\overline{X}_n}{\sigma}\Big/\sqrt{\frac{n\widetilde{S}_n^2/\sigma^2}{n-1}}\sim t(n-1).$$

习　题　6

6.1　设$(X_1,X_2,\cdots,X_n)$是取自总体 X 的简单随机样本,总体 $X\sim B(1,p)$,其中 $p(0<p<1)$是未知参数.

(1) 写出 $n=5$ 时的可能的样本的集合(样本空间)以及样本的联合概率分布.

(2) 指出以下的随机变量中哪些是统计量,哪些不是统计量:

$$X_1+X_3,\quad \min(X_1,\cdots,X_n),\quad X_1+2p(X_5-X_2),\quad X_1+EX.$$

(3) 如果样本观测值为 0,1,0,1,1,求样本均值与样本方差.

6.2　设总体 $X\sim N(\mu,\sigma^2)$,其中 σ^2 已知,而 μ 未知. (X_1,X_2,X_3,X_4)是总体 X 的容量为 4

的简单随机样本.

(1) 写出可能的样本的集合(样本空间)以及样本的联合概率分布.

(2) 指出以下的随机变量中哪些是统计量,哪些不是统计量:

$$X_1 + X_4,\quad \max(X_1,\cdots,X_4),\quad \mu(X_4 - X_2),\quad \sum_{i=1}^{4}\frac{X_i}{\sigma}.$$

6.3　设−2.8,−1,1.5,1.5,3.4 是总体 X 的容量为 5 的样本观测值,试求样本中位数、样本极差与样本的经验分布函数.

6.4　设$(X_1,X_2,\cdots,X_n)$是来自总体 $X\sim P(\lambda)$的简单随机样本,$EX=\mu$,$DX=\sigma^2$.$\overline{X}$ 和 S^2 是样本均值和样本方差.

(1) 计算 $E(\overline{X})$,$D(\overline{X})$和 $E(S^2)$;

(2) 求样本均值 $\overline{X}$ 的概率分布.

6.5　设总体 $X\sim N(\mu,4)$,从总体中抽取容量为 4 的样本,问样本均值 $\overline{X}$ 与总体均值之差小于 0.1 的概率是多少?若从总体中分别抽取容量为 9 和 16 的两个相互独立的样本,求两样本均值之差的绝对值小于 0.2 的概率.

6.6　设$(X_1,X_2,\cdots,X_n)$是正态总体 $N(\mu,16)$的样本,S^2 是样本方差,样本容量 $n=9$. 试确定常数 c,使得 $P(S^2\leqslant 2c)=0.95$.

6.7　设$(X_1,X_2,\cdots,X_n)$为正态总体 $X\sim N(\mu,\sigma^2)$的容量为 16 的样本,求在样本标准差为 2.4 的样本中,满足 $P(|\overline{X}-\mu|<\Delta)\geqslant 0.95$ 的最小的 Δ.

6.8　设$(X_1,X_2,\cdots,X_8)$与$(Y_1,Y_2,\cdots,Y_{10})$分别是取自总体 $X\sim N(a,20)$与 $Y\sim N(b,35)$的相互独立的简单随机样本,S_1^2 与 S_2^2 分别是总体 X 与 Y 的样本方差. 求 $P(S_1^2\geqslant 1.88S_2^2)$.

6.9　设 $X_1,X_2,\cdots,X_6$ 为总体 $N(0,1)$的样本,试确定常数 c,使随机变量

$$Y = c[(X_1 + X_2 + X_3)^2 + (X_4 + X_5 + X_6)^2]$$

服从χ^2分布,并指出分布的自由度.

6.10　设$(X_1,X_2,\cdots,X_n)$是正态总体 $N(\mu,\sigma^2)$的样本,样本容量 $n=16$. $\overline{X}$ 与 S^2 分别是样本均值和样本方差,试确定常数 K,使得 $P=\{\overline{X}>\mu+KS\}=0.10$.

6.11　设$(X_1,X_2,\cdots,X_{2n})$是取自正态总体 $N(0,\sigma^2)$的简单随机样本,试求下列统计量的分布:

(1) $Y_1=\dfrac{X_1+X_3+\cdots+X_{2n-1}}{\sqrt{X_2^2+X_4^2+\cdots+X_{2n}^2}}$;

(2) $Y_2=\dfrac{X_1^2+X_3^2+\cdots+X_{2n-1}^2}{X_2^2+X_4^2+\cdots+X_{2n}^2}$.

6.12　设$(X_1,X_2,\cdots,X_{2n})$是取自正态总体 $N(0,\sigma^2)$的简单随机样本,试求下列统计量的分布:

$$Y_1 = \frac{1}{n\sigma^2}\Big(\sum_{i=1}^{n}X_{2i-1}\Big)^2 + \frac{1}{\sigma^2}\sum_{i=1}^{n}X_{2i}^2.$$

6.13　设$(X_1,X_2,\cdots,X_n)$是取自均匀分布总体 $U(0,\theta)$的样本.

(1) 求总体的分布函数 $F(x)$;

(2) 求样本极大值 $X_{(n)}$ 和样本极小值 $X_{(1)}$ 的密度函数;

(3) 求样本极大值 $X_{(n)}$ 和样本极小值 $X_{(1)}$ 的数学期望.

6.14　从总体 X 中分别抽取两个相互独立的样本,其样本容量分别为 n_1 和 n_2. 计算得到它们的样本均值分别为 $\overline{X}_1$ 和 $\overline{X}_2$,样本方差分别为 S_1^2 和 S_2^2. 把这两个样本合并成一个容量为 n_1+n_2 的联合样本. 证明:

(1) 联合样本的样本均值

$$\overline{X}=\frac{n_1\overline{X}_1+n_2\overline{X}_2}{n_1+n_2};$$

(2) 联合样本的样本方差

$$S^2=\frac{n_1S_1^2+n_2S_2^2}{n_1+n_2}+\frac{n_1n_2}{(n_1+n_2)^2}(\overline{X}_1-\overline{X}_2)^2.$$

第7章 参数估计

从本章开始介绍数理统计的基本内容——统计推断，也就是利用从总体中取得的样本，对总体的未知属性进行统计分析. 最常见的统计推断问题包括参数估计和假设检验两类. 本章讨论参数估计问题.

我们知道，总体的统计规律是由总体分布给出的，因此统计推断的任务就是要由样本来推断总体的分布规律. 在实际问题中，有时总体分布函数的形式是已知的，要估计的仅仅是总体分布中的一个或几个未知参数，这是典型的参数估计问题. 例如，若总体 X 的分布已知为 $N(\mu,\sigma^2)$，其中 μ 与 σ^2 均未知，则 μ 与 σ^2(也可说是 σ)都是未知参数，都需要通过样本进行估计. 而如果其中 σ^2 已知，只有 μ 未知，则只需要通过样本作出未知参数 μ 的估计即可. 又如，若总体 X 的分布为二项分布 $B(n,p)$，其中 n 已知，p 未知，则 p 为未知参数，需要由样本进行估计. 对于不知道总体分布函数具体形式的情况，相应的统计推断问题一般就属于非参数统计的范畴，相应的总体分布的估计问题也就是非参数估计问题. 有时，虽然总体分布的具体形式未知，但问题仅仅是要估计总体分布的某些数字特征(如期望、方差等)，这时也可把问题作为参数估计问题处理.

参数估计的具体形式有两种：一种是用一个数量作为某个参数的估计，这种估计称为**点估计**；另一种是用一个区间作为参数的可能存在的范围的估计，这种形式的估计称为**区间估计**. 本章前两节首先介绍点估计的内容，有关区间估计的讨论将在最后一节给出.

7.1 矩估计和极大似然估计

定义 7.1 设 θ 为总体分布的未知参数(或某个数字特征)，用样本 $(X_1,X_2,\cdots,X_n)$ 的一个统计量 $\hat{\theta}=\hat{\theta}(X_1,X_2,\cdots,X_n)$ 来估计 θ，则称统计量 $\hat{\theta}=\hat{\theta}(X_1,X_2,\cdots,X_n)$ 为参数 θ 的**估计量**，简记为 $\hat{\theta}$. 将样本的观测值 $(x_1,x_2,\cdots,x_n)$ 代入估计量 $\hat{\theta}=\hat{\theta}(X_1,X_2,\cdots,X_n)$ 得 $\hat{\theta}=\hat{\theta}(x_1,x_2,\cdots,x_n)$，它称为参数 θ 的一个**估计值**. 在不致混淆的情况下，估计值仍简记为 $\hat{\theta}$. 显然，估计量是随机变量，因此对于样本的不同观测值，θ 的估计值一般也是不同的.

构造未知参数的估计量的方法很多，本节介绍其中最常用的两种：矩估计与极大似然估计.

7.1.1　矩估计

矩估计最初是由英国统计学家皮尔逊(Pearson)于1900年提出的，其实质是用经验分布函数去替换总体分布函数，相应的理论基础为Glivenko定理(定理6.1). 矩估计的原理是用样本的矩来替换总体的相应阶的矩，进而用样本的矩的连续函数来替换总体的矩的同一函数. 这是因为待估参数通常是总体的矩的某个连续函数，而根据大数定律，样本矩的任何连续函数都(依概率)收敛于总体矩的同一函数，因此大数定律保证了这种替换的合理性.

设总体 X 的分布函数为 $F(x;\theta)$，其中 $\theta=(\theta_1,\theta_2,\cdots,\theta_m)$ 为未知参数(向量). 若总体 X 存在直到 m 阶的矩，易见总体的各阶原点矩都是参数的函数，即

$$E[X^k]=\alpha_k(\theta_1,\theta_2,\cdots,\theta_m),\quad 1\leqslant k\leqslant m. \tag{7.1}$$

设 $(X_1,X_2,\cdots,X_n)$ 为总体 X 的样本，样本 $(X_1,X_2,\cdots,X_n)$ 的 k 阶原点矩为

$$A_k=\frac{1}{n}\sum_{i=1}^{n}X_i^k,\quad 1\leqslant k\leqslant m.$$

以样本的各阶原点矩分别代替(7.1)式中总体的各阶原点矩，得关于未知参数 $\theta=(\theta_1,\theta_2,\cdots,\theta_m)$ 的方程组：$A_k=\alpha_k(\theta_1,\theta_2,\cdots,\theta_m)$，$1\leqslant k\leqslant m$，即

$$\frac{1}{n}\sum_{i=1}^{n}X_i^k=E[X^k],\quad 1\leqslant k\leqslant m. \tag{7.2}$$

求解上述方程组，得到一组解：

$$\hat{\theta}_k=\hat{\theta}_k(X_1,X_2,\cdots,X_n),\quad 1\leqslant k\leqslant m. \tag{7.3}$$

以此作为各参数 $\theta_1,\theta_2,\cdots,\theta_m$ 的**矩估计量**. 进一步地，若已知样本的一组观测值 $(x_1,x_2,\cdots,x_n)$，代入(7.3)式得到各参数 $\theta_1,\theta_2,\cdots,\theta_m$ 的**矩估计值**：

$$\hat{\theta}_k=\hat{\theta}_k(x_1,x_2,\cdots,x_n),\quad 1\leqslant k\leqslant m.$$

例 7.1　设总体 X 的概率密度函数为

$$f(x;\lambda)=\begin{cases}\lambda\mathrm{e}^{-\lambda x}, & x>0,\\ 0, & x\leqslant 0,\end{cases}$$

其中 $\lambda>0$ 为未知参数. 求参数 λ 的矩估计量.

解　因为只有一个待估参数，故只要使用方程组(7.2)中的第一式 $EX=A_1$ 列出方程求解. 由于

$$EX=\int_{-\infty}^{+\infty}xf(x)\mathrm{d}x=\int_0^{+\infty}x\lambda\mathrm{e}^{-\lambda x}\mathrm{d}x=\frac{1}{\lambda},$$

令 $\overline{X}=\dfrac{1}{\lambda}$，解之得参数 λ 的矩估计量 $\hat{\lambda}=\dfrac{1}{\overline{X}}$.

例 7.2　求总体 X 的均值和方差的矩估计量.

解　设总体均值为 μ，方差为 σ^2，$(X_1, X_2, \cdots, X_n)$ 为总体 X 的样本，由矩估计原理(7.2)得方程组

$$\begin{cases} \dfrac{1}{n}\sum_{i=1}^{n} X_i = \overline{X} = \mu, \\ \dfrac{1}{n}\sum_{i=1}^{n} X_i^2 = \mu^2 + \sigma^2. \end{cases}$$

解之得 $\hat{\mu} = \overline{X}, \hat{\sigma}^2 = \dfrac{1}{n}\sum\limits_{i=1}^{n} X_i^2 - \overline{X}^2 = \dfrac{1}{n}\sum\limits_{i=1}^{n} (X_i - \overline{X})^2 \triangleq \widetilde{S}^2$.

由此例看出，在总体分布的形式未知的情况下，也可对总体的某些数字特征作出矩估计. 另外，由于 σ^2 是总体的二阶中心矩，而 $\widetilde{S}^2$ 正是样本的二阶中心矩，因此本例还说明样本的中心矩也可作为总体的中心矩的矩估计量.

例 7.3　设总体 X 服从均匀分布 $U(a,b)$，其中 a, b 均为未知参数. $(X_1, X_2, \cdots, X_n)$ 是取自总体 X 的样本，试求 a, b 的矩估计量.

解　由于

$$EX = \frac{a+b}{2}, \quad DX = \frac{1}{12}(b-a)^2,$$

本题有两个待估参数，需要列出两个方程. 首先用样本一阶原点矩等于总体一阶原点矩列出一个方程，然后由例 7.2，用样本二阶中心矩等于总体二阶中心矩列出另一个方程，即

$$\begin{cases} \overline{X} = \dfrac{a+b}{2}, \\ \widetilde{S}^2 = \dfrac{1}{12}(b-a)^2. \end{cases}$$

由第二式得到，$\sqrt{3}\widetilde{S} = \dfrac{b-a}{2}$. 于是得到参数 a, b 的矩估计量

$$\hat{a} = \overline{X} - \sqrt{3}\widetilde{S}, \quad \hat{b} = \overline{X} + \sqrt{3}\widetilde{S}.$$

如果要估计的不是未知参数 $\theta = (\theta_1, \theta_2, \cdots, \theta_m)$ 本身，而是 θ 的某个函数 $g(\theta)$，则可将 $g(\theta)$ 设法表示为总体若干个矩的函数(所涉及的矩要求都存在)，然后在其中用样本的各阶矩代替总体的相应的各阶矩即得 $g(\theta)$ 的矩估计量.

例 7.4　设总体 $X \sim P(\lambda)$，其中 λ 是未知参数. $(X_1, X_2, \cdots, X_n)$ 为总体 X 的样本，试求概率 $P(X=1)$ 的矩估计.

解　由于总体的一阶矩 $\alpha_1 = EX = \lambda$，而 $P(X=1) = \lambda e^{-\lambda}$，在其中用样本的一阶矩 $\overline{X}$ 代替总体的一阶矩 λ，即得 $P(X=1)$ 的矩估计：

$$\widehat{P(X=1)} = \overline{X}e^{-\overline{X}}.$$

由于 λ 也是总体的二阶中心矩：$\mu_2=E(X-EX)^2=\lambda$，故也可在其中用样本的二阶中心矩 $\widetilde{S}^2$ 代替 λ，从而得 $P(X=1)$ 的矩估计：

$$\widehat{P(X=1)} = \widetilde{S}^2 e^{-\widetilde{S}^2}.$$

本例说明矩估计不是唯一的. 实际上在本例中，不仅参数的函数 $P(X=1)$ 的矩估计不唯一，未知参数 λ 本身的矩估计也是不唯一的（$\overline{X}$，$\widetilde{S}^2$ 都是 λ 的矩估计）.

7.1.2 极大似然估计

极大似然估计是应用最为广泛的方法之一. 它由德国数学家高斯(Gauss)在1821年首次提出，后由英国统计学家费希尔(Fisher)爵士于1922年再次提出此方法并加以完善，从而使极大似然估计得到了广泛的应用.

极大似然估计法的直观想法是：我们选取的未知参数的估计值，应当使我们得到的样本的观测值出现的概率在未知参数的所有可能取值中达到最大.

下面通过一例说明极大似然估计的基本思想.

例 7.5 假设在一个罐中放着许多白球和黑球，并假定已知它们的数目之比为 1∶3，但不知哪种颜色的球多. 现从罐中有放回地抽取 3 次，每次取一球，3 次抽取中有 2 次取到白球，问如何估计罐中白球所占比例?

解 由于是有放回抽取，因此 3 次抽取中取到白球的次数 X 服从二项分布 $B(3,p)$，即

$$P(X=k) = C_3^k p^k q^{3-k}, \quad k=0,1,2,3, \tag{7.4}$$

其中 p 为每次取到白球的概率，$q=1-p$. 由假定，p 的可能取值为 $\frac{1}{4}$ 或 $\frac{3}{4}$，所以问题归结为参数 p 的估计问题，也就是要在 $\frac{1}{4}$ 和 $\frac{3}{4}$ 之间作一个选择.

现在已知 3 次抽取中有 2 次取到白球，对参数 p 的不同取值，利用 X 的分布列可求得出现这一抽样结果的概率如表 7.1 所示.

表 7.1

p	$p=\frac{1}{4}$	$p=\frac{3}{4}$
$P(X=2)$	$\frac{9}{64}$	$\frac{27}{64}$

从表 7.1 中可见，当 3 次抽取中有 2 次取到白球时，具有 $X=2$ 的样本来自 $p=\frac{3}{4}$ 的总体的可能性比来自 $p=\frac{1}{4}$ 的总体的可能性大，这时应当估计 p 的值为 $\frac{3}{4}$ 而不是 $\frac{1}{4}$. 即应当选择参数 p 的估计使得出现该样本的可能性达到极大.

由以上例子看出,极大似然估计的基本思想是:假设$(X_1,X_2,\cdots,X_n)$是总体X的样本,总体X的分布中含有未知参数$\theta=(\theta_1,\theta_2,\cdots,\theta_m)$,$\theta\in\Theta$,$\Theta$为参数空间.$(x_1,x_2,\cdots,x_n)$是样本观测值.我们应当选取这样的$\hat{\theta}=(\hat{\theta}_1,\hat{\theta}_2,\cdots,\hat{\theta}_m)$作为参数$\theta=(\theta_1,\theta_2,\cdots,\theta_m)$的估计:对于特定的观测值$(x_1,x_2,\cdots,x_n)$而言,当参数$\theta$的取值为$\hat{\theta}$时,样本$(X_1,X_2,\cdots,X_n)$取这组观测值的概率相比较$\theta$的其他可能取值达到极大.因此,求极大似然估计的关键是求出样本取特定观测值$(x_1,x_2,\cdots,x_n)$的概率.当总体X服从离散型分布时,我们可以利用总体X的分布直接求出样本取特定观测值$(x_1,x_2,\cdots,x_n)$的概率

$$P(X_1=x_1,X_2=x_2,\cdots,X_n=x_n),$$

而当总体X服从连续型分布时,因上述概率变成零不再有用,作为代替,应考虑用概率密度函数求出样本$(X_1,X_2,\cdots,X_n)$取值于观测值$(x_1,x_2,\cdots,x_n)$附近(即其邻域)的概率.由此,引入似然函数和极大似然估计的定义.

定义 7.2 设总体X的概率密度函数为$f(x;\theta)$(当X服从离散型分布时,$f(x;\theta)$为X的概率分布列),其中$\theta=(\theta_1,\theta_2,\cdots,\theta_m)$是未知参数,$\theta\in\Theta$,$\Theta$为参数空间.$(x_1,x_2,\cdots,x_n)$是样本观测值.称

$$L(\theta)\triangleq L(x_1,x_2,\cdots,x_n;\theta)=\prod_{i=1}^{n}f(x_i;\theta) \tag{7.5}$$

为样本的**似然函数**.若存在某个$\hat{\theta}=(\hat{\theta}_1,\hat{\theta}_2,\cdots,\hat{\theta}_m)$,$\hat{\theta}\in\Theta$使得

$$L(\hat{\theta})=\max_{\theta\in\Theta}L(\theta),$$

其中$\hat{\theta}_i=\hat{\theta}_i(x_1,x_2,\cdots,x_n)$,$i=1,2,\cdots,m$,则称$\hat{\theta}$为参数$\theta$的**极大似然估计值**,而称

$$\begin{aligned}\hat{\theta}&=\hat{\theta}(X_1,X_2,\cdots,X_n)\\&=(\hat{\theta}_1(X_1,X_2,\cdots,X_n),\cdots,\hat{\theta}_m(X_1,X_2,\cdots,X_n))\end{aligned}$$

为参数θ的**极大似然估计量**.在不引起混淆的情况下,可将极大似然估计值和极大似然估计量统称为参数θ的极大似然估计.

由定义可知,求参数的极大似然估计问题,就是求似然函数的最大值点问题.又由于$\ln L$与L有相同的最大值点,故只需求对数似然函数$\ln L$的最大值点即可,这样往往会给计算带来很大方便.在大多数情况下,$\ln L$的最大值点是参数空间Θ的内点,从而$\ln L$在最大值点处的一阶偏导数为零,此时只需求解下列方程组:

$$\frac{\partial\ln L(\theta)}{\partial\theta_j}=0,\quad j=1,2,\cdots,m. \tag{7.6}$$

即可得到参数 θ 的极大似然估计. 方程组(7.6)称为**似然方程组**.

例 7.6 设某种型号的日光灯管的使用寿命 T 服从指数分布,其密度函数为

$$f(x;\lambda)=\begin{cases}\lambda e^{-\lambda x}, & x\geqslant 0,\\ 0, & x<0.\end{cases}$$

测得 n 只日光灯管的失效时间为 $x_1,x_2,\cdots,x_n$,试求参数 λ 的极大似然估计.

解 似然函数为

$$L(\lambda)=\prod_{i=1}^{n}[\lambda e^{-\lambda x_i}]=\lambda^n\exp\left\{-\lambda\sum_{i=1}^{n}x_i\right\},$$

$$\ln[L(\lambda)]=n\ln\lambda-\lambda\sum_{i=1}^{n}x_i.$$

求导得似然方程

$$\frac{\ln[L(\lambda)]}{d\lambda}=\frac{n}{\lambda}-\sum_{i=1}^{n}x_i=0,$$

解此方程得参数 λ 的极大似然估计值:

$$\hat{\lambda}=\frac{n}{\sum_{i=1}^{n}x_i}=\frac{1}{\bar{x}}.$$

例 7.7 从一批产品中任取 50 件,发现有 2 件次品,求这批产品的次品率的极大似然估计.

解 以 X_i 表示第 i 次取样的结果,令

$$X_i=\begin{cases}1, & \text{第 } i \text{ 次取得次品},\\ 0, & \text{否则},\end{cases}\quad i=1,2,\cdots,n,$$

则 X_i 服从 0-1 分布 $B(1,p)$,即

$$P(X_i=x_i)=p^{x_i}(1-p)^{1-x_i},\quad x_i=0,1,$$

其中 p 为这批产品的次品率. 由(7.5)式,似然函数为

$$L(p)=\prod_{i=1}^{n}p^{x_i}(1-p)^{1-x_i}=p^{\sum_{i=1}^{n}x_i}(1-p)^{n-\sum_{i=1}^{n}x_i}.$$

记 $\bar{x}=\frac{1}{n}\sum_{i=1}^{n}x_i$, 对上式取对数有

$$\ln L(p)=n\bar{x}\ln p+n(1-\bar{x})\ln(1-p).$$

对 p 求导得似然方程

$$\frac{n\bar{x}}{p}-\frac{n(1-\bar{x})}{1-p}=0.$$

解此方程得次品率 p 的极大似然估计值：

$$\hat{p}=\bar{x}=\frac{1}{n}\sum_{i=1}^{n}x_i.$$

将 $n=50$，$\sum\limits_{i=1}^{50}x_i=2$ 代入上式，得废品率 p 的极大似然估计值为

$$\hat{p}=\frac{2}{50}=0.04.$$

例 7.8　设总体 $X\sim N(\mu,\sigma^2)$，其中 μ,σ^2 为未知参数，$(X_1,X_2,\cdots,X_n)$ 为总体 X 的样本，求 μ 与 σ^2 的极大似然估计量.

解　似然函数为

$$L(\mu,\sigma^2)=(2\pi\sigma^2)^{-\frac{n}{2}}\exp\left\{-\frac{1}{2\sigma^2}\sum_{i=1}^{n}(x_i-\mu)^2\right\},$$

取对数得

$$\ln[L(\mu,\sigma^2)]=-\frac{n}{2}\ln(2\pi)-\frac{n}{2}\ln(\sigma^2)-\frac{1}{2\sigma^2}\sum_{i=1}^{n}(x_i-\mu)^2,$$

令偏导数等于零得似然方程组

$$\begin{cases}\dfrac{\partial\ln L(\mu,\sigma^2)}{\partial\mu}=\dfrac{1}{\sigma^2}\displaystyle\sum_{i=1}^{n}(x_i-\mu)=0,\\ \dfrac{\partial\ln L(\mu,\sigma^2)}{\partial(\sigma^2)}=-\dfrac{n}{2\sigma^2}+\dfrac{1}{2\sigma^4}\displaystyle\sum_{i=1}^{n}(x_i-\mu)^2=0.\end{cases}$$

得此方程组得参数 μ,σ^2 的极大似然估计：

$$\hat{\mu}=\bar{x}=\frac{1}{n}\sum_{i=1}^{n}x_i,\quad \hat{\sigma}^2=\frac{1}{n}\sum_{i=1}^{n}(x_i-\bar{x})^2.$$

于是 μ,σ^2 的极大似然估计的估计量为

$$\hat{\mu}=\bar{X}=\frac{1}{n}\sum_{i=1}^{n}X_i,\quad \hat{\sigma}^2=\frac{1}{n}\sum_{i=1}^{n}(X_i-\bar{X})^2.$$

将例 7.8 的结果与例 7.2 对照，可以看出，在总体服从正态分布（两个未知参数）的情形，参数的极大似然估计与其矩估计是同样的.

有时对似然函数求导得到的似然方程未必有解，此时可以直接对似然函数进行分析以找出似然函数的最大值点，从而得到参数的极大似然估计. 下面的例 7.9 给出了这种情形的一个例子.

例 7.9　设总体 X 服从区间 $[0,\theta]$ 上的均匀分布，其中 $\theta>0$ 未知参数. $(x_1,x_2,\cdots,x_n)$ 为总体 X 的样本观测值，求 θ 的极大似然估计.

解　由于总体 X 的概率密度函数为

$$f(x;\theta)=\begin{cases}\dfrac{1}{\theta}, & x\in[0,\theta],\\ 0, & x\notin[0,\theta].\end{cases}$$

故似然函数为

$$L(\theta)=\begin{cases}\dfrac{1}{\theta^n}, & 0\leqslant x_1,x_2,\cdots,x_n\leqslant\theta,\\ 0, & \text{其他}.\end{cases}$$

显然似然函数 $L(\theta)$ 的最大值应在满足条件 $0\leqslant x_1,x_2,\cdots,x_n\leqslant\theta$ 的范围上达到，这一条件等价于

$$0\leqslant\min\{x_1,\cdots,x_n\}\leqslant\max\{x_1,\cdots,x_n\}\leqslant\theta. \tag{7.7}$$

由

$$\frac{\mathrm{d}L(\theta)}{\mathrm{d}\theta}=-\frac{n}{\theta^{n+1}}<0,$$

可知似然函数 $L(\theta)$ 是 θ 的单调递减函数. 故为使似然函数 $L(\theta)$ 取最大值，参数 θ 的值应尽可能小. 但由(7.7)式，参数 θ 可能取的最小值为 $\max\{x_1,\cdots,x_n\}$，这说明参数 θ 的极大似然估计值为

$$\hat{\theta}=\max\{x_1,\cdots,x_n\}=x_{(n)},$$

而参数 θ 的极大似然估计量为

$$\hat{\theta}=\max\{X_1,\cdots,X_n\}=X_{(n)}.$$

极大似然估计具有如下的**不变性**：若 $\hat{\theta}$ 是 θ 的极大似然估计量，而 $g(\theta)$ 是连续函数，则 $g(\hat{\theta})$ 也是 $g(\theta)$ 的极大似然估计量. 由于极大似然估计的这一性质对 θ 为多维参数的情形也是成立的，这将给我们带来很大方便.

例 7.10　设某种电子元件的寿命 X 服从正态分布 $N(\mu,\sigma^2)$，其中 μ,σ^2 为未知参数. $X_1,X_2,\cdots,X_n$ 为从这种电子元件中独立抽取的 n 只电子元件的寿命，a_0 是某一常数. 试用极大似然法估计这种电子元件的寿命超过常数 a_0 的概率 $P(X>a_0)$.

解　由例 7.8 可知，总体 X 的均值 μ 和方差 σ^2 的极大似然估计量分别为

$$\hat{\mu}=\overline{X},\quad \hat{\sigma}^2=\widetilde{S}^2.$$

由于电子设备的寿命超过常数 a_0 的概率

$$P(X>a_0)=P\left(\frac{X-\mu}{\sigma}>\frac{a_0-\mu}{\sigma}\right)=1-\Phi\left(\frac{a_0-\mu}{\sqrt{\sigma^2}}\right),$$

利用极大似然估计的不变性，在上式中将参数 μ,σ^2 分别用它们的极大似然估计替

换，即得 $P(X>a_0)$ 的极大似然估计

$$\widehat{P(X > a_0)} = 1 - \Phi\left(\frac{a_0 - \overline{X}}{\widetilde{S}}\right).$$

7.2　估计量的优良性

由 7.1 节的讨论可以看出，同一个未知参数，用不同的估计方法可以得到许多不同的估计量，甚至用同一种方法也可以得到不同的估计量. 于是，一个很自然的问题是：如何评价这些估计量的优劣？本节中，我们将介绍几种常用的衡量估计量优劣的准则.

7.2.1　无偏性

在以下的讨论中，我们假设 $(X_1, X_2, \cdots, X_n)$ 是取自总体 X 的样本，总体 X 的分布函数为 $F(x;\theta)$，$\theta=(\theta_1, \theta_2, \cdots, \theta_m)$ 为未知参数，$\theta\in\Theta$，Θ 为参数 θ 的取值范围（参数空间）. 这里我们不妨假设参数 θ 的维数为一维，对于多维的情况，可对参数 θ 的各个分量作类似讨论.

定义 7.3　设 $\hat{\theta}=\hat{\theta}(X_1, X_2, \cdots, X_n)$ 是未知参数 θ 的估计量，若对任意的 $\theta\in\Theta$，均有

$$E(\hat{\theta}) = \theta, \tag{7.8}$$

则称 $\hat{\theta}$ 是参数 θ 的一个**无偏估计量**. 记 $b_n(\hat{\theta})=E(\hat{\theta})-\theta$，称 $b_n(\hat{\theta})$ 为估计 $\hat{\theta}$ 的偏量，偏量不为零的估计称为**有偏估计**. 若

$$\lim_{n\to\infty} b_n(\hat{\theta}) = 0, \tag{7.9}$$

则称 $\hat{\theta}$ 是参数 θ 的**渐近无偏估计**.

无偏估计的意义在于：当用 $\hat{\theta}$ 去估计参数 θ 时，受样本取值的随机性的影响，估计值有时可能高于参数的真实值，有时候可能低于参数的真实值，但是平均来说等于参数 θ. 另外，(7.8)式之所以要求对一切可能的 $\theta\in\Theta$ 都成立，是因为在参数估计中，事先我们并不知道参数的真实值. 因此，当我们要求一个估计量具有无偏性时，自然要求它对参数的一切可能取值都是无偏的.

例 7.11　设总体 X 的 k 阶矩 $a_k=E(X^k)$ 存在，$(X_1, X_2, \cdots, X_n)$ 是总体 X 的样本，则样本的 k 阶矩 $A_k=\frac{1}{n}\sum_{i=1}^{n} X_i^k$ 是 a_k 的无偏估计. 这是因为每个 X_i 都与总体 X 同分布，故 $E(X_i^k)=E(X^k)=a_k$，$i=1, 2, \cdots, n$，从而

$$E(A_k) = E\left(\frac{1}{n}\sum_{i=1}^{n} X_i^k\right) = \frac{1}{n}\sum_{i=1}^{n} EX_i^k = \frac{1}{n}\sum_{i=1}^{n} a_k = a_k,$$

即不论总体服从什么分布,样本的 k 阶矩 A_k 总是总体的 k 阶矩 a_k 的无偏估计. 特别,若总体的数学期望存在,则样本均值 $\overline{X}$ 是总体均值 $E(X)$ 的无偏估计.

例 7.12 设总体方差 $DX=\sigma^2$ 存在但未知,$(X_1,X_2,\cdots,X_n)$ 是总体 X 的样本,试证明:样本方差 $S^2=\dfrac{1}{n-1}\sum\limits_{i=1}^{n}(X_i-\overline{X})^2$ 是总体方差 σ^2 的无偏估计.

证明 由于总体 X 的方差 σ^2 存在,故总体均值存在且有限,记 $EX=\mu$. 因为每个 X_i,$i=1,2,\cdots,n$,都与总体 X 同分布,故

$$EX_i^2=EX^2=\mu^2+\sigma^2,\quad i=1,2,\cdots,n.$$

由例 7.11 可知,$E\overline{X}=\mu$. 利用 $X_1,X_2,\cdots,X_n$ 的独立性得

$$D\overline{X}=D\left(\frac{1}{n}\sum_{i=1}^{n}X_i\right)=\frac{1}{n^2}\sum_{i=1}^{n}DX_i=\frac{1}{n^2}\sum_{i=1}^{n}\sigma^2=\frac{1}{n}\sigma^2,$$

从而有

$$E(\overline{X})^2=D\overline{X}+(E\overline{X})^2=\mu^2+\frac{1}{n}\sigma^2.$$

注意到

$$\sum_{i=1}^{n}(X_i-\overline{X})^2=\sum_{i=1}^{n}X_i^2-n\overline{X}^2,\tag{7.10}$$

在(7.10)式两端取期望得

$$\begin{aligned}E\left[\sum_{i=1}^{n}(X_i-\overline{X})^2\right]&=\sum_{i=1}^{n}EX_i^2-nE\overline{X}^2\\&=\sum_{i=1}^{n}(\mu^2+\sigma^2)-n\left(\mu^2+\frac{\sigma^2}{n}\right)=(n-1)\sigma^2,\end{aligned}$$

即 S^2 是 σ^2 的无偏估计. 而 $E\widetilde{S}^2=E\left(\dfrac{n-1}{n}S^2\right)=\left(1-\dfrac{1}{n}\right)\sigma^2$,故 $\widetilde{S}^2$ 是 σ^2 的有偏估计. 显然 $\widetilde{S}^2$ 是 σ^2 的渐近无偏估计.

与展开式(7.10)类似有

$$\sum_{i=1}^{n}(X_i-\overline{X})^2=\sum_{i=1}^{n}(X_i-\mu)^2-n(\overline{X}-\mu)^2,\tag{7.11}$$

利用(7.11)证明例 7.12 的结论更为方便,留给读者作为练习.

例 7.13 设总体 X 服从参数为 λ 的泊松分布,$(X_1,X_2,\cdots,X_n)$是 X 的样本,试证明:样本均值 $\overline{X}$,样本方差 S^2 及 $\alpha\overline{X}+(1-\alpha)S^2$(其中 $0<\alpha<1$)都是参数 λ 的无偏估计.

证明 由于泊松分布的参数 λ 既是期望也是方差,故根据例 7.11 与例 7.12

的结论可知,$E\overline{X}=ES^2=\lambda$. 由此利用数学期望的线性性质容易得到

$$E[\alpha\overline{X}+(1-\alpha)S^2]=\lambda.$$

本例说明同一参数的无偏估计不是唯一的.

需要注意的是,无偏估计的函数一般并不是参数的同一函数的无偏估计. 如在例 7.13 中,有 $E(\overline{X})^2=(E\overline{X})^2+D\overline{X}=\lambda^2+\frac{\lambda}{n}$. 这说明虽然 $\overline{X}$ 是 λ 的无偏估计,但 $\overline{X}^2$ 却不是 λ^2 的无偏估计.

7.2.2 有效性

如上所述,同一参数 θ 的无偏估计量不是唯一的,那么在众多 θ 的无偏估计中,哪个更好呢? 由于方差是刻画随机变量取值与其数学期望的偏离程度的度量,因此,当样本容量相同时,在参数 θ 的无偏估计量中,我们自然认为方差越小越好. 所以,对无偏估计引入如下有效性的概念.

定义 7.4　设 $\hat{\theta}_1=\hat{\theta}_1(X_1,X_2,\cdots,X_n)$,$\hat{\theta}_2=\hat{\theta}_2(X_1,X_2,\cdots,X_n)$是参数 θ 的无偏估计量,若有

$$D(\hat{\theta}_1)\leqslant D(\hat{\theta}_2),$$

则称 $\hat{\theta}_1$ **比** $\hat{\theta}_2$ **有效.**

例 7.14　设总体方差 $DX=\sigma^2<\infty$,(X_1,X_2,X_3)为总体 X 的容量为 3 的样本. 验证

$$\hat{\mu}_1=\frac{X_1+X_2}{2},\quad \hat{\mu}_2=\frac{X_1+2X_2+X_3}{4},\quad \hat{\mu}_3=\frac{X_1+X_2+X_3}{3}$$

都是总体期望 $EX=\mu$ 的无偏估计,并问其中哪一个更为有效?

证明　如果 $a_1+a_2+a_3=1$,则 $\sum\limits_{i=1}^{3}a_iX_i$ 总是 μ 的无偏估计. 实因

$$E\Big(\sum_{i=1}^{3}a_iX_i\Big)=\sum_{i=1}^{3}a_iEX_i=\mu\sum_{i=1}^{3}a_i=\mu.$$

由此看出 $\hat{\mu}_1,\hat{\mu}_2,\hat{\mu}_3$ 都是 μ 的无偏估计. 进而,利用方差的性质得到

$$D(\hat{\mu}_1)=D\Big(\frac{X_1+X_2}{2}\Big)=\frac{DX_1+DX_2}{4}=\frac{1}{2}\sigma^2,$$

类似可以算出 $D(\hat{\mu}_2)=\frac{3}{8}\sigma^2$,$D(\hat{\mu}_3)=\frac{1}{3}\sigma^2$. 因 $D(\hat{\mu}_1)>D(\hat{\mu}_2)>D(\hat{\mu}_3)$,即在 μ 的三个无偏估计 $\hat{\mu}_1,\hat{\mu}_2,\hat{\mu}_3$ 当中,$\hat{\mu}_3$ 最有效,$\hat{\mu}_2$ 次之,$\hat{\mu}_1$ 最差.

设$(X_1,X_2,\cdots,X_n)$为总体 X 的容量为 n 的样本. 可以证明,在 μ 的所有线性无偏估计 $\sum\limits_{i=1}^{n}a_iX_i$ 当中(其中 $a_1+a_2+\cdots+a_n=1$),以样本均值 $\overline{X}$ 最为有效(参见

本章习题 14).

7.2.3 一致性

关于估计量的无偏性和有效性的讨论,均是在样本的容量 n 固定的条件下进行的.我们自然希望,当样本容量 n 不断增大时估计值会越来越接近参数的真值.为此,引入一致估计的概念.

定义 7.5 设 $\hat{\theta}=\hat{\theta}(X_1,X_2,\cdots,X_n)$ 是参数 θ 的估计量,若 $\hat{\theta}$ 依概率收敛于参数 θ,即对任意的 $\varepsilon>0$,有

$$\lim_{n\to\infty}P\{|\hat{\theta}-\theta|\geqslant\varepsilon\}=0, \tag{7.12}$$

则称 $\hat{\theta}$ 是 θ 的**一致估计量(或相合估计量)**.

例 7.15 设总体 X 的 k 阶矩 $a_k=E(X^k)$ 存在,$(X_1,X_2,\cdots,X_n)$ 是总体 X 的样本,则样本的 k 阶矩 $A_k=\dfrac{1}{n}\sum\limits_{i=1}^{n}X_i^k$ 是 a_k 的一致估计($k\geqslant1$).

证明 由于 $X_1,X_2,\cdots,X_n$ 相互独立且与总体 X 同分布,所以有

$$E(X_i^k)=E(X^k)=a_k,\quad i=1,2,\cdots,n.$$

根据辛钦大数定律,对任意的 $\varepsilon>0$,有

$$\lim_{n\to\infty}P\{|A_k-a_k|\geqslant\varepsilon\}=\lim_{n\to\infty}P\left\{\left|\frac{1}{n}\sum_{i=1}^{n}X_i^k-a_k\right|\geqslant\varepsilon\right\}=0,$$

从而 A_k 是 a_k 的一致估计.

可以证明:若 $g(x_1,x_2,\cdots,x_m)$ 是 m 元连续函数,则 $g(A_1,A_2,\cdots,A_m)$ 是参数 $g(a_1,a_2,\cdots,a_m)$ 的一致估计.

7.3 区间估计

7.3.1 区间估计的概念

点估计是用一个数值去估计未知参数,而实际中还常常用到另一种形式的参数估计——区间估计.现今流行的一种区间估计是由原籍波兰的美国统计学家奈曼(Neymann)在 20 世纪 30 年代建立起来的置信区间理论.这种形式的区间估计不仅对未知参数 θ 的可能所在的区间给出了估计,同时还指出了这个区间包含未知参数 θ 的真值的概率(即置信水平).

定义 7.6 设 θ 为总体 X 的分布中的未知参数,$(X_1,X_2,\cdots,X_n)$ 是取自总体 X 的样本.对给定的 $\alpha(0<\alpha<1)$,若统计量 $\underline{\theta}=\underline{\theta}(X_1,X_2,\cdots,X_n)$ 和 $\bar{\theta}=\bar{\theta}(X_1,X_2,\cdots,X_n)$ 满足

$$P(\underline{\theta}<\theta<\bar{\theta})=1-\alpha, \tag{7.13}$$

则称$(\underline{\theta},\bar{\theta})$为$\theta$的置信水平为$1-\alpha$的**置信区间**，$\underline{\theta}$称为**置信下限**，$\bar{\theta}$称为**置信上限**，$1-\alpha$称为**置信水平**.

$\underline{\theta}$和$\bar{\theta}$都是统计量，故置信区间$(\underline{\theta},\bar{\theta})$是一个随机区间. (7.13)式表明，随机区间$(\underline{\theta},\bar{\theta})$包含未知参数$\theta$的真值的概率为$1-\alpha$. 这表示在重复抽样下，通过每次抽样得到的样本观测值$(x_1,x_2,\cdots,x_n)$都可以得到一个具体的区间$(\underline{\theta}(x_1,x_2,\cdots,x_n),\bar{\theta}(x_1,x_2,\cdots,x_n))$. 在所有这些区间中，约有$100(1-\alpha)\%$的区间包含未知参数$\theta$的真值.

需要说明的是，置信水平表示区间估计的可靠度，自然置信水平$1-\alpha$越接近于1越好；而区间长度表示估计的范围，即区间估计的精度，当然区间长度越小越好. 但可靠度和区间长度是相互制约的. 在样本容量固定的情况下，提高区间估计的可靠度则会降低其精度. 反之，提高区间估计的精度则会降低它的可靠度. 通常的处理办法是，在保证可靠度(置信水平)的前提下，尽可能地提高精度(即长度最短). 因此区间估计的问题，就是在给定置信水平$1-\alpha$的条件下，利用样本$(X_1,X_2,\cdots,X_n)$去构造长度最短(也可以是平均长度最短)的置信区间. 有时为了方便，并不追求长度最短，只要其长度相对较短就可以了.

由于正态分布是最常见也是应用最广泛的分布，故在下文中我们结合正态总体的情况说明未知参数的置信区间的构造方法.

7.3.2　正态总体均值的区间估计

设已给定置信水平$1-\alpha$，并设$(X_1,X_2,\cdots,X_n)$是正态总体$N(\mu,\sigma^2)$的样本，其中总体均值μ为未知参数. 要求μ的水平为$1-\alpha$的置信区间. 根据总体方差σ^2是否已知，分为如下两种情形：

1. σ^2已知时均值μ的置信区间

要对总体均值μ作区间估计，应考虑从μ的优良的点估计量入手. 由于样本均值$\overline{X}$是μ的优良估计(满足无偏性和一致性)，且根据定理6.2的推论1有

$$\sqrt{n}\frac{\overline{X}-\mu}{\sigma}\sim N(0,1),$$

所以

$$P\left(-u_{\alpha/2}<\sqrt{n}\frac{\overline{X}-\mu}{\sigma}<u_{\alpha/2}\right)=1-\alpha,\tag{7.14}$$

其中$u_{\alpha/2}$为标准正态分布的上侧$\alpha/2$分位数(图7.1).

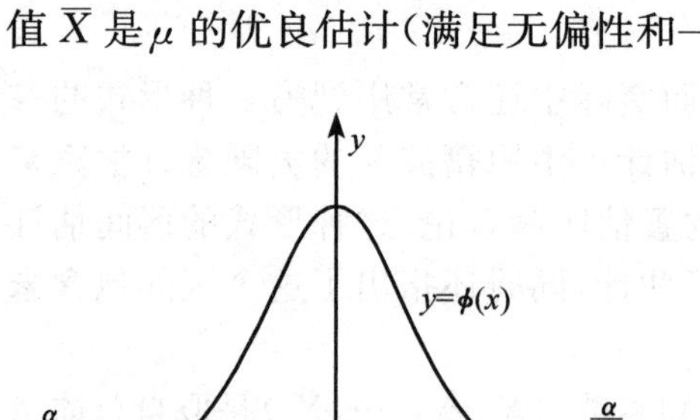

图7.1

将(7.14)式变形得到

$$P\left(\overline{X}-u_{\alpha/2}\frac{\sigma}{\sqrt{n}}<\mu<\overline{X}+u_{\alpha/2}\frac{\sigma}{\sqrt{n}}\right)=1-\alpha.$$

这表明当 σ^2 已知时，均值 μ 的置信水平为 $1-\alpha$ 的置信区间为

$$\left(\overline{X}-\frac{\sigma}{\sqrt{n}}u_{\alpha/2},\overline{X}+\frac{\sigma}{\sqrt{n}}u_{\alpha/2}\right),\tag{7.15}$$

显然置信区间(7.15)的长度为

$$l=\frac{2\sigma}{\sqrt{n}}u_{\alpha/2},$$

可见，对给定的 α，置信区间的长度 l 随样本容量 n 的增大而减小；而当样本容量 n 一定时，置信区间的长度 l 随 α 的减小(即置信水平 $1-\alpha$ 增大)而增大.

例 7.16 某车间生产的零件的直径服从方差为 0.06 的正态分布，现从该车间生产的零件中随机取 6 件，测得直径分别为 14.6，15.1，14.9，14.8，15.2，15.1. 试求零件平均直径的水平为 95%的置信区间.

解 这里置信水平 $1-\alpha=0.95$，故 $\alpha=0.05$. 查 $N(0,1)$分布函数表，得 $u_{\alpha/2}=u_{0.025}=1.96$. 总体方差 $\sigma^2=0.06$. 由样本观测值算得 $\bar{x}=14.95$. 而

$$\frac{\sigma}{\sqrt{n}}u_{\alpha/2}=\frac{\sqrt{0.06}}{\sqrt{6}}\times 1.96=0.196,$$

故根据(7.15)式，零件平均直径的水平为 95%的置信区间为

$$(14.95-0.196,14.95+0.196)=(14.754,15.146).$$

2. 方差 σ^2 未知时均值 μ 的置信区间

这时 μ,σ^2 都是未知参数，但因为要对 μ 作置信区间，可将 μ 称为目标参数. 此时虽然(7.14)式仍然成立，但由它得到的区间(7.15)就不再是置信区间. 因为其中仍有一个未知参数 σ. 解决的办法是，必须将含有两个参数 μ,σ^2 的随机变量 $\sqrt{n}\dfrac{\overline{X}-\mu}{\sigma}$ 换成只有目标参数 μ 的随机变量. 这只要在 $\sqrt{n}\dfrac{\overline{X}-\mu}{\sigma}$ 中用样本标准差 S 代替总体标准差 σ 即可. 而根据定理 6.2 的推论 2 有

$$\sqrt{n}\frac{\overline{X}-\mu}{S}\sim t(n-1).$$

所以

$$P\left(\left|\sqrt{n}\frac{\overline{X}-\mu}{S}\right|<t_{\alpha/2}(n-1)\right)=1-\alpha,\tag{7.16}$$

其中 $t_{\alpha/2}(n-1)$ 为自由度为 $n-1$ 的 t 分布的上侧 $\alpha/2$ 分位数(图 7.2).

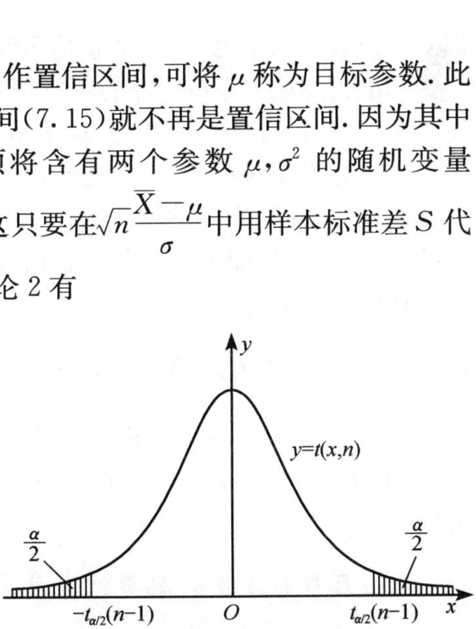

图 7.2

将(7.16)式变形得到

$$P\left(\overline{X}-\frac{S}{\sqrt{n}}t_{\alpha/2}(n-1)<\mu<\overline{X}+\frac{S}{\sqrt{n}}t_{\alpha/2}(n-1)\right)=1-\alpha.$$

这表明当 σ^2 未知时，均值 μ 的置信水平为 $1-\alpha$ 的置信区间为

$$\left(\overline{X}-\frac{S}{\sqrt{n}}t_{\alpha/2}(n-1),\overline{X}+\frac{S}{\sqrt{n}}t_{\alpha/2}(n-1)\right). \tag{7.17}$$

在例 7.16 中，如果总体方差未知，则可按照(7.17)式求均值 μ 的置信区间. 查 t 分布分位数表，得 $t_{\alpha/2}(n-1)=t_{0.025}(5)=2.57$. 由观测值算得 $\bar{x}=14.95, s^2=0.051$. 而

$$\frac{S}{\sqrt{n}}t_{\alpha/2}(n-1)=\frac{\sqrt{0.051}}{\sqrt{6}}\times 2.57=0.237.$$

故根据(7.17)式，总体方差未知时零件平均直径的水平为 95%的置信区间为

$$(14.95-0.237, 14.95+0.237)=(14.713, 15.187).$$

注意，水平为 $1-\alpha$ 的置信区间并不是唯一的. 例如，在总体方差未知时，

$$\left(\overline{X}-\frac{S}{\sqrt{n}}t_{0.025}(n-1),\overline{X}+\frac{S}{\sqrt{n}}t_{0.025}(n-1)\right)$$

以及

$$\left(\overline{X}-\frac{S}{\sqrt{n}}t_{0.01}(n-1),\overline{X}+\frac{S}{\sqrt{n}}t_{0.04}(n-1)\right)$$

都是均值 μ 的水平为 0.95 的置信区间，但比较而言，前者长度较短. 可以证明，对于像标准正态或 t 分布这样的单峰对称分布，取对称的分位数得到的置信区间长度最短，从而具有最高的精度. 这正是(7.15)及(7.17)两式中分位数取为对称的原因. 不过，对于非对称的分布，通常也是选择上侧 $\alpha/2$ 分位数与下侧 $\alpha/2$ 分位数(即上侧 $1-\alpha/2$ 分位数)来构造置信水平为 $1-\alpha$ 的置信区间. 这样做虽然不能得到最短的置信区间，但却大大简化了置信区间的构造过程. 如在下面正态总体方差的区间估计中即是如此.

7.3.3 正态总体方差的区间估计

设$(X_1, X_2, \cdots, X_n)$是正态总体 $N(\mu,\sigma^2)$的样本，其中总体方差 σ^2 为未知参数. 要求 σ^2 的水平为 $1-\alpha$ 的置信区间. 根据总体均值 μ 是否已知，分为如下两种情形：

1. μ 已知时方差 σ^2 的置信区间

这种情形在实用中比较少见. 我们仅指出，可用服从$\chi^2(n)$分布的如下的随机

变量

$$\frac{1}{\sigma^2}\sum_{i=1}^{n}(X_i-\mu)^2$$

构造 σ^2 的置信区间,详细讨论留给读者考虑.

2. μ 未知时方差 σ^2 的置信区间

由于样本均值 S^2 是 σ^2 的无偏估计,且根据定理 6.2 结论(2)有

$$\frac{(n-1)S^2}{\sigma^2}\sim\chi^2(n-1).$$

所以

$$P\left(\chi^2_{1-\alpha/2}(n-1)<\frac{(n-1)S^2}{\sigma^2}<\chi^2_{\alpha/2}(n-1)\right)=1-\alpha, \tag{7.18}$$

其中 $\chi^2_{\alpha/2}(n-1)$ 与 $\chi^2_{1-\alpha/2}(n-1)$ 为 $\chi^2(n-1)$ 分布的上侧 $\alpha/2$ 及 $1-\alpha/2$ 分位数(图 7.3).

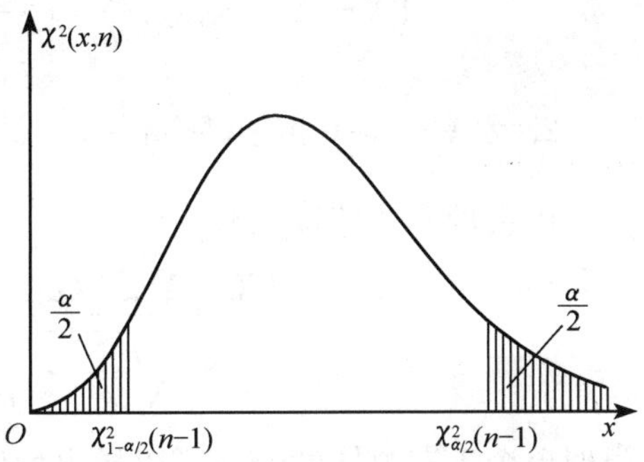

图 7.3

将(7.18)式变形得到

$$P\left(\frac{(n-1)S^2}{\chi^2_{\alpha/2}(n-1)}<\sigma^2<\frac{(n-1)S^2}{\chi^2_{1-\alpha/2}(n-1)}\right)=1-\alpha.$$

于是方差 σ^2 的置信水平为 $1-\alpha$ 的置信区间为

$$\left(\frac{(n-1)S^2}{\chi^2_{\alpha/2}(n-1)},\frac{(n-1)S^2}{\chi^2_{1-\alpha/2}(n-1)}\right). \tag{7.19}$$

而标准差 σ 的置信区间为

$$\left(\frac{\sqrt{n-1}S}{\sqrt{\chi^2_{\alpha/2}(n-1)}},\frac{\sqrt{n-1}S}{\sqrt{\chi^2_{1-\alpha/2}(n-1)}}\right).$$

在例 7.16 中,设总体方差 σ^2 未知,则可按照(7.19)式求 σ^2 的置信区间. 查表得 $\chi^2_{\alpha/2}(n-1)=\chi^2_{0.025}(5)=12.833$, $\chi^2_{1-\alpha/2}(n-1)=\chi^2_{0.975}(5)=0.831$. 由观测值算得 $s^2=0.051$. 代入(7.19)式得总体方差 σ^2 的置信区间

$$\left(\frac{5\times0.051}{12.833},\frac{5\times0.051}{0.831}\right)=(0.01987,0.30686).$$

7.3.4 两个正态总体均值差的区间估计

在实际中,为了对两个对象的同一特性进行比较,经常需要对它们的均值差或

方差比构造区间估计.

设$(X_1, X_2, \cdots, X_m)$为正态总体$N(\mu_1, \sigma_1^2)$的样本,$(Y_1, Y_2, \cdots, Y_n)$为正态总体$N(\mu_2, \sigma_2^2)$的样本,且这两个样本相互独立.

1. 两总体方差σ_1^2, σ_2^2已知时,均值差$\mu_1-\mu_2$的置信区间

由于样本均值之差$\overline{X}-\overline{Y}$是$\mu_1-\mu_2$的无偏估计,而由定理6.2的推论4,随机变量

$$U=\frac{(\overline{X}-\overline{Y})-(\mu_1-\mu_2)}{\sqrt{\dfrac{\sigma_1^2}{m}+\dfrac{\sigma_2^2}{n}}} \tag{7.20}$$

服从分布$N(0,1)$,类似单个正态总体的情况可以导出$\mu_1-\mu_2$的置信区间为

$$\left(\overline{X}-\overline{Y}-u_{\alpha/2}\sqrt{\frac{\sigma_1^2}{m}+\frac{\sigma_2^2}{n}}, \overline{X}-\overline{Y}+u_{\alpha/2}\sqrt{\frac{\sigma_1^2}{m}+\frac{\sigma_2^2}{n}}\right). \tag{7.21}$$

2. 方差未知但相等(即$\sigma_1^2=\sigma_2^2=\sigma^2$未知)时$\mu_1-\mu_2$的区间估计

由定理6.2的推论6

$$\frac{(\overline{X}-\overline{Y})-(\mu_1-\mu_2)}{S_w\sqrt{\dfrac{1}{m}+\dfrac{1}{n}}}\sim t(m+n-2). \tag{7.22}$$

类似单个正态总体的情况可以导出均值差$\mu_1-\mu_2$的置信区间为

$$\left(\overline{X}-\overline{Y}-t_{\alpha/2}(m+n-2)S_w\sqrt{\frac{1}{m}+\frac{1}{n}}, \overline{X}-\overline{Y}+t_{\alpha/2}(m+n-2)S_w\sqrt{\frac{1}{m}+\frac{1}{n}}\right), \tag{7.23}$$

其中$S_w^2=\dfrac{(m-1)S_1^2+(n-1)S_2^2}{m+n-2}$.

例7.17 对两种不同类型的建筑材料作强度对比试验,结果如下(单位:$\mathrm{N/cm^2}$):

甲型:131,127,134,128.

乙型:134,137,135,140,130,134.

设这两种材料的强度都服从正态分布,且方差相等.求这两种材料平均强度之差的水平为95%的置信区间.

解 以X表示甲型材料的强度,Y表示乙型材料的强度,则由题设条件可知$X\sim N(\mu_1, \sigma^2)$,$Y\sim N(\mu_2, \sigma^2)$且σ^2未知.

因为$1-\alpha=95\%$,故$\alpha=0.05$. 而$m=4, n=6$,查t分布表(附表4)得$t_{\alpha/2}(n+$

$m-2)=t_{0.025}(8)=2.306$. 由样本观测值算得 $\bar{x}=130$, $\bar{y}=135$, $s_1^2=10.0$, $s_2^2=11.2$. $S_w^2=(3\times10.0+5\times11.2)/8=10.75$. 而

$$t_{\alpha/2}(m+n-2)S_w\sqrt{\frac{1}{m}+\frac{1}{n}}=2.306\times\sqrt{10.75}\sqrt{\frac{1}{4}+\frac{1}{6}}=4.88,$$

代入(7.23)得均值差 $\mu_1-\mu_2$ 的置信区间

$$(-5-4.88,-5+4.88)=(-9.88,-0.12).$$

由于所得的置信区间的置信上限小于零,故可以认为甲型材料的强度小于乙型材料的强度.

7.3.5 两个正态总体方差比的区间估计

设 $(X_1,X_2,\cdots,X_m)$ 为正态总体 $N(\mu_1,\sigma_1^2)$ 的样本, $(Y_1,Y_2,\cdots,Y_n)$ 为正态总体 $N(\mu_2,\sigma_2^2)$ 的样本,且两个样本相互独立,要求两个总体方差比 σ_1^2/σ_2^2 的置信区间. 我们只讨论 μ_1 和 μ_2 均未知的情形.

容易想到用样本方差比 S_1^2/S_2^2 构造置信区间,且由定理 6.2 推论 3 可知,

$$\frac{S_1^2/\sigma_1^2}{S_2^2/\sigma_2^2}\sim F(m-1,n-1). \quad (7.24)$$

所以有(图 7.4)

$$P\left(F_{1-\alpha/2}(m-1,n-1)<\frac{S_1^2/\sigma_1^2}{S_2^2/\sigma_2^2}<F_{\alpha/2}(m-1,n-1)\right)=1-\alpha.$$

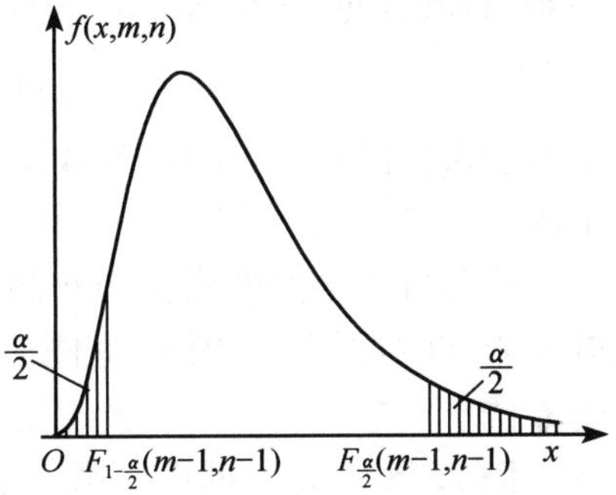

图 7.4

将上式变形可得

$$P\left(\frac{S_1^2}{S_2^2}\frac{1}{F_{\alpha/2}(m-1,n-1)}<\frac{\sigma_1^2}{\sigma_2^2}<\frac{S_1^2}{S_2^2}\frac{1}{F_{1-\alpha/2}(m-1,n-1)}\right)=1-\alpha.$$

因此 σ_1^2/σ_2^2 的置信水平为 $1-\alpha$ 的置信区间为

$$\left(\frac{S_1^2}{S_2^2}\frac{1}{F_{\alpha/2}(m-1,n-1)},\frac{S_1^2}{S_2^2}\frac{1}{F_{1-\alpha/2}(m-1,n-1)}\right). \quad (7.25)$$

在例 7.17 中,不假定两个总体的方差相等,即设 $X\sim N(\mu_1,\sigma_1^2)$, $Y\sim N(\mu_2,\sigma_2^2)$. 则可由(7.25)式求出两个总体方差比 σ_1^2/σ_2^2 的置信区间.

因为 $m=4$, $n=6$, 查 F 分布表(附表 6)得

$$F_{0.025}(3,5)=7.76,\quad F_{0.975}(3,5)=\frac{1}{F_{0.025}(5,3)}=\frac{1}{14.88}.$$

而 $s_1^2=10.0$, $s_2^2=11.2$. 代入(7.25)得方差比 σ_1^2/σ_2^2 的置信区间

$$\left(\frac{10.0}{11.2}\times\frac{1}{7.76},\frac{10.0}{11.2}\times 14.88\right)=(0.115,13.286).$$

7.3.6　单侧置信区间

前面介绍的参数 θ 的区间估计，置信区间均为双侧置信区间，即置信区间都有置信下限和置信上限，置信区间均采用$(\underline{\theta},\bar{\theta})$的形式. 然而，在实际问题中，对有些参数的估计我们只关心参数的下限. 例如，对零件寿命的估计，我们只关心平均寿命的下限. 有些则相反，我们只关心参数的上限. 例如，对产品废品率的估计，我们往往只关心废品率的上限. 为此，我们引进单侧置信区间的概念.

定义 7.7　设 θ 为总体分布中的未知参数，$(X_1,X_2,\cdots,X_n)$是总体的样本，对给定的 $\alpha(0<\alpha<1)$，若统计量 $\underline{\theta}=\underline{\theta}(X_1,X_2,\cdots,X_n)$满足

$$P(\theta>\underline{\theta})=1-\alpha,$$

则称随机区间$(\underline{\theta},+\infty)$为参数 θ 的水平为 $1-\alpha$ 的**单侧置信区间**，$\underline{\theta}$ 称为**单侧置信下限**. 若统计量 $\bar{\theta}=\bar{\theta}(X_1,X_2,\cdots,X_n)$满足

$$P(\theta<\bar{\theta})=1-\alpha,$$

则称随机区间$(-\infty,\bar{\theta})$为参数 θ 的水平为 $1-\alpha$ 的**单侧置信区间**，$\bar{\theta}$ 称为**单侧置信上限**.

单侧置信区间的求法与双侧置信区间时的情况完全类似. 我们仅就正态总体方差未知时，总体均值的单侧置信区间的求法为例来介绍单侧置信区间的构造方法.

例 7.18　从一批电子管中随机抽取 5 只作寿命试验，测得寿命(单位：h)如下：

$$1050,1100,1120,1250,1280.$$

设电子管的寿命服从正态分布，求电子管寿命均值的置信水平为 0.95 的单侧置信下限.

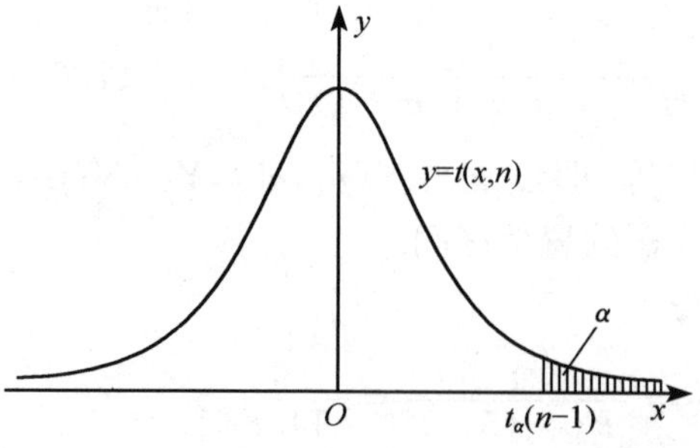

图 7.5

解　设总体 $X\sim N(\mu,\sigma^2)$，其中 μ 和 σ^2 均未知. $\overline{X}$ 为总体的样本均值，S^2 为总体的样本方差. 由定理 6.2 的推论 2，

$$T=\sqrt{n}\frac{\overline{X}-\mu}{S}\sim t(n-1),$$

于是有(图 7.5)

$$P(T<t_\alpha(n-1))=1-\alpha,$$

或等价地有

$$P\left(\overline{X}-\frac{S}{\sqrt{n}}t_{\alpha}(n-1)<\mu\right)=1-\alpha,$$

其中 $t_{\alpha}(n-1)$是自由度为 $n-1$ 的 t 分布的上侧 α 分位点，故总体均值 μ 的置信水平为 $1-\alpha$ 的单侧置信区间为

$$\left(\overline{X}-\frac{S}{\sqrt{n}}t_{\alpha}(n-1),+\infty\right), \tag{7.26}$$

而 μ 的置信水平为 $1-\alpha$ 的单侧置信下限为

$$\overline{X}-\frac{S}{\sqrt{n}}t_{\alpha}(n-1). \tag{7.27}$$

因为，$\alpha=0.05$，$n=5$. 查 t 分布表得 $t_{0.05}(4)=2.1318$. 由样本观测值算出 $\overline{x}=1160$，$s^2=9950$. 代入(7.27)式得 μ 的置信水平为 0.95 的单侧置信下限

$$\overline{X}-\frac{S}{\sqrt{n}}t_{\alpha}(n-1)=1065.$$

在实际应用中，对未知参数的估计是选择双侧区间估计还是单侧区间估计应视具体情况而定.

习 题 7

7.1 设总体 X 服从均匀分布 $U[0,\theta]$，从中抽得容量为 6 的样本观察值为

$$1.3,0.6,1.7,2.2,0.3,1.1.$$

求参数 θ 的矩估计值.

7.2 设总体 $X\sim B(N,p)$，其中 N 已知. $(X_1,X_2,\cdots,X_n)$是总体 X 的样本，求参数 p 的矩估计量.

7.3 设$(X_1,X_2,\cdots,X_n)$是总体 X 的样本，其中 X 的密度函数为

$$f(x;\theta)=\begin{cases}(\theta+1)x^{\theta}, & 0<x<1,\\ 0, & \text{其他},\end{cases}$$

其中 $\theta>-1$ 为未知参数. 求 θ 的矩估计量和极大似然估计量.

7.4 设总体 X 服从参数为 λ 的泊松分布，$(X_1,X_2,\cdots,X_n)$是总体 X 的样本，试求 λ 的矩估计量和极大似然估计量.

7.5 设总体 X 服从几何分布：

$$P(X=k)=p(1-p)^{k-1},\quad k=1,2,\cdots.$$

$(X_1,X_2,\cdots,X_n)$是总体 X 的样本，试求参数 p 的矩估计量和极大似然估计量.

7.6 设总体 X 的概率密度函数为

$$f(x;\theta)=\begin{cases}\mathrm{e}^{-(x-\theta)}, & x\geqslant\theta,\\ 0, & x<\theta.\end{cases}$$

$(X_1,X_2,\cdots,X_n)$是总体 X 的样本，求参数 θ 的矩估计量和极大似然估计量.

7.7 设$(X_1,X_2,\cdots,X_n)$是正态总体 $N(\mu,\sigma^2)$的样本，$\overline{X}$ 为样本均值，试求 $P(\overline{X}<t)$的极大似然估计.

7.8　从一批灯泡中随机抽取10只,测得它们的寿命(单位:h)为

1067,919,1196,785,1126,936,918,1156,920,948.

设灯泡的寿命服从正态分布,试用极大似然法估计灯泡的寿命在1300h以上的概率.

7.9　设总体X服从参数为λ的泊松分布,$(X_1,X_2,\cdots,X_n)$是X的样本,试求λ^2的无偏估计.

7.10　$(X_1,X_2,\cdots,X_n)$是总体X的样本,且设$EX=\mu,DX=\sigma^2$.

(1) 确定常数C,使$C\sum_{i=1}^{n-1}(X_{i+1}-X_i)^2$为$\sigma^2$的无偏估计;

(2) 确定常数C,使$(\overline{X})^2-CS^2$为μ^2的无偏估计.

7.11　设$\hat{\theta}$为参数θ的无偏估计,且$D(\hat{\theta})>0$. 证明:$\hat{\theta}^2$不是θ^2的无偏估计.

7.12　设$\hat{\theta}$为参数θ的无偏估计,且$\lim\limits_{n\to\infty}D(\hat{\theta})=0$. 试证:$\hat{\theta}$为$\theta$的一致估计.

7.13　设总体X服从$[0,\theta]$上的均匀分布,其中θ为未知参数.(X_1,X_2,X_3)是总体X的样本,验证$\hat{\theta}_1=2\overline{X},\hat{\theta}_2=\dfrac{4}{3}\max\limits_{1\leqslant i\leqslant 3}X_i$都是$\theta$的无偏估计,并比较$\hat{\theta}_1,\hat{\theta}_2$哪个更有效.

7.14　设$(X_1,X_2,\cdots,X_n)$是总体X的样本,$a_i\geqslant 0,i=1,2,\cdots,n$且$\sum_{i=1}^{n}a_i=1$. 证明:在所有形如$\sum_{i=1}^{n}a_iX_i$的估计中,以$\overline{X}$最为有效.

7.15　设从均值为μ,方差为$\sigma^2>0$的总体中,分别抽取容量为n_1,n_2的两个独立样本,以$\overline{X}_1,\overline{X}_2$分别表示两样本的均值. 试证:对满足$a+b=1$的任意常数$a,b,a\overline{X}_1+b\overline{X}_2$都是$\mu$的无偏估计,并确定$a,b$使$a\overline{X}_1+b\overline{X}_2$的方差达到最小.

7.16　某种化学纤维的长度服从正态分布$N(\mu,0.04)$. 从中随机抽得25根纤维,测得其样本均值为$\bar{x}=1.39$. 求总体均值μ的置信水平为95%的置信区间.

7.17　已知某炼钢厂的铁水含碳量(%)在正常情况下服从正态分布. 现测量5炉铁水,其含碳量分别为

4.28,4.40,4.42,4.35,4.37.

(1) 求总体均值μ的置信水平为95%的置信区间;

(2) 求总体方差σ^2的置信水平为95%的置信区间.

7.18　为比较两种型号步枪子弹的枪口速度,随机地取甲型子弹10发,算得枪口速度平均值$\bar{x}=500$m/s,样本标准差为$s_1=1.10$m/s;随后取乙型子弹20发,得枪口速度平均值$\bar{y}=496$m/s,样本标准差为$s_2=1.20$m/s. 设两总体均服从正态分布,并且方差相等. 求两总体均值差$\mu_1-\mu_2$的置信水平为95%的置信区间.

7.19　从甲、乙两个蓄电池厂生产的产品中,分别抽取10件测得电容量(单位:A·h)为

甲厂:137,141,146,138,140,142,143,137,138,142.

乙厂:136,141,139,140,139,138,141,140,142,143.

设蓄电池的电容量服从正态分布,求两工厂生产的蓄电池的电容量的方差比的置信水平为95%的置信区间.

7.20　从一批灯泡中随机抽取16只做寿命试验,测得它们的寿命(单位:h)如下:

1502,1480,1485,1511,1514,1527,1603,1480,

1532,1580,1490,1470,1520,1505,1485,1540.

设灯泡寿命服从正态分布,试求灯泡寿命均值μ的水平为0.95的单侧置信下限.

第 8 章　假 设 检 验

统计推断的另一类基本问题是假设检验. 其具体形式有两种：一种是关于总体的分布参数或数字特征的假设检验问题，称为**参数性假设检验**. 另一种是不能归入参数性假设检验的其他情况，都称为**非参数假设检验**. 本章首先介绍假设检验的基本概念，然后主要研究正态总体参数的假设检验的原理和方法，最后讨论一种常用的非参数假设检验——分布拟合的 χ^2 检验.

8.1　参数假设检验的问题与方法

8.1.1　原假设与对立假设

先来考察一个例子.

例 8.1　某味精厂用一台自动包装机包装味精. 假设这台机器包装的每袋质量 X 服从标准差为 $\sigma=0.015\text{kg}$ 的正态分布，且标准差在任何情况下不会变化. 但每袋质量 X 的平均值可能受环境温度的影响而发生变化，因此每隔一段时间需要检查机器工作情况. 机器正常时，包装出来的每袋味精的平均质量为 $\mu_0=0.5\text{kg}$. 从某日生产的味精中随机地抽取 9 袋味精，称得质量分别为

0.497，　0.506，　0.518，　0.524，　0.498，　0.511，　0.520，　0.515，　0.512.

问这台包装机是否工作正常?

由题设，每袋质量 X(即总体)服从标准差为 $\sigma=0.015$ 的正态分布. 我们的问题是要根据样本观测值对命题 $H_0:\mu=\mu_0=0.5$ 决定是"接受"还是"否定". 在统计中，把这种与总体分布有关的命题 H_0，称为一个**假设**或**统计假设**. 通过样本对一个假设作出"接受"或"否定"的判断，称为检验这个假设，具体的判断规则称为该假设的一个**检验**. 所提出的假设亦称为**原假设**或**零假设**，通常用 H_0 表示. 有时还要明确提出一个与原假设对立的假设，称为**备择假设**或**对立假设**，用 H_1 表示.

本例中，原假设为 $H_0:\mu=0.5$，而备择假设为 $H_1:\mu\neq 0.5$. 问题是要根据样本观测值(10 袋味精的质量)来检验原假设 $H_0:\mu=0.5$. 即要对原假设 H_0 作出"接受"还是"否定"的结论. 若检验结果是接受了原假设 H_0，就是认为包装机工作正常；若检验结果是否定了原假设 H_0，相当于认为包装机工作不正常.

8.1.2　检验法则与两类错误

假设检验问题的一般提法是：在给定备择假设 H_1 下要检验原假设 H_0，也就

是要对原假设 H_0 作出判断或决策. 检验结果可能是否定原假设 H_0，这同时意味着接受了备择假设 H_1；也可能是接受了原假设 H_0，这同时意味着否定了备择假设 H_1. 也就是要在原假设 H_0 和备择假设 H_1 之间决定取舍，作出否定哪一个、接受哪一个的判断. 这类问题常简称为 H_0 对 H_1 的假设检验问题.

在 H_0 对 H_1 的检验问题中要作出否定 H_0（即接受 H_1）或接受 H_0（即否定 H_1）的结论，只能从样本 $X^{(n)}=(X_1,X_2,\cdots,X_n)$ 出发，制定一个法则. 一旦样本观测值 $x^{(n)}=(x_1,x_2,\cdots,x_n)$ 确定后，就可以根据这一法则作出判断：否定 H_0 还是接受 H_0. 这种法则称为 H_0 对 H_1 的**检验法则**，简称**检验法则或检验**.

在上面的例子中，容易找到合理的检验法则. 从第 7 章我们知道，样本均值 $\overline{X}$ 是总体均值 μ 的无偏且一致的估计. 故当原假设 H_0 为真时，$\overline{X}$ 的观测值 $\bar{x}$ 应落在 $\mu_0=0.5$ 的附近，即偏差 $|\bar{x}-\mu_0|$ 应比较小. 因此，若 $\bar{x}$ 与 μ_0 偏离较远，即当偏差 $|\bar{x}-\mu_0|$ 较大时，我们有理由怀疑假设 H_0 的真实性，从而否定原假设 H_0. 于是，我们借助于直观得到了合理的检验法则：$|\bar{x}-\mu_0|\geqslant d$ 时否定原假设 H_0；而当 $|\bar{x}-\mu_0|<d$ 时接受原假设 H_0. 其中 d 是某个待定的正常数.

由于 $\dfrac{\sqrt{n}}{\sigma}$ 是常数，取 $U=\sqrt{n}\dfrac{\overline{X}-\mu_0}{\sigma}$. 当原假设 H_0 为真时，$U\sim N(0,1)$. 上面的检验法则可以等价地用统计量 U 的观测值 u 表示

$$\begin{cases}\text{否定 } H_0, & \text{若 } |u|\geqslant c,\\ \text{接受 } H_0, & \text{若 } |u|<c,\end{cases}$$

其中常数 $c=d\sqrt{n}/\sigma$.

从上面的例子可以看出，要找到检验法则，实际上是要寻找一个适当的条件（通常是与某个统计量 $Q(X_1,X_2,\cdots,X_n)$ 的观测值 $Q(x_1,x_2,\cdots,x_n)$ 有关的一个不等式，且统计量 $Q(X_1,X_2,\cdots,X_n)$ 的分布是完全确定的. 如上例中的 $U=\sqrt{n}(\overline{X}-\mu_0)/\sigma\sim N(0,1)$，而否定原假设 H_0 的条件为 $|u|\geqslant c$). 当由样本 $(X_1,X_2,\cdots,X_n)$ 计算出的统计量 U 的观测值 u 满足该条件时，作出否定原假设 H_0 的结论；而当观测值 u 不满足该条件时，作出接受原假设 H_0 的结论. 若用 X^n 表示容量为 n 的样本空间，用 W 表示满足上述条件的样本的全体所构成的集合，则 W 显然是样本空间 X^n 的子集，称为检验的**否定域**或**拒绝域**，也称为**临界域**. 而其余集 $\overline{W}=X^n-W$ 称为检验的**接受域**. 于是，检验法则完全取决于否定域 W，而否定域 W 通常可以用一个在 H_0 为真时具有确定分布的统计量来构造（如在上面的例子中，$W=\{|u|\geqslant c\}$）. 我们称在原假设 H_0 为真时具有确定分布的用于构造否定域的统计量为检验统计量. 因此，寻找检验法则关键在于找到合适的检验统计量.

通过样本去检验一个提出的假设 H_0 时，并不能从逻辑上证明假设 H_0 的真与假，而只能通过取得的样本观测值去判断原假设 H_0 与备择假设 H_1 中哪一个

出现的可能性更大，从而接受这个假设. 当我们作出了否定原假设 H_0 的判断，而事实上原假设 H_0 为真时，我们就犯了错误. 称这种否定了真实的原假设 H_0 的错误为**第一类错误**(弃真)，其发生的概率

$$P\{\text{否定 } H_0 \mid H_0 \text{ 为真}\}$$

称为第一类错误概率；同样，当我们作出了接受原假设 H_0 的判断，而事实上原假设 H_0 并不成立时，我们也犯了错误. 称这种接受了不真实的原假设 H_0 的错误为**第二类错误**(采伪)，其发生的概率

$$P\{\text{接受 } H_0 \mid H_0 \text{ 不真}\}$$

称为第二类错误概率. 由于样本的随机性，检验中不可避免地会出现两类错误.

8.1.3 显著性检验与显著性水平

上面我们介绍了两类错误及其概率的概念. 一个好的检验法则应当使两类错误发生的概率都比较小. 然而，两类错误是相互制约的. 在固定的样本容量之下，若要减小第一类错误发生的概率则会引起第二类错误概率的增大；反之，第二类错误概率的减小会引起第一类错误概率的增大. 本课程只讨论较简单的一种假设检验方法，即只要求控制第一类错误概率的假设检验. 取定一个较小的正数 α(0.1，0.05，0.01)，作为第一类错误概率的上限. 然后去寻找第一类错误概率不超过 α 的检验法则. 即

$$P\{\text{否定 } H_0 \mid H_0 \text{ 为真}\} \leqslant \alpha. \tag{8.1}$$

(若等号不能成立，可取小于)称这种只控制第一类错误概率的检验法则为显著性检验. 在显著性检验中，称第一类错误概率的上限 α 为检验的**显著性水平**.

8.1.4 假设检验的一般步骤

为了表述方便，可以使用第 5 章的实际推断原理(即小概率原理).

由(8.1)式，当原假设 H_0 成立时，$\{X^{(n)} \in W\}$ 为小概率事件，根据实际推断原理，在一次试验中它不可能发生. 如果抽样得到的样本观测值 $x^{(n)} \in W$，则表示在一次试验中小概率事件 $\{X^{(n)} \in W\}$ 发生了，与实际推断原理相矛盾. 故此时应当拒绝原假设 H_0.

至此，假设检验的基本概念、思想和基本原理已经阐述完毕. 我们可以将这些理论应用到例 8.1 中. 按(8.1)式，可以确定例 8.1 的检验法则(8.1)式中的待定常数 c. 令

$$P\{|U| \geqslant c \mid H_0 \text{ 为真}\} = \alpha, \tag{8.2}$$

而当原假设 H_0 为真，即 $\mu = \mu_0$ 时，$U \sim N(0,1)$. 于是可知 $c = u_{\alpha/2}$. 而 $d = c\,\dfrac{\sigma}{\sqrt{n}} =$

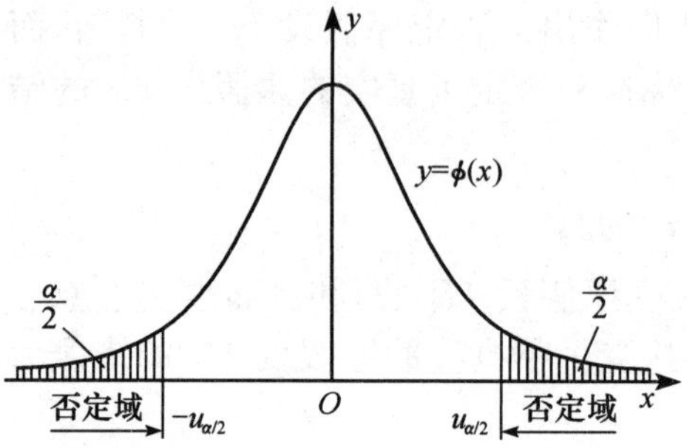

图 8.1

$\frac{\sigma}{\sqrt{n}}u_{\alpha/2}$. 从而例 8.1 中的 H_0 对 H_1 的检验问题

$$H_0:\mu=0.5 \longleftrightarrow H_1:\mu\neq 0.5$$

的否定域为(图 8.1)

$$W=\{|u|\geqslant u_{\alpha/2}\}=\left\{|\bar{x}-\mu_0|\geqslant \frac{\sigma}{\sqrt{n}}u_{\alpha/2}\right\}. \quad (8.3)$$

在例 8.1 中，取显著性水平 $\alpha=0.05$. 查标准正态分布函数表可得 $u_{\alpha/2}=u_{0.025}=1.96$. 由样本观测值得 $\bar{x}=0.511$. 又 $n=9$, $\sigma=0.015$, $\mu_0=0.5$，计算得

$$u=\sqrt{n}\frac{\bar{x}-\mu_0}{\sigma}=\sqrt{9}\,\frac{0.511-0.5}{0.015}=2.2.$$

于是有 $|u|\geqslant u_{\alpha/2}$ 成立. 这表明抽得的样本落入了否定域 W. 故应否定原假设 $H_0:\mu=\mu_0=0.5$. 即认为机器工作不正常.

同样在例 8.1 中，若取显著性水平为 $\alpha=0.01$. 查标准正态分布函数表可得 $u_{\alpha/2}=u_{0.005}=2.575$. 于是有 $|u|<u_{\alpha/2}$ 成立. 这表明取得的样本没有落入否定域 W. 故应接受原假设 $H_0:\mu=0.5$. 即认为机器工作正常.

由此看出，同样一组样本观测值，取不同的显著性水平 α，会得到截然相反的结论. 因此显著性水平 α 对检验的结论有直接的影响，故显著性水平 α 的选择要慎重. 除了要考虑到实际情况以外，还要顾及第一类错误的后果. 当第一类错误后果严重时，显著性水平 α 要取得小一些(0.01，0.005 或更小).

从上面求解例 8.1 的过程可以看出解决假设检验问题的一般步骤为：

(1) 依题意，提出适当的原假设 H_0 和备择假设 H_1；

(2) 寻找检验统计量 Q，其形式应与待检验的参数有关，而其分布在原假设 H_0 成立时应与未知参数无关，即为已知的确定分布；

(3) 根据给定的显著性水平 α，利用检验统计量 Q 确定检验的否定域 W；

(4) 算出 Q 的观测值，以确定所给样本是否落入否定域，从而决定是否定还是接受原假设 H_0.

8.2　正态总体参数的假设检验

8.1 节我们讨论了假设检验的概念、基本原理和方法，本节将把 8.1 节得到的原理应用到最常见的情况. 主要讨论正态总体参数的假设检验问题. 也简单介绍非正态总体情形下的大样本近似检验.

8.2.1 正态总体均值的假设检验

设$(X_1,X_2,\cdots,X_n)$为取自正态总体$N(\mu,\sigma^2)$的样本.检验问题为

$$H_0:\mu=\mu_0 \longleftrightarrow H_1:\mu\neq\mu_0. \tag{8.4}$$

1. 方差σ^2已知时均值μ的正态检验(也称为u检验)

这是8.1节中讨论过的情形.已经得到检验统计量为

$$U=\sqrt{n}\frac{\overline{X}-\mu_0}{\sigma}. \tag{8.5}$$

当原假设H_0为真时,上述统计量$U\sim N(0,1)$.故检验的否定域为$W=\{(x_1,x_2,\cdots,x_n)\,|\,|u|\geqslant u_{\alpha/2}\}$,简记为

$$W=\{|u|\geqslant u_{\alpha/2}\}. \tag{8.6}$$

计算检验统计量U的观测值u.若给定的样本落入否定域W,即有$|u|\geqslant u_{\alpha/2}$,则否定原假设$H_0$;而若有$|u|<u_{\alpha/2}$,则接受原假设$H_0$.

2. 方差σ^2未知时均值μ的t检验

此时虽然(8.5)式中的U仍服从标准正态分布,但因σ未知,故U不是统计量,不能用于假设检验.这时可考虑在(8.5)中用样本标准差S代替总体标准差σ,这样就形成T统计量:

$$T=\sqrt{n}\frac{\overline{X}-\mu_0}{S}. \tag{8.7}$$

直观上,(8.4)式中的原假设H_0成立时,$|\overline{X}-\mu_0|$的值应比较小,从而$|T|$的值也应有较小的趋势.反之,若$|T|$的值较大,则应否定原假设H_0.由于当原假设H_0成立时,$T\sim t(n-1)$,故检验的否定域(图8.2)为

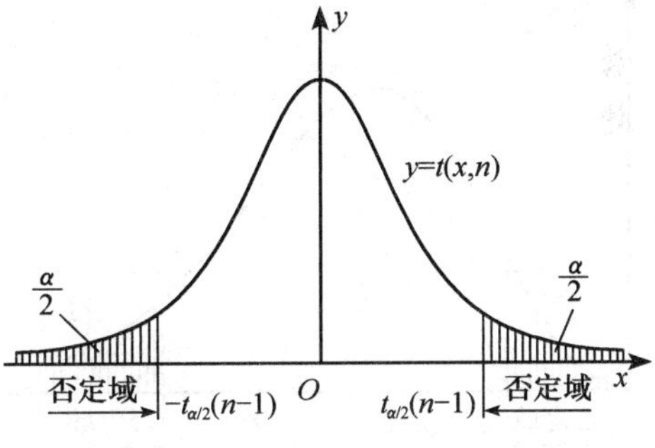

图 8.2

$$W=\{|t|\geqslant t_{\alpha/2}(n-1)\}. \tag{8.8}$$

计算统计量T的观测值t.若$|t|\geqslant t_{\alpha/2}(n-1)$,则否定原假设$H_0$;而若$|t|<t_{\alpha/2}(n-1)$,则接受原假设$H_0$.

例 8.2 某厂生产的某种铝材的长度服从正态分布,其均值规定为120cm.现从该厂生产的铝材中随机抽取5件,测得其长度为(单位:cm)

119, 120, 119.2, 119.7, 119.6.

试在显著性水平$\alpha=0.05$之下,检验该厂铝材长度是否符合规定?

解 由题设，铝材长度 $X\sim N(\mu,\sigma^2)$. 欲检验假设：

$$H_0:\mu=120\longleftrightarrow H_1:\mu\neq 120.$$

由于方差 σ^2 未知，应当选用(8.7)式中的 T 作为检验统计量，而由(8.8)式可知检验的否定域为

$$W=\left\{|t|=\left|\sqrt{n}\frac{\bar{x}-120}{s}\right|\geqslant t_{0.025}(4)\right\}.$$

由样本算得 $\bar{x}=119.5$, $s=0.4$. 故检验统计量 T 的观测值为 $t=\sqrt{5}\dfrac{119.5-120}{0.4}=-2.795$. 而查 t 分布表得 $t_{0.025}(4)=2.776$. 显然有 $|t|\geqslant t_{0.025}(4)$. 这表示取得的样本落入否定域 W，故应否定原假设 H_0. 即认为该厂生产的铝材的长度不符合规定.

8.2.2 正态总体方差的假设检验

设$(X_1,X_2,\cdots,X_n)$为取自正态总体 $N(\mu,\sigma^2)$的样本. 检验问题为

$$H_0:\sigma^2=\sigma_0^2\longleftrightarrow H_1:\sigma^2\neq\sigma_0^2. \tag{8.9}$$

1. 均值 μ 未知时方差 σ^2 的 χ^2 检验

要检验的参数是总体方差，很自然地想到用样本方差 S^2 作检验. 由于样本方差 S^2 是总体方差 σ^2 的无偏估计，因此当原假设 H_0 为真时，S^2 应当与 σ_0^2 比较接近，即比值 S^2/σ_0^2 应当在数值 1 的附近摆动. 因此，若 S^2/σ_0^2 比 1 大很多或者比 1 小很多，则与直观不符，这时我们有理由怀疑假设 H_0 的真实性，从而否定原假设 H_0. 因此检验法则为：$d_1<S^2/\sigma_0^2<d_2$ 时接受原假设 H_0；否则应否定原假设 H_0. 其中 d_1,d_2 是两个待定的正常数. 等价地，检验法则为：当且仅当 $c_1<(n-1)\cdot S^2/\sigma_0^2<c_2$ 时接受 H_0. 因此，检验统计量可取为

$$\chi^2=\frac{(n-1)S^2}{\sigma_0^2}. \tag{8.10}$$

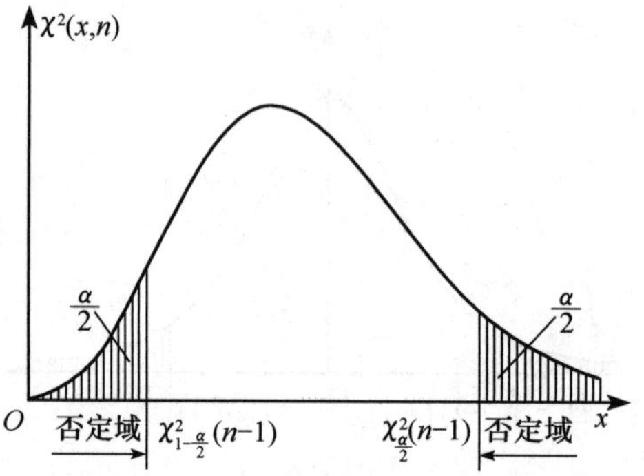

图 8.3

由于当原假设 $H_0:\sigma^2=\sigma_0^2$成立时，$\chi^2\sim\chi^2(n-1)$，故检验的否定域(图 8.3)为

$$W=\{\chi^2\leqslant\chi^2_{1-\alpha/2}(n-1)\}\cup\{\chi^2\geqslant\chi^2_{\alpha/2}(n-1)\}. \tag{8.11}$$

这里将水平 α 二等分只是为了方便而已. 由样本计算 χ^2 的值. 若有 $\chi^2_{1-\alpha/2}(n-1)<\chi^2<\chi^2_{\alpha/2}(n-1)$，则接受原假设 H_0；否则拒绝原假设 H_0.

例 8.3　设某厂生产的维尼纶产品的纤度 X 服从正态分布 $N(\mu,\sigma^2)$，其方差 $\sigma^2=0.048^2$. 采用新工艺后，从该厂生产的维尼纶产品中随机抽取 5 件，测得纤度为 1.32，1.55，1.36，1.40，1.44. 问新工艺对维尼纶产品的纤度的方差有无显著影响（显著性水平取为 0.1）？

解　由题设，总体（即产品的纤度）X 服从正态分布. 待检假设为

$$H_0:\sigma^2=0.048^2 \longleftrightarrow H_1:\sigma^2\neq 0.048^2.$$

选用(8.10)式中的 χ^2 作为检验统计量，而由(8.11)式可知检验的否定域为

$$W=\{\chi^2\leqslant\chi^2_{1-\alpha/2}(n-1)\}\cup\{\chi^2\geqslant\chi^2_{\alpha/2}(n-1)\}.$$

由样本算得 $s^2=0.007776$. 故检验统计量 χ^2 的观测值为

$$\chi^2=\frac{(n-1)s^2}{\sigma_0^2}=\frac{4\times 0.007776}{0.048^2}=13.5.$$

查表得 $\chi^2_{0.95}(4)=0.711$，$\chi^2_{0.05}(4)=9.49$. 显然 $\chi^2\geqslant\chi^2_{\alpha/2}(n-1)$，即样本落入否定域 W，故应否定原假设 H_0. 即认为新工艺对维尼纶产品的纤度的方差有显著影响.

2. 均值 μ 已知时方差 σ^2 的检验

这种情况比较少见，因而缺乏实际的重要性. 故我们不作详细讨论. 只给出有关结果. 读者可以仿照均值 μ 未知时方差 σ^2 的检验的情形自行导出相应的检验法.

这时可取检验统计量为

$$\chi^2=\frac{1}{\sigma_0^2}\sum_{i=1}^{n}(X_i-\mu)^2.$$

由于当原假设 $H_0:\sigma^2=\sigma_0^2$ 成立时，$\chi^2\sim\chi^2(n)$，故检验的否定域为

$$W=\{\chi^2\leqslant\chi^2_{1-\alpha/2}(n)\}\cup\{\chi^2\geqslant\chi^2_{\alpha/2}(n)\}.$$

8.2.3　两个正态总体均值差的假设检验

设 $(X_1,X_2,\cdots,X_m)$ 为正态总体 $N(\mu_1,\sigma_1^2)$ 的样本，$(Y_1,Y_2,\cdots,Y_n)$ 为正态总体 $N(\mu_2,\sigma_2^2)$ 的样本. 欲检验假设

$$H_0:\mu_1-\mu_2=\delta\longleftrightarrow H_1:\mu_1-\mu_2\neq\delta. \tag{8.12}$$

1. 两总体方差 σ_1^2,σ_2^2 已知时，均值差 $\mu_1-\mu_2$ 的 u 检验

由于样本均值之差 $\overline{X}-\overline{Y}$ 是 $\mu_1-\mu_2$ 的无偏估计，故当原假设 H_0 为真时，$\overline{X}-\overline{Y}$ 的值应落在 δ 的附近，即偏差 $|\overline{X}-\overline{Y}-\delta|$ 应比较小. 因此，若 $\overline{X}-\overline{Y}$ 与 δ 偏离较

远，即当偏差 $|\overline{X}-\overline{Y}-\delta|$ 较大时，有理由怀疑假设 H_0 的真实性，从而否定原假设 H_0. 由此得到检验法则的具体形式：$|\overline{X}-\overline{Y}-\delta|\geqslant d$ 时应否定原假设 H_0；当 $|\overline{X}-\overline{Y}-\delta|<d$ 时应接受原假设 H_0. 其中 d 是待定常数.

由定理 6.2 的推论 3，当原假设 H_0 为真时，统计量

$$U=\frac{\overline{X}-\overline{Y}-\delta}{\sqrt{\frac{\sigma_1^2}{m}+\frac{\sigma_2^2}{n}}} \tag{8.13}$$

服从标准正态分布 $N(0,1)$. 显然检验法则可以等价地用统计量 U 表示：$|U|\geqslant c$ 时应否定原假设 H_0；当 $|U|<c$ 时应接受原假设 H_0. 因显著性水平为 α，故应取 $c=u_{\alpha/2}$. 从而检验的否定域为

$$W=\{|u|\geqslant u_{\alpha/2}\}. \tag{8.14}$$

计算检验统计量 U 的观测值 u. 若有 $|u|\geqslant u_{\alpha/2}$，则否定原假设 H_0；而若 $|u|<u_{\alpha/2}$，则接受原假设 H_0.

2. *方差未知但相等(即 $\sigma_1^2=\sigma_2^2=\sigma^2$ 未知)时均值差 $\mu_1-\mu_2$ 的 t 检验*

由定理 6.2 的推论 4，当原假设 H_0 为真时，统计量

$$T=\sqrt{\frac{mn}{m+n}}\frac{\overline{X}-\overline{Y}-\delta}{S_w} \tag{8.15}$$

服从自由度为 $m+n-2$ 的 t 分布，其中 $S_w^2=\dfrac{(m-1)S_1^2+(n-1)S_2^2}{m+n-2}$. 检验法则可以用统计量 T 构造：$|T|\geqslant c$ 时应否定原假设 H_0；当 $|T|<c$ 时应接受原假设 H_0. 从而检验的否定域为

$$W=\{|t|\geqslant t_{\alpha/2}(m+n-2)\}. \tag{8.16}$$

计算检验统计量 T 的观测值 t. 若有 $|t|\geqslant t_{\alpha/2}(m+n-2)$，则否定原假设 H_0；而若 $|t|<t_{\alpha/2}(m+n-2)$，则接受原假设 H_0. 其中 $\delta=0$ 是最常用的情况，称为两总体的均值比较检验.

例 8.4　对用两种不同热处理方法加工的金属材料做抗拉强度试验，得到如下的试验数据：

方法Ⅰ：31，　34，　29，　26，　32，　35，　38，　34，　30，　29，　32，　31.

方法Ⅱ：26，　23，　28，　29，　30，　29，　32，　26，　31，　29，　32，　28.

设两种方法加工的金属材料的抗拉强度都服从正态分布，且方差相等. 给定显著性水平 $\alpha=0.05$，问两种方法所得金属材料的(平均)抗拉强度有无显著差异？

解　记两种方法加工的金属材料的抗拉强度分别为 X,Y，则有 $X\sim N(\mu_1,\sigma^2)$，$Y\sim N(\mu_2,\sigma^2)$. 依题意，要检验的假设是(8.12)式的 $\delta=0$ 的情况，即

$$H_0:\mu_1=\mu_2 \longleftrightarrow H_1:\mu_1\neq\mu_2.$$

题设方差相等但未知，故应选用(8.15)式中的 T 作为检验统计量($\delta=0$)，而由(8.16)式可知检验的否定域为

$$W=\left\{|t|=\sqrt{\frac{mn}{m+n}}\frac{|\bar{x}-\bar{y}|}{s_w}\geqslant t_{0.025}(m+n-2)\right\}.$$

由样本可得 $\bar{x}=31.75$，$\bar{y}=28.67$，$(m-1)s_1^2=112.25$，$(n-1)s_2^2=66.64$，进一步有 $s_w=2.85$. 故检验统计量 T 的值为

$$t=\sqrt{\frac{mn}{m+n}}\frac{\bar{x}-\bar{y}}{s_w}=\sqrt{\frac{12\times12}{24}}\frac{31.75-28.67}{2.85}=2.647.$$

而查 t 分布表得 $t_{0.025}(22)=2.074$. 显然有 $|t|\geqslant t_{0.025}(22)$. 故应否定原假设 H_0. 即认为两种方法所得金属材料的抗拉强度有显著差异.

3. 基于成对数据的 t 检验

关于两正态总体均值差的假设检验，已经介绍的两种情形获得了圆满的解决：一种情形是，两总体的方差均为已知(此时采用正态检验，见(8.14)式)；另一种情形是，如果两总体的方差均为未知，则必须相等(此时可采用 t 检验，见(8.16)式). 另外有一种情况，即当两正态总体的方差 σ_1^2,σ_2^2 均为未知，但样本容量相同时，也可以利用 t 分布进行检验.

令

$$Z_i=X_i-Y_i,\quad i=1,2,\cdots,n,$$

则 $EZ_i=E(X_i-Y_i)=\mu_1-\mu_2=\mu$，　$DZ_i=D(X_i-Y_i)=\sigma_1^2+\sigma_2^2=\sigma^2$. 即 $Z_1,Z_2,\cdots,Z_n$ 独立且均服从正态分布 $N(\mu,\sigma^2)$. 这表示 $(Z_1,Z_2,\cdots,Z_n)$ 可看成是正态总体 $N(\mu,\sigma^2)$ 的样本.

于是两样本的假设检验问题

$$H_0:\mu_1=\mu_2 \longleftrightarrow H_1:\mu_1\neq\mu_2$$

化为下列等价的一样本假设检验问题：$Z_1,Z_2,\cdots,Z_n$ 是总体 $N(\mu,\sigma^2)$ 的样本，σ^2 未知. 检验假设

$$H_0:\mu=0 \longleftrightarrow H_1:\mu\neq0.$$

这是前面讨论过的情况. 由于总体方差 σ^2 未知，利用(8.7)式(此时 $\mu_0=0$)得检验统计量：

$$T=\sqrt{n}\frac{\bar{Z}}{S_z}. \tag{8.17}$$

检验的否定域为

$$W=\{|t|\geqslant t_{\alpha/2}(n-1)\},\tag{8.18}$$

其中 $t=\dfrac{\sqrt{n}\cdot\bar{z}}{s_z}$ 为(8.18)式的统计量 $T=\sqrt{n}\dfrac{\bar{Z}}{S_z}$ 的观测值.

例 8.5　为比较甲乙两种安眠药的疗效，以 10 个失眠患者为实验对象. 以 x_i，y_i 分别表示第 i 位患者服用甲乙两种药延长的睡眠时间. 每个患者两种药各服用一次，试验数据如下：

x_i	1.9	0.8	1.1	0.1	−0.1	4.4	5.5	1.6	4.6	3.4
y_i	0.7	−1.6	−0.2	−1.2	−0.1	3.4	3.7	0.8	0.0	2.0
$z_i=x_i-y_i$	1.2	2.4	1.3	1.3	0.0	1.0	1.8	0.8	4.6	1.4

给定显著性水平 $\alpha=0.01$，试问两种药的疗效有无显著差异？

解　表中第 i 列数据 z_i 是第 i 位患者服用甲乙两种药延长的睡眠时间之差. $z_1,z_2,\cdots,z_{10}$ 是取自总体 $N(\mu,\sigma^2)$ 的容量为 10 的样本的观测值，其中 σ^2 未知. 要检验假设：

$$H_0:\mu=0\longleftrightarrow H_1:\mu\neq 0.$$

检验统计量为 $T=\sqrt{n}\dfrac{\bar{Z}}{S_z}$，检验的否定域为

$$W=\left\{|t|=\left|\sqrt{n}\,\frac{\bar{z}}{s_z}\right|\geqslant t_{\alpha/2}(n-1)\right\}.$$

由上表中最后一行数字可以计算出 $\bar{z}=1.58$，$s_z=1.23$，于是 T 的观测值为

$$t=\frac{\sqrt{n}\cdot\bar{z}}{s_z}=\sqrt{10}\,\frac{1.58}{1.23}=4.062.$$

查 t 分布表得 $t_{0.005}(9)=3.25$. 显然有 $|t|\geqslant t_{\alpha/2}(n-1)$，表明样本落入否定域 W，故应否定原假设 H_0. 即认为两种药的疗效有显著差异.

注意，本题中的 x_i，y_i 表示同一位(第 i 位)患者服用甲乙两种药延长的睡眠时间. 由于有自然的对应关系(称有这种关系的试验为对比试验)，检验的效果非常好. 如果服用甲种药的 10 个人与服用乙种药的 10 个人是不同的，形式上也可以按上述方法进行检验. 但因为没有自然的对应关系(不是对比试验)，检验的效果会差一些. 因为这时样本的排列次序就成了影响上述检验方法一个因素. 而无论从何种角度来看，好的检验方法都不应当与样本的排列次序有关.

8.2.4　两个正态总体方差比的假设检验

设$(X_1,X_2,\cdots,X_m)$为正态总体 $N(\mu_1,\sigma_1^2)$的样本，$(Y_1,Y_2,\cdots,Y_n)$为正态总体

$N(\mu_2,\sigma_2^2)$的样本. 待检假设为

$$H_0:\sigma_2^2=k\sigma_1^2\longleftrightarrow H_1:\sigma_2^2\neq k\sigma_1^2. \tag{8.19}$$

由于样本方差 S_1^2,S_2^2 分别是 σ_1^2,σ_2^2的无偏估计,故 S_1^2 应当与 σ_1^2比较接近,S_2^2应当与 σ_2^2比较接近,即 S_1^2/σ_1^2与 S_2^2/σ_2^2都应当接近 1. 从而二者的比值$\frac{S_1^2}{S_2^2}\frac{\sigma_2^2}{\sigma_1^2}$也应当在 1 的附近摆动. 因此当原假设 H_0 为真时,$\frac{S_1^2}{S_2^2}k$ 应当在 1 的附近摆动. 于是$\frac{S_1^2}{S_2^2}k$ 太大或太小都应当否定原假设 H_0. 另一方面,当原假设 H_0 为真时,

$$F=\frac{S_1^2}{S_2^2}k=\frac{\dfrac{(m-1)S_1^2}{\sigma_1^2(m-1)}}{\dfrac{(n-1)S_2^2}{\sigma_2^2(n-1)}}. \tag{8.20}$$

服从自由度为 $m-1,n-1$ 的 F 分布. 故检验的否定域(图 8.4)为

$$W=\{f\leqslant F_{1-\alpha/2}(m-1,n-1)\}\cup\{f\geqslant F_{\alpha/2}(m-1,n-1)\},$$

其中 $f=\frac{s_1^2}{s_2^2}k$ 是统计量 F 的观测值. $k=1$ 是最常用的情况,称为两总体的方差比较检验.

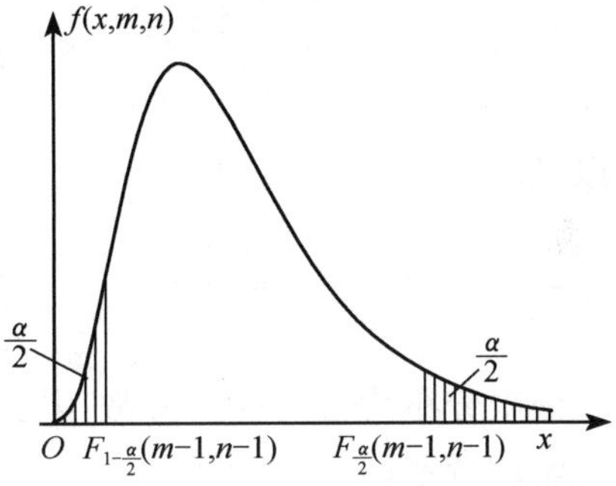

图 8.4

例 8.6 研究某厂 A,B 两台机器生产的钢管的直径,随机抽取机器 A 生产的钢管 16 只,测得直径的样本标准差为 $s_1=0.58$mm;随机抽取机器 B 生产的钢管 13 只,测得直径的样本标准差为 $s_2=0.45$mm. 假定两台机器生产的钢管的直径均服从正态分布,问在显著性水平 $\alpha=0.1$ 之下,两台机器工作的稳定性(加工的精度)有无显著差异(显著性水平取为 0.1)?

解 设两台机器生产的钢管的直径分别服从正态分布 $N(\mu_1,\sigma_1^2)$与 $N(\mu_2,\sigma_2^2)$. 依题意,需要进行方差的比较,即待检假设为

$$H_0:\sigma_1^2=\sigma_2^2\longleftrightarrow H_1:\sigma_1^2\neq\sigma_2^2.$$

由(8.20)式可知,检验统计量为 $F=\frac{S_1^2}{S_2^2}$,而检验的否定域为

$$W=\{f\leqslant F_{1-\alpha/2}(15,12)\}\cup\{f\geqslant F_{\alpha/2}(15,12)\}.$$

统计量为 F 的观测值为

$$f=\frac{s_1^2}{s_2^2}=\frac{0.58^2}{0.45^2}=1.66$$

查 F 分布表得 $F_{0.95}(15,12)=\frac{1}{F_{0.05}(12,15)}=\frac{1}{2.48}$,$F_{0.05}(15,12)=2.62$. 显然

$\frac{1}{2.48}<f<2.62$,故应接受原假设 H_0. 即认为两台机器加工精度无显著差异.

8.2.5 非正态总体均值的大样本假设检验

设总体分布非正态或未知,其均值为 μ,方差记为 σ^2. $(X_1, X_2, \cdots, X_n)$为总体 X 的样本,其中样本容量 $n\geqslant 50$(大样本). 要检验总体 X 的均值

$$H_0: \mu = \mu_0 \longleftrightarrow H_1: \mu \neq \mu_0.$$

根据中心极限定理,当原假设 H_0 为真时

$$\widetilde{U} = \sqrt{n}\frac{\overline{X} - \mu_0}{\sigma} \tag{8.21}$$

以及

$$\widetilde{T} = \sqrt{n}\frac{\overline{X} - \mu_0}{S} \tag{8.22}$$

的极限分布均为 $N(0,1)$. 故当方差 σ^2已知时,利用(8.21)式的统计量,近似推得检验的否定域为

$$W = \{|\tilde{u}| \geqslant u_{\alpha/2}\}, \tag{8.23}$$

而当方差 σ^2未知时,利用(8.22)近似得检验的否定域为

$$W = \{|\tilde{t}| \geqslant u_{\alpha/2}\}, \tag{8.24}$$

其中 $\tilde{u}$,$\tilde{t}$ 分别表示统计量 $\widetilde{U}$,$\widetilde{T}$ 的观测值.

例 8.7 某厂生产的某种电器元件的电阻过去一直保持在 2.64Ω,改变加工工艺后,抽取 100 个元件测量电阻,计算得平均电阻为 2.62Ω,标准差 0.06Ω. 问新工艺对元件的电阻有无显著影响(取显著性水平 $\alpha=0.01$)?

解 题设中总体分布未知且是大样本,可选用大样本近似检验. 检验问题是:

$$H_0: \mu = 2.64 \longleftrightarrow H_1: \mu \neq 2.64.$$

因方差未知,应选用(8.22)式中的 $\widetilde{T}$ 作为检验统计量,而由(8.24)式可知检验的否定域为

$$W = \{|\tilde{t}| \geqslant u_{\alpha/2}\}.$$

统计量 T 的观测值为 $t=\sqrt{100}\frac{2.62-2.64}{0.06}=-3.33$. 而查表得 $u_{0.005}=2.575$. 显然有 $|\tilde{t}|\geqslant u_{0.005}$. 这表示取得的样本落入否定域 W,故应否定原假设 H_0. 即认为新工艺对元件的电阻有显著影响.

8.3　单侧假设检验

前面我们研究的关于总体均值 μ 假设检验问题的一般形式为

$$H_0:\mu=\mu_0 \longleftrightarrow H_1:\mu\neq\mu_0.$$

在实际问题中还会遇到下列两种形式的假设检验问题：

$$H_0:\mu=\mu_0 \longleftrightarrow H_1:\mu>\mu_0, \tag{8.25}$$

$$H_0:\mu=\mu_0 \longleftrightarrow H_1:\mu<\mu_0, \tag{8.26}$$

其特点是备择假设 H_1 所表示的参数区域总在原假设 H_0 所表示的参数区域的一侧. 称这种形式的假设为单侧假设，相应的检验问题为单侧假设检验. 作为对照，称 8.2 节研究的假设检验问题为双侧假设检验.

单侧假设检验与双侧假设检验所用的检验统计量是相同的，其主要不同之处在于否定域 W 的形式. 我们导出当正态总体方差 σ^2 已知情况下，均值 μ 的单侧假设检验问题(8.25)的否定域. 以便与这种情况下的均值 μ 的双侧假设检验问题的否定域进行对照.

由于要检验的是关于总体均值的 μ 的假设，自然想到应当用样本均值 $\overline{X}$. 而因为样本均值 $\overline{X}$ 是总体均值 μ 的无偏估计，故直观上，当备择假设 $H_1:\mu>\mu_0$ 为真时，$\overline{X}$ 的数值应当比较大. 因此，$\overline{X}$ 的数值较大时，应认为备择假设 H_1 成立，从而否定原假设 H_0. 于是正态总体方差 σ^2 已知情况下，形如(8.25)的单侧假设检验问题的否定域的形式为 $W=\{\bar{x}\geqslant d\}$，其中 d 为常数. 显然否定域 W（图 8.5）可以等价的表示为 $W=\left\{\sqrt{n}\dfrac{\bar{x}-\mu_0}{\sigma}\geqslant c\right\}$. 由此看出，应当使用与双侧假设检验相同的统计量：$U=\sqrt{n}\dfrac{\overline{X}-\mu_0}{\sigma}$. 而为满足显著性水平等于 α（即第一类错误概率 $P\{X^{(n)}\in W\mid H_0$ 为真$\}=\alpha$）的要求，显然临界常数 c 应取为 u_α.

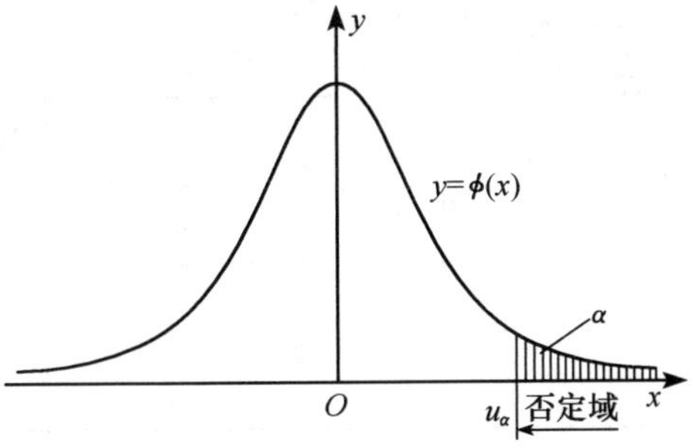

图 8.5　单侧检验问题(8.25)的否定域

因此，正态总体方差 σ^2 已知情况下，单侧假设检验问题(8.25)的否定域为 $W=\{u\geqslant u_\alpha\}$.

同理可导出，当方差 σ^2 已知情况下，单侧假设检验问题(8.26)的否定域为 $W=\{u\leqslant -u_\alpha\}$.

我们看到，单侧假设检验的否定域分布在一侧(其中(8.25)的否定域在右侧，(8.26)的否定域自然应在左侧). 而相应的双侧假设检验否定域是由分别位于两侧的两个区域的并集构成的. 其他情况下的单侧假设检验与相应的双侧假设检验的否定域的关系一如上面这种情况所阐述的. 据此，我们将正态总体参数的假设检验的所有结果列于表 8.1 中.

表 8.1 正态总体参数的假设检验

类型	条件	原假设 H_0	备择假设	检验统计量及其分布(H_0 为真时)	水平为 α 的否定域 W
单总体	σ^2 已知	$\mu=\mu_0$	$\mu<\mu_0$ $\mu>\mu_0$ $\mu\neq\mu_0$	$U=\dfrac{\sqrt{n}(\overline{X}-\mu_0)}{\sigma}$ $N(0,1)$	$u<-u_\alpha$ $u>u_\alpha$ $\|u\|>u_{\alpha/2}$
	σ^2 未知	$\mu=\mu_0$	$\mu<\mu_0$ $\mu>\mu_0$ $\mu\neq\mu_0$	$T=\dfrac{\sqrt{n}(\overline{X}-\mu_0)}{S}$ $t(n-1)$	$t<-t_\alpha(n-1)$ $t>t_\alpha(n-1)$ $\|t\|>t_{\alpha/2}(n-1)$
	μ 未知	$\sigma^2=\sigma_0^2$	$\sigma^2<\sigma_0^2$ $\sigma^2>\sigma_0^2$ $\sigma^2\neq\sigma_0^2$	$\chi^2=\dfrac{(n-1)S^2}{\sigma_0^2}$ $\chi^2(n-1)$	$\chi^2<\chi^2_{1-\alpha}(n-1)$ $\chi^2>\chi_\alpha(n-1)$ $\chi^2<\chi^2_{1-\frac{\alpha}{2}}(n-1)$ 或 $\chi^2>\chi^2_{\frac{\alpha}{2}}(n-1)$
	成对比较	$\mu_Z=0$	$\mu_Z<0$ $\mu_Z>0$ $\mu_Z\neq0$	$T=\sqrt{n}\dfrac{\overline{Z}}{S_Z}$ $t(n-1)$	$t<-t_\alpha(n-1)$ $t>t_\alpha(n-1)$ $\|t\|>t_{\alpha/2}(n-1)$
双总体	σ_1^2,σ_2^2 已知	$\mu_1=\mu_2$	$\mu_1>\mu_2$ $\mu_1<\mu_2$ $\mu_1\neq\mu_2$	$U=\dfrac{\overline{X}-\overline{Y}}{\sqrt{\dfrac{\sigma_1^2}{n_1}+\dfrac{\sigma_2^2}{n_2}}}$ $N(0,1)$	$u>u_\alpha$ $u<-u_\alpha$ $\|u\|>u_{\alpha/2}$
	方差相等但未知	$\mu_1=\mu_2$	$\mu_1>\mu_2$ $\mu_1<\mu_2$ $\mu_1\neq\mu_2$	$T=\dfrac{\overline{X}-\overline{Y}}{S_w\sqrt{\dfrac{1}{n_1}+\dfrac{1}{n_2}}}$ $t(m+n-2)$	$t>t_\alpha(m+n-2)$ $t<-t_\alpha(m+n-2)$ $\|t\|>t_{\alpha/2}(m+n-2)$
	μ_1,μ_2 未知	$\sigma_1^2=\sigma_2^2$	$\sigma_1^2>\sigma_2^2$ $\sigma_1^2<\sigma_2^2$ $\sigma_1^2\neq\sigma_2^2$	$F=\dfrac{S_1^2}{S_2^2}$ $f(n_1-1,n_2-1)$	$F>F_\alpha(m-1,n-1)$ $F<F_{1-\alpha}(m-1,n-1)$ $F<F_{1-\frac{\alpha}{2}}$ 或 $F>F_{\frac{\alpha}{2}}$

最后，我们证明，下述形式的单侧假设检验问题：

$$H_0:\mu\leqslant\mu_0\longleftrightarrow H_1:\mu>\mu_0$$

的检验方法与(8.25)完全相同，可以认为它与(8.25)等价.

只需证明当 $\mu\leqslant\mu_0$ 时，$P\{X^{(n)}\in W\mid H_0\text{ 为真}\}\leqslant\alpha$. 由于 $W=\{u\geqslant u_\alpha\}$，于是

$$P_{\mu_0}\{U\geqslant u_\alpha\}=P_{\mu_0}\left\{\sqrt{n}\frac{\overline{X}-\mu_0}{\sigma}\geqslant u_\alpha\right\}=\alpha,$$

而当 $\mu<\mu_0$ 时，

$$P_{\mu}\{U \geqslant u_{\alpha}\} = P_{\mu}\left\{\sqrt{n}\,\frac{\overline{X}-\mu_0}{\sigma} \geqslant u_{\alpha}\right\}$$
$$= P_{\mu}\left\{\sqrt{n}\,\frac{\overline{X}-\mu}{\sigma} \geqslant \sqrt{n}\,\frac{u_0-\mu}{\sigma}+u_{\alpha}\right\}$$
$$= 1-\Phi\left(\sqrt{n}\,\frac{\mu_0-\mu}{\sigma}+u_{\alpha}\right) < 1-\Phi(u_{\alpha}) = \alpha.$$

综上得到当 $\mu \leqslant \mu_0$ 时，$P_{\mu}\{U \geqslant u_{\alpha}\} \leqslant \alpha$. 即有 $P\{X^{(n)} \in W \mid H_0 \text{ 为真}\} \leqslant \alpha$.

例 8.8 用某种农药厂施入农田中防治病虫害，经三个月后土壤中如有 3mg/kg 以上的浓度时，认为仍有残效. 假定土壤残余农药浓度服从正态分布. 在一块已施药的农田中随机取 10 个土样进行分析，其浓度为：4.0，3.2，2.6，6.0，5.4，7.6，2.1，2.5，3.1，3.5（单位：mg/kg）. 问经三个月后，农田中农药的残效是否显著（取显著性水平 $\alpha=0.05$）？

解 依题意，土壤残余农药浓度总体服从正态分布 $N(\mu,\sigma^2)$，要检验假设：

$$H_0: \mu \leqslant 3 \longleftrightarrow H_1: \mu > 3.$$

由于方差 σ^2 未知，应当用 t 检验，检验统计量为 $T=\sqrt{n}\,\dfrac{\overline{X}-5}{S}$，否定域为 $W=\{t \geqslant t_{\alpha}(n-1)\}$. 计算得 $\bar{x}=4$，$s=1.7776$，进而算得统计量 T 的值为 $t=\sqrt{n}\,\dfrac{\bar{x}-3}{s}=\sqrt{10}\,\dfrac{4-3}{1.78}=1.78$. 查 t 分布表得 $t_{\alpha}(n-1)=t_{0.05}(9)=1.83$. 显然有 $t<t_{\alpha}(n-1)$，即所给样本落入接受域. 故应接受原假设，即认为经三个月后农田中农药的残效不显著.

例 8.9 某工厂生产一批产品，按规定，当次品率低于 5％时才能出厂，否则不能出厂. 现随机抽查 100 件，发现有 2 件次品. 问能否认为这批产品的次品率显著低于 5％（取显著性水平 $\alpha=0.05$）？

解 依题意，要作单侧假设检验

$$H_0: p = 0.05 \longleftrightarrow H_1: p < 0.05.$$

这是非正态总体参数的大样本检验，且是单侧检验，故应选用(8.22)式中的统计量 $\widetilde{T}$ 作检验，否定域为

$$W = \{\tilde{t} \leqslant -u_{\alpha}\}.$$

计算得 $\widetilde{T}$ 的值为 $\tilde{t}=\sqrt{n-1}\,\dfrac{\bar{x}-p_0}{\sqrt{\bar{x}(1-\bar{x})}}=\sqrt{99}\,\dfrac{0.02-0.05}{\sqrt{0.02(1-0.02)}}=-2.132$. 而查表得 $-u_{0.05}=-1.645$. 显然有 $\tilde{t} \leqslant -u_{\alpha}$，故应否定原假设 H_0. 即可以认为这批产品的次品率显著低于 5％.

8.4　总体分布的假设检验

在前面讨论的参数假设检验中，总体分布的类型是已知的，且一般都假定为正态分布，统计假设只是对总体分布中的未知参数提出的. 在实际问题中，有时会遇到总体的分布未知的情况，这就需要根据样本来检验关于总体分布的假设，即需要检验如下形式的统计假设：

$$H_0\text{：总体分布函数 } F(x)=F_0(x), \tag{8.27}$$

其中 $F_0(x)$ 是某个已知的分布函数.

如何对形如假设(8.27)的关于总体分布的假设进行检验呢？我们知道，对总体 X 的统计分布，如果选用某一理论分布去拟合，则无论怎样选择，理论分布与统计分布之间总或多或少地存在着某些差异. 自然会提出这样的问题：这些差异是否可以解释为仅仅是由于试验次数有限而导致的随机性所产生的呢？还是由于选择的理论分布与总体 X 的统计分布之间具有实质性的差异而产生的呢？为了解决这个问题，数理统计中有几种不同的检验方法，本节只讨论最常用的皮尔逊(Pearson)χ^2 拟合检验法.

皮尔逊 χ^2 拟合检验法的步骤是：

(1) 用分点 $a_0<a_1<\cdots<a_m$ 将实数轴分成 m 个互不重叠的区间 $(a_{i-1},a_i]$，$i=1,2,\cdots,m$，其中 a_0,a_m 分别可以取为 $-\infty,+\infty$. 计算总体 X 的样本观测值 $(x_1, x_2,\cdots,x_n)$ 落在第 i 个小区间 $(a_{i-1},a_i]$ 的经验频数 n_i 和经验频率 $\frac{n_i}{n}$，$i=1,2,\cdots,m$；

(2) 计算当原假设(8.27)成立时，总体 X 取值于第 i 个小区间 $(a_{i-1},a_i]$ 的理论概率

$$p_i=P(a_{i-1}<X\leqslant a_i)=F_0(a_i)-F_0(a_{i-1}),\quad i=1,2,\cdots,m, \tag{8.28}$$

进而求出理论频数 np_i，$i=1,2,\cdots,m$；

(3) 选取皮尔逊 χ^2 统计量

$$\chi^2=\sum_{i=1}^{m}\frac{(n_i-np_i)^2}{np_i} \tag{8.29}$$

对关于总体分布的假设(8.27)进行检验.

易见上式是经验频数 n_i 与理论频数 np_i 的差异的加权平方和，且当 n_i 与 np_i 相差越小时，χ^2 的值也越小. 因此，上述统计量 χ^2 可以作为经验分布与总体理论分布之间差异的一种度量. 换句话说，统计量 χ^2 的值表示假设的理论分布 $F_0(x)$ 与总体的经验分布的拟合程度. 其值越小，则拟合程度越高，拟合效果越好. 当统计

量 χ^2 的值大于某个临界值，即经验频数与通过原假设计算的理论频数的差异过大时，认为假设的理论分布 $F_0(x)$ 与总体的经验分布的拟合程度较差，此时应当否定原假设 H_0. 即假设(8.27)的检验的否定域的形式为

$$W=\{(x_1,x_2,\cdots,x_n)\mid \chi^2\geqslant c\}.$$

为了确定否定域中的临界值 c，需要知道统计量 χ^2 的分布. 皮尔逊在 1900 年证明了如下的定理：

定理 8.1 当假设 H_0 为真时，由(8.29)式确定的 χ^2 统计量的极限分布为 $\chi^2(m-1)$. 即当样本容量充分大时，χ^2 统计量的分布渐近于自由度为 $m-1$ 的 χ^2 分布.

定理的证明超出了本课程的要求，故从略.

值得注意的是，当用皮尔逊 χ^2 拟合检验法检验假设 $H_0:F(x)=F_0(x)$ 时，$F_0(x)$ 必须是完全已知的，才能通过(8.28)式计算出理论概率 p_i. 如果 $F_0(x)$ 中含有未知参数 $\theta_1,\theta_2,\cdots,\theta_r$，即 $F_0(x)=F_0(x;\theta_1,\theta_2,\cdots,\theta_r)$，就需要先求出这些参数的极大似然估计 $\hat{\theta}_1,\hat{\theta}_2,\cdots,\hat{\theta}_r$，用它们代替未知参数 $\theta_1,\theta_2,\cdots,\theta_r$ 得到理论概率 p_i 的相应的估计：

$$\hat{p}_i=F_0(a_i;\hat{\theta}_1,\hat{\theta}_2,\cdots,\hat{\theta}_r)-F_0(a_{i-1};\hat{\theta}_1,\hat{\theta}_2,\cdots,\hat{\theta}_r),\quad i=1,2,\cdots,m.$$

这时，相应的统计量成为

$$\chi^2=\sum_{i=1}^{m}\frac{(n_i-n\hat{p}_i)^2}{n\hat{p}_i},\tag{8.30}$$

然后再按上述步骤进行检验. 这种情况下，费希尔推广了皮尔逊定理得到

定理 8.2 当假设 H_0 为真时，由(8.30)式确定的 χ^2 统计量的极限分布为 $\chi^2(m-r-1)$，其中 r 为待估参数的个数.

我们指出，由于皮尔逊 χ^2 拟合检验法是根据 χ^2 统计量的渐近分布得到的，因此使用时要求样本容量 n 足够大以及理论频数 $np_i(i=1,2,\cdots,m)$ 都不能太小. 一般要求 $n\geqslant 50$，理论频数 $np_i\geqslant 5,i=1,2,\cdots,m$. 如果某些子区间内的理论频数太小，则应适当地把相邻的两个或几个子区间合并起来，使得合并后的子区间内的理论频数满足条件 $np_i\geqslant 5$. 当然，这时必须相应地减少统计量 χ^2 的极限分布的自由度.

例 8.10 在某交叉路口记录每 15s 内通过的汽车数量，共观察了 25min，得到 100 个记录，经整理得

x_i	0	1	2	3	4	5	6	7	8	9	10	11
频数 n_i	1	5	15	17	26	11	9	8	3	2	2	1

在水平 $\alpha=0.05$ 之下检验假设：通过交叉路口的汽车数量服从泊松分布.

解　依题意,要检验假设

$$H_0: X \text{ 服从泊松分布 } P(\lambda).$$

由于假设中含有未知参数 λ,需要先求出 λ 的极大似然估计 $\hat{\lambda}$

$$\hat{\lambda} = \bar{x} = \frac{1}{n}\sum_{i=1}^{n} x_i = 4.28.$$

由此得到

$$\hat{p}_i = P(X = i) = \frac{4.28^i}{i!}\mathrm{e}^{-4.28}, \quad i = 0,1,2,\cdots,11.$$

将数据进行分组,按要求各组理论频数 np 不可小于 5. 适当进行合并后分成 8 个组. 分组情况与计算过程见下表:

i	频数 n_i	概率 p_i	理论频数 np_i	$(n_i - n\hat{p}_i)^2/n\hat{p}_i$
≤1	6	0.0730	7.30	0.2315
2	15	0.1268	12.68	0.4245
3	17	0.1809	18.09	0.0657
4	26	0.1935	19.35	2.2854
5	11	0.1657	16.57	1.8724
6	9	0.1182	11.82	0.6758
7	8	0.0723	7.23	0.0820
≥8	8	0.0696	6.96	0.1554
$\sum$	100			5.7897

由于 $\chi^2 = 5.7897$ 小于临界值 $\chi^2_{0.05}(6) = 12.592$,故应接受假设 H_0,即在水平 $\alpha = 0.05$ 之下可以认为通过该交叉路口的汽车数量服从泊松分布.

例 8.11　自 1965 年 1 月 1 日至 1971 年 2 月 9 日共 2231 天中,全世界记录到里氏震级 4 级及以上地震共计 162 次,统计如下:

相机两次地震间隔天数	0～4	5～9	10～14	15～19	20～24	25～29	30～34	35～39	≥40
出现的频数	50	31	26	17	10	8	6	6	8

试检验相继两次地震间隔天数服从指数分布(取水平 $\alpha = 0.05$).

解　用 X 表示相继两次地震间隔天数(即总体),待检假设为

$$H_0: X \text{ 服从指数分布 } E(\lambda).$$

由例 7.6 可知,未知参数 λ 的极大似然估计

$$\hat{\lambda} = \frac{1}{\bar{x}} = \left(\frac{1}{n}\sum_{i=1}^{n} x_i\right)^{-1} = \frac{162}{2231} = 0.0726.$$

将 X 的取值范围$[0,+\infty)$分成 9 个不重叠的子区间：$[0,4.5)$，$[4.5,9.5)$，…，$[39.5,+\infty)$. 分别计算总体 X 取值于各子区间$[a_{i-1},a_i)$，$i=1,2,\cdots,9$，得到各子区间内的理论概率

$$\hat{p}_i = P(a_{i-1} \leqslant X < a_i) = F(a_i) - F(a_{i-1})$$
$$= e^{-0.0726a_{i-1}} - e^{-0.0726a_i}, \quad i=1,2,\cdots,9.$$

分组情况与计算过程见下表：

区间	频数 n_i	$\hat{p}_i$	$n\hat{p}_i$	$(n_i-n\hat{p}_i)^2/n\hat{p}_i$
$[0,4.5)$	50	0.2788	45.1656	0.5175
$[4.5,9.5)$	31	0.2196	35.5752	0.5884
$[9.5,14.5)$	26	0.1527	24.7374	0.0644
$[14.5,19.5)$	17	0.1062	17.2044	0.0024
$[19.5,24.5)$	10	0.0739	11.9718	0.3248
$[24.5,29.5)$	8	0.0514	8.3268	0.0128
$[29.5,34.5)$	6	0.0358	5.7996	0.0069
$[34.5,39.5)$	6	0.0248	4.0176 } 13.2192	0.0461
$[39.5,+\infty)$	8	0.0568	9.2016 }	
$\sum$				1.5633

注意在计算时为了满足 $n\hat{p}_i \geqslant 5$ 的要求，对最后两组进行了合并. 这样实际上分成了 8 组. 计算得 χ^2 统计量的观测值 $\chi^2=1.5633$. 易见自由度为 $8-1-1=6$. 于是查表得临界值 $\chi^2_{0.05}(6)=12.592$. 由于 $\chi^2<\chi^2_{0.05}(6)$，故应接受原假设，即可以认为相继两次地震间隔天数服从指数分布.

习 题 8

8.1 某厂生产的螺杆直径服从正态分布 $N(\mu,0.8)$. 现从中抽取 5 件，测得直径(单位：mm)：

22.3， 21.5， 22.0， 21.8， 21.4.

试在显著性水平 $\alpha=0.1$ 下，检验假设 $H_0:\mu=21 \leftrightarrow H_1:\mu\neq21$.

8.2 已知某炼铁厂的铁水含碳量在正常情况下服从正态分布 $N(4.55,1.08^2)$. 现在测了 5 炉铁水，其含碳量为

4.28， 4.40， 4.42， 4.35， 4.37.

如果方差不变，问铁水含碳量的均值有无显著变化($\alpha=0.1$)？

8.3 五名学生独立地测量同一块土地，测得其面积(单位：km^2)分别为

1.27， 1.24， 1.21， 1.28， 1.23.

设测定值服从正态分布，问在水平 $\alpha=0.1$ 之下，可否认为这块地的面积为 $1.23km^2$？

8.4 正常人的脉搏平均为 72 次/分，某医生测得 10 例慢性中毒者的脉搏为

54， 67， 65， 68， 78， 70， 66， 70， 69， 67.

设中毒者的脉搏服从正态分布，在 $\alpha=0.05$ 的显著性水平下，问中毒者和正常人的脉搏有无显著差异？

8.5 某工厂生产铜丝，其折断力(N)服从正态分布. 某日抽取 10 根铜丝进行折断力试验，测得结果如下：

292， 289， 286， 285， 284， 286， 285， 285， 286， 298.

在显著性水平 $\alpha=0.05$ 之下，可否认为铜丝折断力的方差是 16(N)？

8.6 一细纱车间纺出的某种细纱支数标准差为 1.2. 从某日纺出的一批细纱中随机取 16 缕进行支数测量，计算得样本标准差为 2.1. 假设细纱支数服从正态分布，问纱的均匀度有无显著变化(取显著性水平 $\alpha=0.05$)？

8.7 设甲乙两厂生产的钢丝的抗拉强度分别服从标准差为 80 和 94 的正态分布. 从两厂生产的钢丝中各取 50 截 1m 长的钢丝作拉力强度试验，计算得平均抗拉强度分别为 1208 和 1282. 问甲乙两厂钢丝的抗拉强度是否有显著差异($\alpha=0.05$)？

8.8 两种作物各取 10 块农田进行试种，根据产量计算得 $\bar{x}=30.97$，$\bar{y}=21.79$，$s_x=26.7$，$s_y=21.1$. 设两种作物产量服从同方差的正态分布，问两种作物产量的均值有无显著差异(取显著性水平 $\alpha=0.05$)？

8.9 两种作物各取 10 块农田进行试种，根据产量计算得样本标准差分别为 $s_x=26.7$，$s_y=21.1$. 假设两种作物的产量都服从正态分布，问这两种作物产量的方差有无显著差异(取显著性水平 $\alpha=0.05$)？

8.10 某烟厂从生产的两种香烟中独立地抽取容量相同的烟草标本测其尼古丁含量，分别作了六次测定，结果如下：

甲：25， 28， 23， 26， 29， 22.

乙：28， 23， 30， 25， 21， 27.

假定两种香烟的尼古丁含量都服从正态分布，问在显著性水平 $\alpha=0.05$ 之下，两种香烟的尼古丁含量(均值)有无显著差异？

8.11 一工厂的两个化验室每天同时从工厂的冷却水中取样，测量水中含氯量(mg/kg)一次，下面是 7 天的记录：

日　期	1	2	3	4	5	6	7
化验室 A	1.15	1.86	0.75	1.82	1.14	1.65	1.90
化验室 B	1.00	1.90	0.90	1.80	1.20	1.70	1.95

设冷却水中的含氯量服从正态分布，问在水平 $\alpha=0.01$ 之下，两化验室测定的结果之间有无显著差异？

8.12 为比较甲乙两种橡胶轮胎的耐磨性，从两种轮胎中各随机抽取 8 个，又各取一个组成一对，再随机地选取 8 架飞机，将 8 对轮胎分别装在这 8 架飞机上作耐磨试验，经飞行起落一段时间后，测得轮胎磨损量(单位：mg)数据如下：

甲	4900	5220	5500	6020	6340	7660	8650	4870
乙	4930	4900	5140	5700	6110	6880	7930	5010

设两种轮胎磨损量服从正态分布,问两种轮胎的耐磨性有无显著差异($\alpha=0.05$)?

8.13　已知某厂生产的超高压电线的拉断力服从正态分布,正常时其均值为 215kN. 今有一批这种导线,测得其拉断力(单位:kN)为

$$215,\quad 212,\quad 207,\quad 211,\quad 205.$$

试问这批导线的拉断力是否显著小于正常值(取显著性水平 $\alpha=0.05$)?

8.14　某种导线,要求其电阻的标准差不得超过 0.005Ω. 今在这批导线中随机选取 9 根,测得样本标准差 $s=0.007\Omega$. 设导线的电阻值服从正态分布,问在水平 $\alpha=0.05$ 下能否认为这批导线的标准差显著偏大?

8.15　在甲乙两所中学的同一年级分别随机抽取 50 名和 40 名学生,进行外语考试. 甲校学生的平均成绩为 78 分,标准差为 7 分;乙校学生的平均成绩为 74 分,标准差为 8 分. 假设两校的考试成绩服从同方差的正态分布,问甲校学生的外语考试成绩是否显著高于乙校($\alpha=0.05$)?

8.16　甲乙两台机床加工同一种零件,分别取 6 个甲机床生产的零件和 9 个乙机床生产的零件测量其长度,并计算得 $s_{甲}^2=0.245$,$s_{乙}^2=0.357$. 假设零件长度服从正态分布,是否可以认为甲机床的加工精度显著高于乙机床($\alpha=0.05$)?

8.17　某灯泡厂在使用一项新工艺的前后,各取 10 支灯泡进行寿命试验,计算得到采用新工艺之前的 10 只灯泡的寿命均值为 2460h,标准差为 56h;采用新工艺之后的 10 只灯泡的寿命均值为 2550h,标准差为 48h. 已知灯泡寿命服从正态分布,问采用新工艺后灯泡的寿命是否有显著提高($\alpha=0.05$)?

8.18　某种电器零件的电阻过去一直保持在 2.64Ω,采用新工艺后生产的 100 个零件的平均电阻为 2.62Ω,电阻标准差为 0.06Ω. 问新工艺对此零件的电阻有无显著影响($\alpha=0.05$)?

8.19　某厂生产了一大批彩屏手机,在进行出厂检验时,按规定次品率不超过 5%才能通过检验. 从这批手机中随机抽查 50 件,发现有 4 件次品. 问这批手机能否通过出厂检验($\alpha=0.05$)?

8.20　掷一颗骰子 60 次,结果如下:

点数	1	2	3	4	5	6
次数	7	8	12	11	9	13

试在显著性水平 0.05 之下检验骰子是否均匀?

8.21　检查了一本书的 100 页,记录各页中的印刷错误个数,其结果如下表:

错误个数	0	1	2	3	4	5	6	≥7
频数	8	16	17	10	6	2	1	0

能否认为一页的印刷错误个数服从泊松分布(取 $\alpha=0.05$)?

8.22　某种动物后代按体质的属性分为三类,各类的数目是 10,53,46. 按照某种遗传模型其比率之比应为 $p^2:2p(1-p):(1-p)^2$,问数据与模型是否相符(取检验水平 $\alpha=0.05$)?

第 9 章　方差分析与回归分析

前面我们介绍了统计推断的基本内容——参数估计和假设检验. 在此基础上，本章介绍两个用途广泛的实用统计模型：方差分析和回归分析.

9.1　单因素方差分析

9.1.1　单因素试验的数学模型

在工农业生产和科学实验中，常常需要分析哪些因素对实验结果有显著作用，哪些因素没有显著作用. 利用实验数据，分析各个因素对实验结果的影响是否显著，数理统计中所采用的一种有效方法就是方差分析. 本节只讨论方差分析中最基本的内容，即单因素试验的方差分析.

在实际问题中，有时只需要考虑某一个因素(也称为因子)A 在不同实验条件下对所考察的性能指标值 X 的影响. 我们可以在试验时让其他因素保持不变，只让因素 A 改变，来观察指标值 X 的变化. 称这样的试验为单因素试验，称因素 A 所处的状态为水平.

设因素 A 有 s 个水平 $A_1,A_2,\cdots,A_s$，在水平 A_i 下进行 n_i 次试验，$i=1,2,\cdots,s$. 得到如表 9.1 的样本：

表 9.1

水平	样本
A_1	$X_{11},X_{12},\cdots,X_{1n_1}$
A_2	$X_{21},X_{22},\cdots,X_{2n_2}$
$\vdots$	$\vdots$
A_s	$X_{s1},X_{s2},\cdots,X_{sn_s}$

我们假定各水平 $A_i(i=1,2,\cdots,s)$下的样本 $X_{i1},X_{i2},\cdots,X_{in_i}$ 取自方差为 σ^2 均值为 μ_i 的正态总体 $N(\mu_i,\sigma^2)$，其中 μ_i,σ^2 未知. 即假定在每个水平下，总体的分布都是正态分布，且方差相等. s 个总体的方差都相等称为方差的齐性. 方差齐性的假定是进行方差分析的前提.

因为不同水平下的取样过程是互不影响的，所以这 s 组样本相互独立. 又由于 $X_{ij}\sim N(\mu_i,\sigma^2)$，所以 $\varepsilon_{ij}\overset{\Delta}{=}X_{ij}-\mu_i\sim N(0,\sigma^2)$，$i=1,2,\cdots,s$；$j=1,2,\cdots,n_i$. 这样，我

们有

$$\begin{cases} X_{ij}=\mu_i+\varepsilon_{ij}, & i=1,2,\cdots,s;j=1,2,\cdots,n_i, \\ \varepsilon_{ij}\sim N(0,\sigma^2), & 各\ \varepsilon_{ij}\ 相互独立, \end{cases} \tag{9.1}$$

其中 μ_i 与 σ^2 均为未知参数.(9.1)式称为单因素方差分析的数学模型.

对于模型(9.1),方差分析的任务是,根据这 s 组样本来检验因素 A 对实验结果的影响是否显著.如果因素 A 的影响不显著,则所有的样本 X_{ij} 就可以看成是取自同一正态总体 $N(\mu,\sigma^2)$.因此要检验的原假设是

$$H_0:\mu_1=\mu_2=\cdots\cdots=\mu_s; \tag{9.2}$$

而对立假设是

$$H_1:\mu_1,\mu_2,\cdots,\mu_s\ 不全相等. \tag{9.3}$$

今后对这样的原假设 H_0,对立假设(9.3)可以省略不写.

9.1.2 平方和分解

为了检验上述假设,需要选取适当的统计量.记 $n=n_1+n_2+\cdots+n_s$ 为试验的总次数,引入全部样本 $X_{ij},i=1,2,\cdots,s;j=1,2,\cdots,n_i$ 的总平均值

$$\overline{X}=\frac{1}{n}\sum_{i=1}^{s}\sum_{j=1}^{n_i}X_{ij}, \tag{9.4}$$

以及第 i 组样本的组平均值

$$\overline{X}_i=\frac{1}{n_i}\sum_{j=1}^{n_i}X_{ij},i=1,2,\cdots,s. \tag{9.5}$$

考虑全部样本 X_{ij} 对样本总平均值 $\overline{X}$ 的总离差平方和

$$S_T=\sum_{i=1}^{s}\sum_{j=1}^{n_i}(X_{ij}-\overline{X})^2. \tag{9.6}$$

实验所得的全部数据(样本)$X_{ij},i=1,2,\cdots,s;j=1,2,\cdots,n_i$,其离散程度可用总平方和 S_T 来描述.若 S_T 比较大,表示数据 X_{ij} 的波动程度比较大;反之,若 S_T 比较小,数据 X_{ij} 的波动程度就比较小.而数据的波动是由试验的随机误差以及因素各水平效应的差异所引起的.事实上,我们有

$$\begin{aligned} S_T &= \sum_{i=1}^{s}\sum_{j=1}^{n_i}[(X_{ij}-\overline{X}_i)+(\overline{X}_i-\overline{X})]^2 \\ &= \sum_{i=1}^{s}\sum_{j=1}^{n_i}(X_{ij}-\overline{X}_i)^2+\sum_{i=1}^{s}n_i(\overline{X}_i-\overline{X})^2 \\ &\quad +2\sum_{i=1}^{s}\sum_{j=1}^{n_i}(X_{ij}-\overline{X}_i)(\overline{X}_i-\overline{X}). \end{aligned}$$

注意到右边第三项(即交叉项)为

$$\sum_{i=1}^{s}(\overline{X}_i - \overline{X})\sum_{j=1}^{n_i}(X_{ij} - \overline{X}_i) = \sum_{i=1}^{s}(\overline{X}_i - \overline{X})\Big[\sum_{j=1}^{n_i}X_{ij} - n_i\overline{X}_i\Big] = 0,$$

于是总离差平方和 S_T 就被分解成两个平方和之和：

$$S_T = \sum_{i=1}^{s}\sum_{j=1}^{n_i}(X_{ij} - \overline{X}_i)^2 + \sum_{i=1}^{s}n_i(\overline{X}_i - \overline{X})^2 = S_E + S_A. \tag{9.7}$$

(9.7)式表明，全部数据的波动被分解为由试验的随机误差引起的波动以及因素各水平效应的差异所引起的波动两部分. 其中

$$S_A = \sum_{i=1}^{s}n_i(\overline{X}_i - \overline{X})^2 \tag{9.8}$$

表示各组平均值 $\overline{X}_i$ 对总平均值 $\overline{X}$ 的离差平方和，称为因素 A 的**效应平方和或组间平方和**；而

$$S_E = \sum_{i=1}^{s}\sum_{j=1}^{n_i}(X_{ij} - \overline{X}_i)^2 \tag{9.9}$$

表示各个观测值 X_{ij} 对本组平均值 $\overline{X}_i$ 的离差平方和的总和，称为**误差平方和或组内平方和.**

组间平方和 S_A 反映了各组样本之间的差异程度，即由于因素 A 的不同水平所引起的系统误差；误差平方和 S_E 则反映了试验过程中各种随机因素所引起的试验误差. (9.7)式称为平方和分解式.

9.1.3　假设检验问题的否定域

如果原假设 H_0 为真，则所有的样本 X_{ij} 服从同一正态分布 $N(\mu,\sigma^2)$，并且是相互独立的. 所以，由§6.2 定理 6.2 可知，

$$\frac{S_T}{\sigma^2} = \frac{1}{\sigma^2}\sum_{i=1}^{s}\sum_{j=1}^{n_i}(X_{ij} - \overline{X})^2, \tag{9.10}$$

服从自由度为 $n-1$ 的 χ^2 分布.

与上同理，就各组样本来说，我们有

$$\frac{1}{\sigma^2}\sum_{j=1}^{n_i}(X_{ij} - \overline{X}_i)^2, \tag{9.11}$$

服从自由度为 n_i-1 的 χ^2 分布. 由于各组样本是独立的，故由 χ^2 分布的可加性得

$$\frac{S_E}{\sigma^2} = \sum_{i=1}^{s}\frac{1}{\sigma^2}\sum_{j=1}^{n_i}(X_{ij} - \overline{X}_i)^2 \tag{9.12}$$

服从自由度为 $\sum_{i=1}^{s}(n_i - 1) = n - s$ 的 χ^2 分布.

此外，我们还可以证明，S_A 与 S_E 是相互独立的，且当原假设 H_0 为真时

$$\frac{S_A}{\sigma^2}=\frac{1}{\sigma^2}\sum_{i=1}^{s}n_i\,(\overline{X}_i-\overline{X})^2 \tag{9.13}$$

服从自由度为 $s-1$ 的 χ^2 分布.

现在我们可以建立用来检验假设(9.2)的检验法了. 取统计量

$$F=\frac{S_A/(s-1)}{S_E/(n-s)}, \tag{9.14}$$

因为

$$F=\frac{\dfrac{S_A/\sigma^2}{s-1}}{\dfrac{S_E/\sigma^2}{n-s}}, \tag{9.15}$$

所以由 F 分布的定义可知,统计量 F 服从自由度为 $s-1$ 和 $n-s$ 的 F 分布,即

$$F=\frac{S_A/(s-1)}{S_E/(n-s)}\sim F(s-1,n-s). \tag{9.16}$$

如果因素 A 的各个水平对指标值的影响差不多,则组间平方和 S_A 应较小,因而(9.14)式中 F 值也较小;反之,如果因素 A 的各个水平对指标值的影响显著不同,则组间平方和 S_A 应较大,因而(9.14)式中 F 值也较大. 由此可见,我们可以根据 F 值的大小来检验(9.2)式中的原假设 H_0.

对于给定的显著性水平 α,由附表 6 查得相应的 $F_\alpha(s-1,n-s)$,如果由样本观测值计算得到的 F 值大于 $F_\alpha(s-1,n-s)$,则在水平 α 下否定原假设 H_0,即认为因素 A 的不同水平对指标值有显著影响;如果 F 值不大于 $F_\alpha(s-1,n-s)$,则接受原假设 H_0,即认为因素 A 的不同水平对指标值无显著影响. 即假设检验问题(9.2)的否定域为

$$\left\{F=\frac{S_A/(s-1)}{S_E/(n-s)}>F(s-1,n-s)\right\} \tag{9.17}$$

上述分析结果,常排成表 9.2 的形式,称为方差分析表.

表 9.2

方差来源	平方和	自由度	均方	F 值	临界值	显著性
因素 误差	F_A F_E	$s-1$ $n-s$	$\overline{F}_A$ $\overline{F}_E$	$F=\dfrac{\overline{F}_A}{\overline{F}_E}$	F_α	
总和	F_T	$n-1$				

方差分析表中的各平方和可用如下公式计算:

$$S_T=\sum_{i=1}^{s}\sum_{j=1}^{n_i}X_{ij}^2-\frac{1}{n}\Big(\sum_{i=1}^{s}\sum_{j=1}^{n_i}X_{ij}\Big)^2, \tag{9.18}$$

$$S_A=\sum_{i=1}^{s}\frac{1}{n_i}\Big(\sum_{j=1}^{n_i}X_{ij}\Big)^2-\frac{1}{n}\Big(\sum_{i=1}^{s}\sum_{j=1}^{n_i}X_{ij}\Big)^2, \tag{9.19}$$

$$S_E = S_T - S_A. \tag{9.20}$$

例 9.1　用四种不同的工艺生产电池，从四种不同工艺生产的电池中分别抽取样品，并测得样品的寿命（小时）如下：

工艺	寿命（小时）	和	均值
A_1	1620，1670，1700，1750，1800	8540	1708
A_2	1580，1600，1640，1720	6540	1635
A_3	1460，1540，1620	4620	1540
A_4	1500，1550，1610，1680	6340	1585

问（四种）不同的生产工艺对电池寿命有无显著影响？若影响显著，那么哪一种工艺为好？

解　$n=16, n_1=5, n_2=4, n_3=3, n_4=4$. 由所给数据算得

$$\sum_{i=1}^{s}\sum_{j=1}^{n_i} X_{ij} = 26040, \quad \sum_{i=1}^{s}\sum_{j=1}^{n_i} X_{ij}^2 = 42504800.$$

于是由（9.18）式～（9.20）式得

$$S_T = 42504800 - \frac{1}{16}\times 26040^2 = 124700.$$

$$S_A = \frac{1}{5}\times 8540^2 + \frac{1}{4}\times 6540^2 + \frac{1}{3}\times 4620^2 + \frac{1}{4}\times 6340^2 - \frac{1}{16}\times 26040^2 = 62820.$$

$$S_E = S_T - S_A = 61880.$$

得方差分析表如下：

方差来源	平方和	自由度	均方	F 值	临界值	显著性
因素 误差	62820 61880	3 12	20940 5156.7	4.06	$F_{0.05}=3.49$	显著
总和	124700	15				

因为 $F > F_{0.05} = 3.49$，所以由不同工艺生产的电池的寿命有显著差异. 由于第一种工艺生产的电池的平均寿命估计值 $\bar{x}_1 = 1708$ 小时比其他工艺生产的电池的平均寿命估计值大，所以应选用第一种工艺进行生产.

9.2　一元线性回归

在现实世界中，常常会遇到多个变量处于同一个过程中，它们相互联系、相互依存，因而它们之间存在着一定的关系. 一般说来，变量之间的关系大致可分为两类：确定性关系和相关关系.

确定性关系是指当某些变量的值确定以后另一些变量的值随之完全确定的关

系，也就是我们所熟知的函数关系. 例如在物理学中，在一个阻值为 R 的电阻上施加电压 U，则电流一定是 $I=U/R$. 这里变量 I 的值被变量 U 和 R 的值完全确定，I 与 U 和 R 的的关系就是确定性关系.

相关关系是指一些变量的值确定以后，另一些变量的值并不能完全确定，而是在一定范围内变化. 例如，正常人的身高与体重的关系，一个人身高越高，体重一般也越重. 但身高和体重之间并不是严格的函数关系，有些人个子不高，但也可能很重，也有人个子很高，但却不太重. 又如，正常人的血压与年龄有一定的关系，一般来说，年龄大的人血压相对地高一些，但是它们之间的关系不能用一个确定的函数关系式表达出来. 也就是说，血压与年龄之间的关系也是相关关系. 这些具有相关关系的变量，实则是随机变量，或其中至少有一个是随机变量. 变量之间的确定性关系或相关关系不是永恒不变的，在一定条件下可以相互转化. 对具有确定性关系的变量，由于测量误差的存在，其表现形式也具有某种不确定性；对具有相关关系的(随机)变量，当人们充分认识了它们内部的关联关系和变化规律后，相关关系也有可能转化成确定性关系.

设两个变量之间存在着相关关系，这里总假定因变量是随机变量，而自变量可能是随机变量，也可能是普通变量(是可以严格控制或精确测量的)，我们只讨论自变量是普通变量的情况.

9.2.1 一元线性回归模型

设随机变量 Y(因变量)与普通变量 x(自变量)之间存在着某种相关关系. 由于 Y 是随机变量，对于变量 x 的每一个确定值，变量 Y 的取值不能完全确定，但其取值有一个确定的分布 $F(y|x)$. 如果变量 Y 的数学期望存在，则此数学期望显然是 x 的函数，记为 $f(x)$，称 $f(x)$ 为 Y 关于 x 的**回归函数**，简称为**回归**.

在实际问题中，回归函数 $f(x)$ 一般是未知的. 回归分析的任务就是要根据观测数据对回归函数 $f(x)$ 作出估计，进而讨论假设检验及预测和控制问题.

为了研究 x 与 Y 之间的关系，我们对变量 x 取定(或观测到)一组不完全相同的值 $x_1, x_2, \cdots, x_n$，设 $Y_1, Y_2, \cdots, Y_n$ 分别是在 $x_1, x_2, \cdots, x_n$ 处对因变量 Y 的独立观察的结果. 我们称

$$(x_1, Y_1), (x_2, Y_2), \cdots, (x_n, Y_n)$$

是一个容量为 n 的样本，对应的样本(观测)值记为

$$(x_1, y_1), (x_2, y_2), \cdots, (x_n, y_n).$$

我们要利用样本来估计回归函数，为此先要推测回归函数 $f(x)$ 的形式. 在有些问题中，可以结合有关的专业背景知识获得有关回归函数形式的信息，但更多的情况下，我们要根据实测数据去推测回归函数 $f(x)$ 的形式. 具体做法是：将样本观测值 $(x_1, y_1), (x_2, y_2), \cdots, (x_n, y_n)$ 在直角坐标系中描出对应的点，得到的图形称

为散点图. 散点图可以帮助我们大致看出回归函数 $f(x)$ 的形式.

例 9.2　某种合金的抗拉强度 y(kg/mm^2)与其中的含碳量 x(%)有关,今测得 12 对数据如下:

x	0.10	0.11	0.12	0.13	0.14	0.15	0.16	0.17	0.18	0.20	0.21	0.23
y	42.0	43.5	45.0	45.5	45.0	47.5	49.0	53.0	50.0	55.0	55.0	60.0

画出散点图如图 9.1 所示. 从图中可以看出,随着变量 x 的取值 x_i 的增大,变量 Y 的样本观测值 y_i 也在增加,它们大致呈一直线关系. 也就是说,将回归函数 $f(x)$ 取为线性函数的形式是合适的.

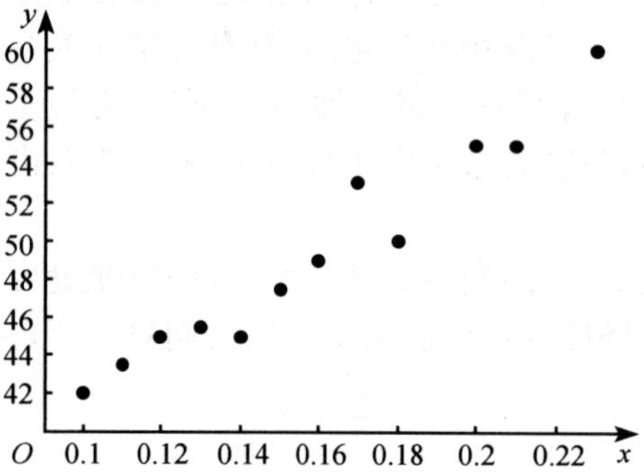

图 9.1

我们只考虑像本例这样回归函数为线性函数的情况,即假定变量 Y 的数学期望具有形式:

$$EY = a + bx.$$

其中 a,b 是不依赖于 x 的未知参数. 记

$$\varepsilon = Y - (a + bx),$$

则 ε 是一个随机变量,且有 $E\varepsilon=0$. 称 ε 为随机误差.

这样,因变量 Y 可以看成是由两部分叠加而成的,一部分是线性回归函数 $a+bx$,另一部分是其他因素引起的随机误差 ε.

一般地,假设随机变量 Y 与普通变量 x 之间的相关关系可以表示为

$$Y = a + bx + \varepsilon, \tag{9.21}$$

其中 a,b 为未知参数,ε 为随机误差且 $E\varepsilon=0$. 通常对随机误差还假定方差存在,即 $D\varepsilon=\sigma^2>0$. 这就是所谓的一元线性回归模型. $y=a+bx$ 称为回归直线,b 称为回归系数. 对于 (x,Y) 的样本 $(x_1,y_1),(x_2,y_2),\cdots,(x_n,y_n)$,由(9.1)式有

$$\begin{cases} y_1 = a + bx_1 + \varepsilon_1, \\ y_2 = a + bx_2 + \varepsilon_2, \\ \quad\cdots\cdots \\ y_n = a + bx_n + \varepsilon_n, \end{cases} \tag{9.22}$$

其中随机误差满足 $\varepsilon_1,\varepsilon_2,\cdots,\varepsilon_n$ 独立,且 $E\varepsilon_i=0, D\varepsilon_i=\sigma^2, i=1,2,\cdots,n$. 称(9.21)和(9.22)为一元线性回归模型. 如果对随机误差还有正态性假定,即 $\varepsilon_i\sim N(0,\sigma^2), i=1,2,\cdots,n$,则称(9.21)和(9.22)为一元正态线性回归模型.

9.2.2 参数 a,b,σ^2 的估计

对(9.22)式给出的一元线性回归模型，未知参数 a,b 的估计经常采用高斯提出的最小二乘法. 下面介绍最小二乘法的原理. 令

$$Q(a,b)=\sum_{i=1}^{n}\varepsilon_i^2=\sum_{i=1}^{n}(y_i-a-bx_i)^2, \tag{9.23}$$

$Q(a,b)$ 实际上是直线 $y=a+bx$ 到各观测点 (x_i,y_i)，$i=1,\cdots,n$，的**偏差平方和**. 我们希望选择一条直线 $y=\hat{a}+\hat{b}x$，使 n 个观测点 (x_i,y_i)，$i=1,\cdots,n$，到这条直线总的偏差平方和达到最小. 即取使得 $Q(a,b)$ 达到最小值的 $\hat{a},\hat{b}$ 分别作为 a,b 的估计. 这种估计未知参数的方法称为最小二乘法，所得的估计称为参数的最小二乘估计(LS).

我们用微分法来求解 a,b 的最小二乘估计. 令

$$\begin{cases}\dfrac{\partial Q}{\partial a}=-2\sum\limits_{i=1}^{n}(y_i-a-bx_i)=0,\\[2ex] \dfrac{\partial Q}{\partial b}=-2\sum\limits_{i=1}^{n}(y_i-a-bx_i)x_i=0.\end{cases}$$

经整理后得到

$$\begin{cases}na+\left(\sum\limits_{i=1}^{n}x_i\right)b=\sum\limits_{i=1}^{n}y_i,\\[2ex] \left(\sum\limits_{i=1}^{n}x_i\right)a+\left(\sum\limits_{i=1}^{n}x_i^2\right)b=\sum\limits_{i=1}^{n}x_iy_i.\end{cases} \tag{9.24}$$

记 $\bar{x}=n^{-1}\sum\limits_{i=1}^{n}x_i$，$\bar{y}=n^{-1}\sum\limits_{i=1}^{n}y_i$. 由(9.4)第一式得 $a=\bar{y}-\bar{x}b$，代入第二式有

$$\left(\sum_{i=1}^{n}x_i^2-n\bar{x}^2\right)b=\sum_{i=1}^{n}x_iy_i-n\bar{x}\bar{y}=\sum_{i=1}^{n}(x_i-\bar{x})(y_i-\bar{y}).$$

从而解得 a,b 的最小二乘估计为

$$\begin{cases}\hat{b}=\dfrac{l_{xy}}{l_{xx}},\\[2ex] \hat{a}=\bar{y}-\hat{b}\bar{x},\end{cases} \tag{9.25}$$

其中

$$l_{xx}=\sum_{i=1}^{n}(x_i-\bar{x})^2=ns_x^2,$$

$$l_{xy}=\sum_{i=1}^{n}(x_i-\bar{x})(y_i-\bar{y}).$$

类似地，引进

$$l_{yy}=\sum_{i=1}^{n}(y_i-\overline{y})^2=ns_y^2,$$

其中 s_x^2,s_y^2 分别表示数据 $x_1,x_2,\cdots,x_n$ 和 $y_1,y_2,\cdots,y_n$ 的二阶中心矩. 由此得当自变量的值为 x 时,Y 的预测值为

$$\hat{y}=\hat{a}+\hat{b}x. \tag{9.26}$$

它称为 Y 关于 x 的经验(线性)回归方程,或称经验公式,$\hat{b}$ 称为回归系数. 对应的直线称为(经验)回归直线,它是理论回归直线 $y=a+bx$ 的估计.

将(9.25)的第二式 $\hat{a}=\overline{y}-\hat{b}\overline{x}$ 代入(9.26)得

$$\hat{y}=\overline{y}+\hat{b}(x-\overline{x}). \tag{9.27}$$

这表示经验回归直线 $\hat{y}=\hat{a}+\hat{b}x$ 通过散点图的几何中心.

可以证明,$\hat{a},\hat{b}$ 分别是 a,b 的无偏估计.

事实上,因为 $y_i=a+bx_i+\varepsilon_i$,有 $Ey_i=a+bx_i$,于是 $E\overline{y}=a+b\overline{x}$. 从而 $E(y_i-\overline{y})=b(x_i-\overline{x})$. 代入 l_{xy} 的表达式得

$$E[l_{xy}]=\sum_{i=1}^{n}(x_i-\overline{x})E(y_i-\overline{y})=b\sum_{i=1}^{n}(x_i-\overline{x})^2=bl_{xx}.$$

由此即得 $E\hat{b}=b$. 利用(9.25)第二式得 $E\hat{a}=a$.

下面讨论参数 σ^2 的估计. 记

$$e_i=y_i-\hat{y}_i=y_i-\hat{a}-\hat{b}x_i,$$

称 e_i 为第 i 个样本点的残差. 而称

$$Q(\hat{a},\hat{b})=\sum_{i=1}^{n}(y_i-\hat{a}-\hat{b}x_i)^2=\sum_{i=1}^{n}e_i^2=l_{yy}-l_{xy}^2/l_{xx}$$

为残差平方和,并简记为 Q_e,即

$$Q_e=\sum_{i=1}^{n}(y_i-\hat{y}_i)^2=l_{yy}-l_{xy}^2/l_{xx}. \tag{9.28}$$

由于 $\sigma^2=E\varepsilon^2$,由矩估计原理,当 a,b 已知时,可用

$$\frac{1}{n}\sum_{i=1}^{n}\varepsilon_i^2=\frac{1}{n}\sum_{i=1}^{n}(y_i-a-bx_i)^2$$

作为 σ^2 的估计. 而当 a,b 未知时,在上式中用 a,b 的最小二乘估计 $\hat{a},\hat{b}$ 代入可得 σ^2 的估计为

$$\frac{1}{n}Q_e=\frac{1}{n}\sum_{i=1}^{n}e_i^2=\frac{1}{n}\sum_{i=1}^{n}(y_i-\hat{a}-\hat{b}x_i)^2. \tag{9.29}$$

通过计算可以得到 $E[Q_e]=(n-2)\sigma^2$. 因此(9.29)式修正后得 σ^2 的无偏估计:

$$\hat{\sigma}^2=\frac{1}{n-2}Q_e. \tag{9.30}$$

为了讨论假设检验、区间估计以及预测和控制问题，需要进一步假定随机误差服从正态分布，即对正态线性回归模型进行讨论.

定理 9.1 假设 $\varepsilon_1,\cdots,\varepsilon_n$ 独立同分布 $N(0,\sigma^2)$，则有：

(1) $\hat{a}\sim N\left(a,\left[\frac{1}{n}+\frac{\bar{x}^2}{l_{xx}}\right]\sigma^2\right),\hat{b}\sim N\left(b,\frac{\sigma^2}{l_{xx}}\right)$；

(2) $\frac{Q_e}{\sigma^2}\sim\chi^2(n-2)$；

(3) $(\hat{a},\hat{b})$与 Q_e 独立.

9.2.3 线性回归的显著性检验

上面我们讨论了从样本观察值出发给出线性回归模型中未知参数的估计的最小二乘法，也得到了 Y 关于 x 的(线性)回归函数. 这种求参数估计的方法完全可以在形式上进行，但所得的 Y 关于 x 的(线性)回归函数是否是原模型的主要部分的较好的拟合，依赖于对模型的线性假设是否合理，即变量 Y 与 x 是否真正具有(9.1)式所表示的线性关系. 如果 Y 与 x 之间不存在线性关系，则形式上求出的回归直线就没有任何的实际意义.

如何去检验模型的线性假设的合理性呢？一个直观的办法是考察回归直线和数据的拟合情况，在低维空间还可以通过作出散点图进行直观的判断，但这些方法不免过于粗糙. 有理论依据的方法就是在正态性假定下进行假设检验.

为了要检验模型(9.21)的合理性，通常提出的一个假设是

$$H_0:b=0. \tag{9.31}$$

如果 H_0 被接受，就有理由认为 Y 对 x 的统计依赖关系是线性的这一假定不可信，从而转向考虑另外的模型. 如果 H_0 被拒绝，虽然还不能说模型一定是线性的，但可以认为 Y 与 x 之间存在显著的相关关系，我们倾向于接受模型.

检验假设(9.31)有以下两种本质上相同的方法，我们分别予以介绍.

1. F 检验

由定理 9.1，在随机误差为正态分布的假定下，有

$$\hat{b}\sim N(b,\sigma^2 l_{xx}^{-1}),\frac{(n-2)\hat{\sigma}^2}{\sigma^2}=\frac{Q_e}{\sigma^2}\sim\chi^2(n-2), \tag{9.32}$$

且 $\hat{b}$ 与 Q_e 独立. 故不难推出在假设 H_0 成立时，统计量

$$F=\frac{\hat{b}^2 l_{xx}}{\hat{\sigma}^2} \tag{9.33}$$

服从自由度为 1 和 $n-2$ 的 F 分布 $F(1,n-2)$. 因此假设 H_0 的否定域为

$$\{F > F_\alpha(1, n-2)\}. \tag{9.34}$$

F 检验的过程通常采用如表 9.3 的方差分析表的形式进行：

表 9.3

方差来源	平方和	自由度	F 值	临界值
回归剩余	$Q_R = l_{yx}l_{xx}^{-1}l_{xy} = \hat{b}l_{xy}$ $Q_e = l_{yy} - Q_R$	1 $n-2$	$F = \dfrac{(n-2)Q_R}{Q_e}$	$F_{0.05}(1, n-2)$ $F_{0.01}(1, n-2)$
总和	$Q = l_{yy}$	$n-1$		

(1) 当 $F \leqslant F_{0.05}(1, n-2)$时，认为 Y 与 x 之间的线性关系不显著；

(2) 当 $F_{0.05}(1, n-2) < F \leqslant F_{0.01}(1, n-2)$时，认为 Y 与 x 的线性关系显著；

(3) 当 $F > F_{0.01}(1, n-2)$时，认为 Y 与 x 之间的线性关系特别显著.

2. t 检验

由(9.32)式以及 $\hat{b}$ 与 Q_e 独立，可知在假设 H_0 成立时，

$$T = \frac{\hat{b}\sqrt{l_{xx}}}{\hat{\sigma}}. \tag{9.35}$$

服从自由度为 $n-2$ 的 t 分布，而由于 $\hat{b}$ 是 b 的无偏估计，故当假设 $H_0(b=0)$成立时，$|\hat{b}|$应很小，从而$|T|$也应较小，否则就应当拒绝 H_0. 因此否定域的形式为$\{x \mid |T| > c\}$. 结合上面得到的统计量 T 的分布可知否定域为

$$\{|T| > t_{\frac{\alpha}{2}}(n-2)\}. \tag{9.36}$$

例 9.3　对例 9.2，求变量 Y 关于 x 的线性回归方程，并对回归方程进行显著性检验.

解　(1) 先求 Y 关于 x 的线性回归方程，计算得

$$n = 12, \quad \sum_{i=1}^{12} x_i y_i = 95.925, \quad l_{xy} = 2.4292,$$

$$\sum_{i=1}^{12} x_i = 1.90, \quad \bar{x} = 0.1583, \quad \sum_{i=1}^{12} x_i^2 = 0.3194, \quad l_{xx} = 0.0186,$$

$$\sum_{i=1}^{12} y_i = 590.5, \quad \bar{y} = 49.2083, \quad \sum_{i=1}^{12} y_i^2 = 29392.75, \quad l_{yy} = 335.23,$$

故 a, b 的最小二乘估计为

$$\hat{b} = \frac{l_{xy}}{l_{xx}} = 130.601, \quad \hat{a} = \bar{y} - \hat{b}\bar{x} = 28.53,$$

因此，Y 关于 x 的线性回归方程为

$$\hat{y} = 28.53 + 130.60x.$$

(2) 回归方程的显著性的检验. F 检验的方差分析表如下:

方差来源	平方和	自由度	F 值	临界值
回归 剩余	$Q_R=\hat{b}l_{xy}=317.26$ $Q_e=Q-Q_R=17.97$	1 10	$F=\dfrac{(n-2)S_R^2}{S_e^2}$ $=176.26$	$F_{0.05}(1,10)=4.96$ $F_{0.01}(1,10)=10.04$
总和	$Q=l_{yy}=335.23$	11		

因此变量 Y 与 x 的线性关系是特别显著的($\alpha=0.01$).

9.2.4 预测与控制

1. 预测

所谓预测问题是已知变量 x 取值 x_0,要估计(预测)因变量 Y 的取值或取值范围. 根据回归方程(9.26),当自变量取值为 x_0 时,应当用

$$\hat{y}_0 = \hat{a} + \hat{b}x_0 \tag{9.37}$$

作为因变量 y_0 的预测值. 因 $y_0=a+bx_0+\varepsilon_0$,故

$$Ey_0 = a + bx_0. \tag{9.38}$$

而

$$E\hat{y}_0 = E(\hat{a} + \hat{b}x_0) = a + bx_0 = Ey_0,$$

因此,$\hat{y}_0$ 也可以作为 Ey_0 的预测值.

下面讨论如何用 $\hat{y}_0$ 构造 Ey_0 以及 y_0 的预测区间.

由定理 9.1(1)可得

$$\frac{\hat{y}_0 - Ey_0}{\sigma\sqrt{\dfrac{1}{n} + \dfrac{(x_0 - \overline{x})^2}{l_{xx}}}} \sim N(0,1),$$

由定理 9.1(2),$\dfrac{Q_e}{\sigma^2}\sim\chi^2(n-2)$,结合定理 9.1(3)可得

$$T_1 = \frac{\hat{y}_0 - Ey_0}{\hat{\sigma}s_1(x_0)} \sim t(n-2),$$

其中 $s_1(x_0)=\sqrt{\dfrac{1}{n}+\dfrac{(x_0-\overline{x})^2}{l_{xx}}}$. 故 Ey_0 的置信度为 $1-\alpha$ 的预测区间为

$$[\hat{y}_0 - \delta_1(x_0), \hat{y}_0 + \delta_1(x_0)], \tag{9.39}$$

其中 $\delta_1(x_0)=\hat{\sigma}s_1(x_0)t_{\frac{\alpha}{2}}(n-2)$.

同理,由于

$$T_2=\frac{y_0-\hat{y}_0}{\hat{\sigma}s_2(x_0)}\sim t(n-2),$$

其中 $s_2(x_0)=\sqrt{1+\frac{1}{n}+\frac{(x_0-\bar{x})^2}{l_{xx}}}$. 故 y_0 的水平为 $1-\alpha$ 的预测区间为

$$[\hat{y}_0-\delta_2(x_0),\hat{y}_0+\delta_2(x_0)],\tag{9.40}$$

其中 $\delta_2(x_0)=\hat{\sigma}s_2(x_0)t_{\frac{\alpha}{2}}(n-2)$.

如果样本容量 n 很大，且 x_0 在 $\bar{x}$ 附近，则有

$$t_{\frac{\alpha}{2}}(n-2)\approx u_{\frac{\alpha}{2}},s_2(x_0)=\sqrt{1+\frac{1}{n}+\frac{(x_0-\bar{x})^2}{l_{xx}}}\approx 1.$$

此时 y_0 的预测区间为

$$[\hat{y}_0-\hat{\sigma}u_{\frac{\alpha}{2}},\hat{y}_0+\hat{\sigma}u_{\frac{\alpha}{2}}].\tag{9.41}$$

特别地，当 $\alpha=0.05$ 时，y_0 的预测区间为

$$[\hat{y}_0-1.96\hat{\sigma},\hat{y}_0+1.96\hat{\sigma}].\tag{9.42}$$

2. 控制

控制问题是指：若要求因变量 $y=a+bx$ 的取值以 $1-\alpha$ 的概率落在区间 $[y_1,y_2]$ 内，要求出自变量 x 的允许变化范围(区间). 由上面对预测问题的讨论，为使 $P(y_1\leqslant y\leqslant y_2)=1-\alpha$，只需满足

$$\begin{cases}\hat{a}+\hat{b}x-\delta_2(x)\geqslant y_1,\\ \hat{a}+\hat{b}x+\delta_2(x)\leqslant y_2.\end{cases}\tag{9.43}$$

通过求解(9.43)中的两个不等式，就可以找到自变量 x 的控制区间. 但由于 $\delta_2(x)$ 的形势复杂，实现起来有些不便.

如果样本容量 n 很大，且 x_0 在 $\bar{x}$ 附近，则问题就容易多了. 通过求解

$$\begin{cases}\hat{a}+\hat{b}_1x_1-\hat{\sigma}u_{\frac{\alpha}{2}}=y_1,\\ \hat{a}+\hat{b}x_2+\hat{\sigma}u_{\frac{\alpha}{2}}=y_2,\end{cases}\tag{9.44}$$

就可以得到 x 的控制区间 (x_1,x_2)(当 $\hat{b}>0$)或 (x_2,x_1)(当 $\hat{b}<0$).

9.3　多元线性回归

多元回归研究的是随机变量 Y(因变量)与多个普通变量 $x_1,x_2,\cdots,x_p$(自变量)之间存在着某种相关关系.

我们只考虑像本例这样回归函数为线性函数的情况，即假定随机变量 Y 与普通变量 $x_1,x_2,\cdots,x_p$ 之间的相关关系可以表示为

$$Y=b_0+b_1x_1+\cdots+b_px_p+\varepsilon,\tag{9.45}$$

其中 $b_0, b_1, \cdots, b_p$ 为未知参数,ε 为随机误差. 通常对误差 ε 的假定是 $E\varepsilon=0, D\varepsilon=\sigma^2>0$. $b_0, b_1, \cdots, b_p$ 称为回归系数. 对于$(x_1, \cdots, x_p; Y)$的样本$(x_{11}, \cdots, x_{1p} y_1)$, $(x_{21}, \cdots, x_{2p}, y_2), \cdots, (x_{n1}, \cdots, x_{np}, y_n)$,由(9.45)式有

$$\begin{cases} y_1 = b_0 + b_1 x_{11} + \cdots + b_p x_{1p} + \varepsilon_1, \\ \cdots\cdots \\ y_n = b_0 + b_1 x_{n1} + \cdots + b_p x_{np} + \varepsilon_n, \end{cases} \tag{9.46}$$

其中随机误差满足 $\varepsilon_1, \varepsilon_2, \cdots, \varepsilon_n$ 相互独立,且 $E\varepsilon_i=0, D\varepsilon_i=\sigma^2, i=1,2,\cdots,n$. 称(9.45)和(9.46)为多元线性回归模型. 如果对随机误差还有正态性假定,即 $\varepsilon_i \sim N(0,\sigma^2), i=1,2,\cdots,n$,则称(9.45)和(9.46)为多元正态线性回归模型.

和一元线性回归的情况一样,我们用最小二乘法估计回归系数. 令

$$Q = \sum_{i=1}^{n} \varepsilon_i^2 = \sum_{i=1}^{n} (y_i - b_0 - b_1 x_{i1} - \cdots - b_p x_{ip})^2,$$

取 Q 关于 $b_0, b_1, \cdots, b_p$ 的偏导数,并令它们等于零得

$$\begin{cases} \dfrac{\partial Q}{\partial b_0} = -2\sum_{i=1}^{n} (y_i - b_0 - b_1 x_{i1} - \cdots - b_p x_{ip}) = 0, \\ \dfrac{\partial Q}{\partial b_1} = -2\sum_{i=1}^{n} x_{i1}(y_i - b_0 - b_1 x_{i1} - \cdots - b_p x_{ip}) = 0, \\ \cdots\cdots \\ \dfrac{\partial Q}{\partial b_p} = -2\sum_{i=1}^{n} x_{ip}(y_i - b_0 - b_1 x_{i1} - \cdots - b_p x_{ip}) = 0, \end{cases} \tag{9.47}$$

经整理后得到

$$\begin{cases} n b_0 + \left(\sum_{i=1}^{n} x_{i1}\right) b_1 + \cdots + \left(\sum_{i=1}^{n} x_{ip}\right) b_p = \sum_{i=1}^{n} y_i, \\ \left(\sum_{i=1}^{n} x_{i1}\right) b_0 + \left(\sum_{i=1}^{n} x_{i1}^2\right) b_1 + \cdots + \left(\sum_{i=1}^{n} x_{i1} x_{ip}\right) b_p = \sum_{i=1}^{n} x_{i1} y_i, \\ \cdots\cdots \\ \left(\sum_{i=1}^{n} x_{ip}\right) b_0 + \left(\sum_{i=1}^{n} x_{ip} x_{i1}\right) b_1 + \cdots + \left(\sum_{i=1}^{n} x_{ip}^2\right) b_p = \sum_{i=1}^{n} x_{ip} y_i, \end{cases} \tag{9.48}$$

(9.48)称为**正规方程组**. 为了求解的方便,引入矩阵

$$X = \begin{bmatrix} 1 & x_{11} & x_{12} & \cdots & x_{1p} \\ 1 & x_{21} & x_{22} & \cdots & x_{2p} \\ \vdots & \vdots & \vdots & & \vdots \\ 1 & x_{n1} & x_{n2} & \cdots & x_{np} \end{bmatrix}, \quad Y = \begin{bmatrix} y_1 \\ y_2 \\ \vdots \\ y_n \end{bmatrix}, \quad b = \begin{bmatrix} b_0 \\ b_1 \\ \vdots \\ b_p \end{bmatrix}, \quad \varepsilon = \begin{bmatrix} \varepsilon_1 \\ \varepsilon_2 \\ \vdots \\ \varepsilon_p \end{bmatrix},$$

则多元线性回归模型(9.46)成为

$$Y = Xb + \varepsilon, \tag{9.49}$$

则正规方程组(9.48)成为

$$(X^{\mathrm{T}}X)b = X^{\mathrm{T}}Y, \tag{9.50}$$

其中 X^{T} 为矩阵 X 的转置. (9.50) 称为正规方程组的矩阵形式. 假设逆矩阵 $(X^{\mathrm{T}}X)^{-1}$存在,则易见(9.50)的解为

$$\hat{b} = \begin{bmatrix} \hat{b}_0 \\ \hat{b}_1 \\ \vdots \\ \hat{b}_p \end{bmatrix} = (X^{\mathrm{T}}X)^{-1}X^{\mathrm{T}}Y, \tag{9.51}$$

即为回归系数 $b_0, b_1, \cdots, b_p$ 的最小二乘估计. 从而得到 Y 关于 $x_1, x_2, \cdots, x_p$ 的(经验)线性回归方程如下:

$$\hat{y} = \hat{b}_0 + \hat{b}_1 x_1 + \cdots + \hat{b}_p x_p. \tag{9.52}$$

可以证明 $\hat{b}_0, \hat{b}_1, \cdots, \hat{b}_p$ 分别是 $b_0, b_1, \cdots, b_p$ 的无偏估计. 由(9.51)式还可以看出,$\hat{b}_0, \hat{b}_1, \cdots, \hat{b}_p$ 分别是随机变量 $y_1, y_2, \cdots, y_n$ 的线性函数.

类似于一元线性回归,多元线性回归模型是否符合实际,同样需要进行假设检验. 这时需要利用正态假定: $\varepsilon_1, \varepsilon_2, \cdots, \varepsilon_n$ 独立,且服从同一分布 $N(0, \sigma^2)$. 由(9.46)可知,$y_1, y_2, \cdots, y_n$ 也独立,且都服从正态分布. 于是 $\hat{b}_0, \hat{b}_1, \cdots, \hat{b}_p$ 都服从正态分布. 进而可得到类似定理 9.1 的结论. 据此可对多元线性回归模型的显著性以及对每个自变量的显著性作假设检验.

在实际领域中,有关多元线性回归的应用非常广泛,限于本课程的要求,在此我们只能作一简单介绍,有兴趣的读者可以参阅参考文献[6]~[8].

习 题 9

9.1 有甲、乙、丙三个工厂生产同一型号的电池,从各厂随机抽取 5 个电池,测得电池样品的使用寿命(单位:小时)如下:

工厂	寿命(小时)				
甲	138	144	135	148	143
乙	163	148	152	146	157
丙	155	144	159	147	153

问各厂生产的电池的使用寿命有无显著性差异?

9.2 粮食加工厂用四种不同的方法贮藏粮食,贮藏一段时间后,分别抽样化验,得到粮食含水率如下:

贮藏方法	含水率
Ⅰ	7.3 8.3 7.6 8.4 8.3
Ⅱ	5.8 7.4 7.1
Ⅲ	8.1 6.4 7.0
Ⅳ	7.9 9.0

检验这四种不同的方法对粮食的含水率是否有显著影响?

9.3 证明:对于一元线性回归模型:$y_i=a+bx_i+\varepsilon_i$,$i=1,2,\cdots,n$,其中$\varepsilon_1,\varepsilon_2,\cdots,\varepsilon_n$相互独立,参数$a,b$的最小二乘估计是$a,b$的无偏估计.

9.4 证明:对于一元正态线性回归模型$y_i=a+bx_i+\varepsilon_i$,$\varepsilon_i\sim N(0,\sigma^2)$,$i=1,2,\cdots,n$,其中$\varepsilon_1,\varepsilon_2,\cdots,\varepsilon_n$相互独立,参数$a,b$的最小二乘估计也是$a,b$的极大似然估计.

9.5 证明下列等式成立:

$$\sum_{i=1}^{n}(y_i-\hat{y}_i)(\hat{y}_i-\bar{y})=0.$$

并由此证明平方和分解式

$$\sum_{i=1}^{n}(y_i-\bar{y})^2=\sum_{i=1}^{n}(y_i-\hat{y}_i)^2+\sum_{i=1}^{n}(\hat{y}_i-\bar{y})^2,$$

即$l_{yy}=Q_e+Q_R$,其中$Q_e=l_{yy}-l_{yx}l_{xx}^{-1}l_{xy}$为残差平方和,$Q_R=l_{yx}l_{xx}^{-1}l_{xy}$为回归平方和.

9.6 通过原点的一元线性回归模型为

$$y_i=bx_i+\varepsilon_i,\quad i=1,2,\cdots,n,$$

其中$\varepsilon_1,\varepsilon_2,\cdots,\varepsilon_n$相互独立.试采用最小二乘法估计回归系数$b$.

9.7 在考察硝酸钠的可溶性程度时,对一系列不同的温度x(℃)观察它在100mL水中溶解的硝酸钠的质量y(g),得观察结果如下:

x	0	4	10	15	21	29	36	51	68
y	66.7	71.0	76.3	80.6	85.7	92.9	99.4	113.6	125.1

从经验及理论知道,y与x服从一元线性回归模型$y_i=a+bx_i+\varepsilon_i$,$i=1,2,\cdots,n$.试求回归系数的a,b的最小二乘估计及误差ε的方差的无偏估计.

9.8 某种合成纤维的强度y(kg/mm^2)与其拉伸倍数x有关,测得实验数据如下:

x	2.0	2.5	2.7	3.5	4.0	4.5	5.2	6.3	7.1	8.0	9.0	10.0
y	1.6	2.4	2.5	2.7	3.5	4.2	5.0	6.4	6.5	7.3	8.0	8.1

设y与x服从一元线性回归模型$y_i=a+bx_i+\varepsilon_i$,$i=1,2,\cdots,n$.试求回归系数的a,b的最小二乘估计及误差方差σ^2的无偏估计.

9.9 在某种产品的表面腐蚀刻线,发现腐蚀深度u(μm)与腐蚀时间t(s)有关,测得实验数据如下:

t_i	5	10	15	20	30	40	50	60	70	90	120
u_i	5	8	10	13	16	17	19	23	25	29	46

(1) 画出散点图,并求出经验回归方程;

(2) 检验腐蚀深度 u 与腐蚀时间 t 之间的线性相关关系是否显著.

9.10　为了研究纱的品质指标 y 与支数之间的数量关系,做了 20 次实验,得实验数据如下:

x_i	19.83	20.24	21.10	23.85	24.47	25.08	28.47	35.20	35.74	39.77
y_i	2466	2501	2390	2450	2350	2396	2331	2203	2159	2137
x_i	41.30	42.20	45.87	47.83	29.28	29.76	33.93	49.13	59.46	57.55
y_i	2092	2082	2060	2025	2297	2285	2238	2040	1865	1857

设 y 与 x 服从一元线性回归模型 $y_i=a+bx_i+\varepsilon_i, i=1,2,\cdots,n$. 试求回归系数的 a,b 的最小二乘估计.

9.11　为了研究钢线含碳量 x(单位:%)对于电阻 y(单位:$\mu\Omega$)在 20℃下的效应,做了 7 次实验,得数据如下:

x_i	0.10	0.30	0.40	0.55	0.70	0.80	0.95
y_i	15	18	19	21	22.6	23.8	26

(1) 求出经验线性回归方程 $y=\hat{a}+\hat{b}x$;

(2) 问电阻 y 与钢线含碳量 x 之间的线性相关关系是否显著?

(3) 求电阻 y 在 $x=0.50$ 处的置信水平为 0.95 的预测区间.

9.12*　对变量 X 与 Y,测得实验数据如下:

x_i	2	3	4	5	6	7	8	9
y_i	6.42	8.20	9.58	9.50	9.70	10.00	9.93	9.99
x_i	10	11	12	13	14	15	16	
y_i	10.49	10.59	10.60	10.80	10.60	10.90	10.76	

画出散点图;为了求得 Y 关于 X 的回归方程,考虑选配下列曲线方程:

(1) $\dfrac{1}{y}=a+\dfrac{b}{x}$;　(2) $y=Ae^{b/x}$;　(3) $y=a+b\ln x$.

按所得的各个回归方程,分别计算残差平方和 $S_e=\sum\limits_{i=1}^{15}(y_i-\hat{y}_i)^2$,比较它们的大小,从而选定"最佳"回归曲线方程($S_e$ 最小者为"最佳").

部分习题答案

习　题　1

1.1　(1) $\Omega=\{1,2,3,4,5,6\}$，$A=\{2,4,6\}$，$B=\{3,6\}$；

(2) $\overline{A}=\{1,3,5\}$表示“出现奇数点”；

$\overline{B}=\{1,2,4,5\}$表示“出现的点数不能被 3 整除”；

$A\cup B=\{2,3,4,6\}$表示“出现的点数能被 2 或 3 整除”；

$\overline{A\cup B}=\{1,5\}$表示“出现的点数不能被 2 和 3 整除”.

1.2　(1) 若取出红球记为 ω_1，取出白球记为 ω_2，取出黑球记为 ω_3，则 $\Omega=\{\omega_1,\omega_2,\omega_3\}$. 基本事件不是等可能的.

(2) $\Omega=\{\omega_1,\omega_2,\cdots\omega_{10}\}$，其中 ω_i——取到 i 号球. 基本事件是等可能的.

1.3　(1) $\overline{A}\,\overline{B}\,\overline{C}$；　(2) $\overline{ABC}$；　(3) $A\overline{B}\,\overline{C}+\overline{A}B\overline{C}+\overline{A}\,\overline{B}C$；

(4) $AB\overline{C}+\overline{A}BC+A\overline{B}C$；　(5) $A\overline{B}\,\overline{C}$；　(6) $AB\overline{C}$；

(7) $A\cup B\cup C$；　(8) $AB\cup BC\cup CA$；　(9) $\overline{A}\cup\overline{B}\cup\overline{C}$ 或 $\overline{ABC}$；

(10) $\overline{A}\,\overline{B}\cup\overline{B}\,\overline{C}\cup\overline{C}\,\overline{A}$ 或 $\overline{AB\cup BC\cup CA}$.

1.5　$\dfrac{n(n-1)}{C_{2n}^3}$.

1.6　(1) $1-\dfrac{P_{365}^{12}}{365^{12}}$；　(2) $1-\left(\dfrac{364}{365}\right)^{12}$.

1.7　$\dfrac{5!\ 6!}{10!}=\dfrac{1}{42}$.

1.8　(1) $\dfrac{1}{5}$；　(2) $\dfrac{9}{10}$.

1.9　$\dfrac{C_M^k C_{N-M}^{n-k}}{C_N^n}$，$0\leqslant k\leqslant M$.

1.10　(1) $\dfrac{3}{8}$；　(2) $\dfrac{1}{16}$；　(3) $\dfrac{9}{16}$.

1.11　$\dfrac{10}{19}$.

1.12　(1) $\dfrac{16}{33}$；　(2) $\dfrac{16}{33}$.

1.13　0.879.

1.14　0.25.

1.15　0.5.

1.16　$\dfrac{6}{25}$.

1.17　(1) 0.2；　(2) 0.3；　(3) 0.4.

1.19 (1) $\frac{9}{20}$； (2) $\frac{1}{20}$.

1.20 (1) $\frac{C_{13}^5C_{13}^4C_{13}^3C_{13}^1}{C_{52}^{13}}$； (2) 0.0511.

1.21 $\frac{a}{a+b}$.

1.22 $\frac{1}{180}$.

1.23 $\frac{C_4^2/C_{10}^2}{1-C_6^2/C_{10}^2}=\frac{1}{5}$.

1.24 $1-\frac{1}{3}\left(\frac{2}{3}\right)^{n-1}$.

1.25 0.9993.

1.26 $\frac{9}{22}$.

1.27 (1) 0.52； (2) 0.75.

1.28 (1) $\frac{3}{2}p-\frac{1}{2}p^2$； (2) $\frac{2p}{1+p}$.

1.29 0.5；0.6.

1.30 0.6.

1.31 0.902.

1.32 0.88.

习 题 2

2.1 $P(X=k)=\frac{2k-1}{36}, 1\leqslant k\leqslant 6$.

2.2 $P(X=k)=0.3^k 0.7, k=0,1,2,\cdots$.

2.3 $P(X=k)=\frac{C_M^kC_{N-M}^{n-k}}{C_N^n}, 0\leqslant k\leqslant n$.

2.4 $P(X=k)=\frac{5-k}{10}$, $1\leqslant k\leqslant 4$.

2.5 (1) $a=\frac{1}{2}$； (2) $a=\frac{1}{e^\lambda-1}$.

2.6 (1) $\frac{1}{3}$； (2) $\frac{1}{16}$； (3) $\frac{1}{7}$.

2.7 $P(X=k)=p(1-p)^{k-1}+(1-p)p^{k-1}$, $k=2,3,\cdots$.

2.8 $P(X=k)=\frac{C_m^k}{C_n^k}\frac{n-m}{n-k}$, $k=0,1,2,\cdots,m$.

2.9 (1) 0.0729； (2) 0.00856； (3) 0.99954.

2.10 $\frac{19}{27}$.

2.11 (1) 0.117； (2) 0.735.

2.12 $1-3e^{-2}=0.594$.

2.13 (1) 10； (2) 0.000805.

2.15 0.8.

2.16 $1-e^{-1}=0.632$.

2.17 $K=\lambda^{-1}\ln 2$.

2.19 (1) 0.9886； (2) 111.84； (3) 57.495.

2.20 184.

2.21 (1) $A=\frac{1}{2}$； (2) $F(x)=\begin{cases}0, & x<0\\ \frac{1}{2}(1-\cos x), & 0\leqslant x<\pi,\\ 1, & x\geqslant\pi.\end{cases}$ (3) $\frac{1}{4}$.

2.22 (1) $A=1,B=-1$； (2) $f(x)=\begin{cases}xe^{-x^2/2}, & x\geqslant 0,\\ 0, & x<0.\end{cases}$ (3) $\frac{1}{6}$.

2.23 (1) $A=0,B=\frac{2}{\pi}$； (2) $f(x)=\begin{cases}\frac{2}{\pi(1+x^2)}, & x\geqslant 0,\\ 0, & x<0.\end{cases}$ (3) $\frac{1}{2}$.

2.25 $f_Y(x)=\frac{2e^x}{\pi(1+e^{2x})}$, $-\infty<x<+\infty$.

2.26 (1) $f_Y(y)=\begin{cases}\frac{1}{2y}, & \frac{1}{e}<y<e,\\ 0, & 其他.\end{cases}$ (2) $f_Z(z)=\begin{cases}\frac{1}{2\sqrt{2(z-1)}}, & 1<z<3,\\ 0, & 其他.\end{cases}$

2.27 $f(y)=\begin{cases}\frac{2}{\pi\sqrt{1-y^2}}, & x\geqslant 0,\\ 0, & x<0.\end{cases}$

2.29 (1) $\alpha=0.94^n$； (2) $\beta=C_n^2 0.06^2 0.94^{n-2}$； (3) $\gamma=1-0.94^n-n\cdot 0.06\times 0.94^{n-1}$.

2.30 $\frac{(\lambda p)^k}{k!}e^{-\lambda p}$.

习 题 3

3.1

X \ Y	0	1	2	3
1	0	$\frac{3}{8}$	$\frac{3}{8}$	0
3	$\frac{1}{8}$	0	0	$\frac{1}{8}$

3.2 $P(X=i,Y=j)=\frac{n!}{i!\ j!\ (n-i-j)!}\left(\frac{1}{6}\right)^i\left(\frac{1}{3}\right)^j\left(\frac{1}{2}\right)^{n-i-j}, i\geqslant 0, j\geqslant 0, i+j\leqslant n$.

3.3 $P(X=i,Y=j)=\begin{cases}\frac{i}{36}, & 1\leqslant i=j\leqslant 6,\\ \frac{1}{36}, & 1\leqslant i<j\leqslant 6.\end{cases}$

3.4　$P(X=m,Y=n)=\frac{1}{6}\left(\frac{1}{3}\right)^{n-1}$，$1\leqslant m\leqslant 4,n\geqslant 1$.

3.5　$(1-e^{-1})^2$.

3.6　(1) $\frac{3}{\pi R^3}$；　(2) $\frac{3r^2}{R^2}\left(1-\frac{2r}{3R}\right)$.

3.7　仅不满足相容性.

3.9　(1) $A=6$；　(2) $F(x,y)=\begin{cases}(1-e^{-2x})(1-e^{-2y}), & x\geqslant 0,y\geqslant 0,\\ 0, & \text{其他.}\end{cases}$　(3) $1-7e^{-6}=0.983$.

3.10　(1) $C=\frac{1}{\pi^2}$；　(2) X 与 Y 独立；　(3) $\frac{1}{16}$.

3.11

U \ V	0	1
0	$\frac{1}{4}$	0
1	$\frac{1}{4}$	$\frac{1}{2}$

3.12　$A=\frac{1}{\pi^2},B=C=\frac{\pi}{2}$；$f(x,y)=\frac{6}{\pi^2(4+x^2)(9+y^2)}$；$X$ 与 Y 独立.

3.13　(1) $f_X(x)=\begin{cases}\frac{2}{x^3}, & x\geqslant 1,\\ 0, & x<1.\end{cases}$　$f_Y(y)=\begin{cases}e^{-y+1}, & y\geqslant 1,\\ 0, & y<1.\end{cases}$　X 与 Y 独立；

(2) $f_X(x)=\begin{cases}3x^2, & 0<x<1,\\ 0, & \text{其他.}\end{cases}$　$f_Y(y)=\begin{cases}\frac{3}{2}(1-y^2), & 0<y<1,\\ 0, & \text{其他.}\end{cases}$　X 与 Y 不独立；

(3) $f_X(x)=\begin{cases}x, & 0<x<1,\\ 2-x, & 1\leqslant x<2,\\ 0, & \text{其他.}\end{cases}$ $f_Y(y)=\begin{cases}1, & 0<y<1,\\ 0, & \text{其他.}\end{cases}$　X 与 Y 不独立.

3.14　(1) 当 $0<x<1$ 时，$f_{Y|X}(y|x)=\begin{cases}\frac{1}{2x}, & -x<y<x,\\ 0, & \text{其他.}\end{cases}$

当 $|y|<1$ 时，$f_{X|Y}(x|y)=\begin{cases}\frac{1}{1-|y|}, & |y|<x<1,\\ 0, & \text{其他.}\end{cases}$

(2) $P\left(Y\leqslant y|X=\frac{1}{2}\right)=\begin{cases}0, & y<-\frac{1}{2},\\ y+\frac{1}{2}, & -\frac{1}{2}\leqslant y<\frac{1}{2},\\ 1, & y\geqslant\frac{1}{2}.\end{cases}$

3.15 $F\left(y\mid 0<X<\frac{1}{n}\right)=\begin{cases}0, & y<0,\\ \frac{y(1+ny)}{1+n}, & 0\leqslant y<1,\\ 1, & y\geqslant 1.\end{cases}$

$f\left(y\mid 0<X<\frac{1}{n}\right)=\begin{cases}\frac{1+2ny}{1+n}, & 0\leqslant y<1,\\ 0, & \text{其他}.\end{cases}$

3.16 $a=\frac{1}{18},b=\frac{2}{9},c=\frac{1}{6}$.

3.19 $f_Z(z)=\begin{cases}1-\mathrm{e}^{-z}, & 0\leqslant z\leqslant 1,\\ (\mathrm{e}-1)\mathrm{e}^{-z}, & z>1,\\ 0, & z<0.\end{cases}$

3.20 $f_Z(z)=\begin{cases}\frac{1}{2}z^2\mathrm{e}^{-z}, & z\geqslant 0,\\ 0, & z<0.\end{cases}$

3.21

W \ Z	1	2	3
1	1/9	1/9	1/9
2	0	1/9	1/9
3	0	0	1/9

3.22 $P(Z=k)=pq^{k-1}(2-q^k-q^{k-1}),\quad k=1,2,\cdots$.

$P(X=i,Z=k)=\begin{cases}p^2q^{i+k-2}, & i<k,\\ pq^{k-1}(1-q^k), & i=k,\\ 0, & i>k.\end{cases}\quad q=1-p.$

3.23 $F_Z(z)=\begin{cases}0, & z<0,\\ 1-(z+1)\mathrm{e}^{-z}, & z\geqslant 0.\end{cases}$

3.24 $f_{X-Y}(z)=\begin{cases}\frac{\lambda\mu}{\lambda+\mu}\mathrm{e}^{\mu z}, & z<0,\\ \frac{\lambda\mu}{\lambda+\mu}\mathrm{e}^{-\lambda z}, & z\geqslant 0.\end{cases}$

3.25 $f(z)=\begin{cases}\frac{2(a-z)}{a^2}, & 0<z<a,\\ 0, & \text{其他}.\end{cases}$

3.26 $f_{X/Y}(z)=\frac{1}{\pi(1+z^2)},\ -\infty<z<+\infty$.

习 题 4

4.1 $\frac{n+1}{2}$.

4.2 2.7.

4.3 $EX=\frac{1}{p}, DX=\frac{q}{p^2}$.

4.4 $EX=a, DX=a(1+a)$.

4.5 $EX=\frac{r}{p}, DX=\frac{rq}{p^2}$.

4.6 $\frac{1-(1-p)^{n_0}}{p}$.

4.7 $\frac{1}{6}$.

4.8 $EX=\mu, DX=2\lambda^2$

4.9 $E\xi=0, D\xi=\frac{\pi^2}{12}-\frac{1}{2}$.

4.10 $DX=2, EX^2=2+\theta^2$.

4.11 $\frac{p}{1+(1-p)^2}$.

4.12 $\frac{1}{\pi}\ln 2+\frac{1}{2}$.

4.13 $E(XY)=\frac{1}{3}$.

4.14 $N\left[1-\left(1-\frac{1}{N}\right)^n\right]$.

4.15 $\frac{bt+as}{s+t}$.

4.16 $\frac{l}{3}, \frac{l^2}{18}$.

4.17 $\frac{1}{\lambda+\mu}$.

4.22 $-0.1, -\frac{1}{8}$.

4.23 $\rho_{XY}=-\frac{1}{11}$.

4.25 $\rho_{UV}=0$.

4.26 (1) $EZ=\frac{1}{3}, DZ=3$； (2) $\rho_{XZ}=0$.

4.28 (D).

4.30 (1) $\mathrm{cov}(S,T)=(n-m)\sigma^2$； (2) $\rho_{ST}=1-\frac{m}{n}$.

习 题 5

5.1 $\leqslant\frac{1}{9}$.

5.6 不能.

5.7　0.9932.

5.8　0.9938.

5.9　(1) 0.9738；(2) 0.9993.

5.10　189.

5.11　(1) $1-\Phi\left(\frac{k-np}{\sqrt{np(1-p)}}\right)$；(2) $k\geqslant np+\Phi^{-1}(1-\alpha)\sqrt{np(1-p)}$.

5.12　(1) 0.8185；(2) 81.

5.14　(1) σ^2；(2) $\mu^2+\sigma^2$.

5.15　(C).

习　题　6

6.1　(1) $\{(x_1,x_2,x_3,x_4,x_5)\mid x_i=0,1,i=1,2,3,4,5\}$,

$p^{\sum\limits_{i=1}^{5}x_i}(1-p)^{n-\sum\limits_{i=1}^{5}x_i}, x_i=0,1$；

(2) $X_1+X_3,\min(X_1,\cdots,X_n)$是统计量；

(3) 0.6, 0.3.

6.2　(1) $\{(x_1,x_2,x_3,x_4)\mid -\infty<x_i<+\infty,i=1,2,3,4\}$,

$(2\pi\sigma^2)^{-2}\exp\left\{-\frac{1}{2\sigma^2}\sum\limits_{i=1}^{4}(x_i-\mu)^2\right\},-\infty<x_i<+\infty,i=1,2,3,4$；

(2) $X_1+X_4,\max(X_1,\cdots,X_4)$, $\sum\limits_{i=1}^{4}\frac{X_i}{\sigma}$是统计量.

6.3　$m=1.5, R=6.2$, $F_5(x)=\begin{cases}0, & x<-2.8,\\ \frac{1}{5}, & -2.8\leqslant x<-1,\\ \frac{2}{5}, & -1\leqslant x<1.5,\\ \frac{4}{5}, & 1.5\leqslant x<3.4,\\ 1, & x\geqslant 3.4.\end{cases}$

6.4　(1) $E(\overline{X})=\lambda, D(\overline{X})=\frac{\lambda}{n}, E(S^2)=\lambda$；

(2) $P\left(\overline{X}=\frac{k}{n}\right)=\frac{(n\lambda)^k}{k!}e^{-n\lambda}$, $k=0,1,2,\cdots$.

6.5　0.0796, 0.1896.

6.6　15.507.

6.7　1.2789.

6.8　0.05.

6.9　$c=\frac{1}{3}, n=2$.

6.10　0.33515.

6.11　(1) $t(n)$；(2) $F(n,n)$.

6.12　$\chi^2(n+1)$.

6.13　(1) $F(x)=\begin{cases}0, & x<0,\\ \dfrac{x}{\theta}, & 0\leqslant x<\theta,\\ 1, & x\geqslant\theta.\end{cases}$

(2) $f_{X_{(n)}}(x)=\begin{cases}0, & x<0,\\ \dfrac{nx^{n-1}}{\theta^n}, & 0\leqslant x<\theta,\\ 1, & x\geqslant\theta.\end{cases}$　$f_{X_{(1)}}(x)=\begin{cases}0, & x<0,\\ \dfrac{n(\theta-x)^{n-1}}{\theta^n}, & 0\leqslant x<\theta,\\ 1, & x\geqslant\theta.\end{cases}$

(3) $EX_{(n)}=\dfrac{n}{n+1}\theta$, $EX_{(1)}=\dfrac{1}{n+1}\theta$.

习　题　7

7.1　2.4,1.2,0.48.

7.2　$\dfrac{1}{Nn}\sum\limits_{i=1}^{n}X_i$.

7.3　$\dfrac{2\overline{X}-1}{1-\overline{X}},-1-\dfrac{n}{\sum\limits_{i=1}^{n}\ln X_i}$.

7.4　$\overline{X},\overline{X}$.

7.5　$\dfrac{1}{\overline{X}},\dfrac{1}{\overline{X}}$.

7.6　$\overline{X}-1,\min\limits_{1\leqslant i\leqslant n}\{X_i\}$.

7.7　$\Phi\left(\sqrt{n}\dfrac{t-\overline{X}}{S}\right)$.

7.8　0.0075.

7.9　$(\overline{X})^2-\dfrac{1}{n}\overline{X}$.

7.10　(1) $\dfrac{1}{2(n-1)}$;　(2) $\dfrac{1}{n}$.

7.13　$\hat{\theta}_2$ 比 $\hat{\theta}_1$ 有效.

7.15　$\dfrac{n_1}{n_1+n_2},\dfrac{n_2}{n_1+n_2}$.

7.16　(1.3116,1.4684)

7.17　(1) (4.2968,4.4312);　(2) (0.00105,0.0242).

7.18　(3.07,4.93)

7.19　(0.527,8.562)

7.20　1496.

习　题　8

8.1　$|u|=2\geqslant u_{0.05}$,拒绝原假设.

8.2 $|u|=0.385<u_{0.05}$,均值无显著变化.

8.3 $|t|=1.242<t_{0.05}(4)$,可以认为这块地的面积为 1.23km.

8.4 $|t|=2.453\geqslant t_{0.025}(9)$,有显著差异.

8.5 $\chi^2_{0.975}(9)<\chi^2=10.65<\chi^2_{0.025}(9)$,可以认为铜丝折断力的方差是 16N.

8.6 $\chi^2=45.94\geqslant\chi^2_{0.025}(15)$,均匀度有显著变化.

8.7 $|u|=4.239\geqslant u_{0.025}$ 有显著差异.

8.8 $|t|=0.853<t_{0.025}(18)$,无显著差异.

8.9 $F_{0.975}(9,9)<f=1.601<F_{0.025}(9,9)$,无显著差异.

8.10 $F_{0.975}(5,5)<f=0.677<F_{0.025}(5,5)$,方差无显著差异(方差齐性检验);
$|t|=0.096<t_{0.025}(10)$,均值无显著差异.

8.11 成对数据 t 检验,$|t|=0.738<t_{0.025}(6)$,无显著差异.

8.12 成对数据 t 检验,$|t|=2.831\geqslant t_{0.025}(7)$,有显著差异.

8.13 $t=-2.795\leqslant -t_{0.05}(4)$,拉断力显著小于正常值.

8.14 $\chi^2=15.68\geqslant\chi^2_{0.05}(8)$,导线的标准差显著偏大.

8.15 $t=2.5277\geqslant u_{0.05}$,甲校学生的外语考试成绩显著高于乙校.

8.16 $f=0.686>F_{0.95}(5,8)$,甲机床的加工精度不(显著)高于乙机床.

8.17 $F_{0.975}(9,9)<f=1.361<F_{0.025}(9,9)$,方差无显著差异(方差齐性检验);
$t=-3.866\leqslant -t_{0.05}(18)$,采用新工艺后灯泡的寿命有显著提高.

8.18 $|t|=3.33\geqslant u_{0.025}$,新工艺对电阻有显著影响.

8.19 $\tilde{t}=0.0774<u_{0.05}$,这批手机能通过出厂检验.

8.20 $\chi^2=8.96<\chi^2_{0.05}(5)$,可以认为骰子均匀.

8.21 $\chi^2=0.127<\chi^2_{0.05}(3)$,可以认为一页的印刷错误个数服从泊松分布.

8.22 $\chi^2=1.012<\chi^2_{0.05}(1)$,数据与模型相符.

习　题　9

9.1 $F=5.00>F_{0.05}(2,12)$,电池寿命有显著差异.

9.2 $F=3.19<F_{0.05}(3,9)$,不同的贮藏方法对粮食含水率无显著影响.

9.6 $\left(\sum_{i=1}^{n}x_i^2\right)^{-1}\sum_{i=1}^{n}x_iy_i$.

9.7 $\hat{a}=67.508,\hat{b}=0.871,\hat{\sigma}^2=0.92$.

9.8 $\hat{a}=0.166,\hat{b}=0.867,\hat{\sigma}^2=0.17$.

9.9 $\hat{a}=4.668,\hat{b}=0.313,\hat{\sigma}^2=4.828$.

9.10 $\hat{a}=2764.057,\hat{b}=-15.572$.

9.11 (1) $y=13.958+12.55x$; (2) 回归效果特别显著; (3) (19.066156,20.80556).

参 考 文 献

［1］ 王展青等. 概率论与数理统计. 北京：科学出版社，2000
［2］ 周概容. 概率论与数理统计. 北京：中国商业出版社，2003
［3］ 沈恒范. 概率论与数理统计. 第 4 版. 北京：高等教育出版社，2003
［4］ 李贤平. 概率论基础. 第 2 版. 北京：高等教育出版社，1997
［5］ 梁之舜. 概率论与数理统计. 北京：高等教育出版社，1980
［6］ 汪荣鑫. 数理统计. 西安：西安交通大学出版社，1986
［7］ 杨虎等. 数理统计. 北京：高等教育出版社，2004
［8］ 茆诗松等. 概率论与数理统计教程. 北京：高等教育出版社，2004
［9］ 刘达民等. 应用统计. 北京：化学工业出版社，2004

附　　表

附表 1　几种常用的概率分布

分　布	参　数	分布律或概率密度	数学期望	方　差
0-1 分布	$0<p<1$	$P(X=k)=p^k(1-k)^{1-k}$ $k=0,1$	p	$p(1-p)$
二项分布	$n\geqslant 1$ $0<p<1$	$P(X=k)=C_n^k p^k(1-k)^{1-k}$ $k=0,1,2,\cdots,n$	np	$np(1-p)$
泊松分布	$\lambda>0$	$P(X=k)=\dfrac{\lambda^k}{k!}e^{-\lambda}$ $k=0,1,2,\cdots$	λ	λ
几何分布	$0<p<1$	$P(X=k)=p(1-p)^{k-1}$ $k=1,2,\cdots$	$\dfrac{1}{p}$	$\dfrac{1-p}{p^2}$
超几何分布	$n;M,N$ $(n\leqslant N-M)$	$P(X=k)=\dfrac{C_M^k C_{N-M}^{n-k}}{C_N^n}$ $k=0,1,2,\cdots,\min(n,M)$	$n\dfrac{M}{N}$	$n\dfrac{M}{N}\left(1-\dfrac{M}{N}\right)\dfrac{N-n}{N-1}$
帕斯卡分布	$r\geqslant 1$ $0<p<1$	$P(X=k)=C_{k-1}^{r-1}p^r(1-p)^{k-r}$ $k=r,r+1,\cdots$	$\dfrac{r}{p}$	$\dfrac{r(1-p)}{p^2}$
均匀分布	$a<b$	$f(x)=\begin{cases}\dfrac{1}{b-a}, & x\in[a,b]\\ 0, & x\notin[a,b]\end{cases}$	$\dfrac{a+b}{2}$	$\dfrac{(b-a)^2}{12}$

续表

分　布	参　数	分布律或概率密度	数学期望	方　差
正态分布	μ $\sigma^2(\sigma>0)$	$f(x)=\frac{1}{\sqrt{2\pi}\sigma}e^{-\frac{(x-\mu)^2}{2\sigma^2}}$	μ	σ^2
瑞利分布	$\sigma>0$	$f(x)=\begin{cases}\frac{x}{\sigma^2}e^{-x^2}/(2\sigma^2), & x\geqslant 0\\ 0, & x<0\end{cases}$	$\sqrt{\frac{\pi}{2}}\sigma$	$\frac{4-\pi}{2}\sigma^2$
对数正态分布	μ $\sigma>0$	$f(x)=\begin{cases}\frac{1}{\sqrt{2\pi}\sigma x}e^{-\frac{(\ln x-\mu)^2}{2\sigma^2}}, & x\geqslant 0\\ 0, & x<0\end{cases}$	$e^{\mu+\frac{\sigma^2}{2}}$	$e^{2\mu+\sigma^2}(e^{\sigma^2}-1)$
指数分布	$\lambda>0$	$f(x)=\begin{cases}\lambda e^{-\lambda x}, & x\geqslant 0\\ 0, & x<0\end{cases}$	$\frac{1}{\lambda}$	$\frac{1}{\lambda^2}$
Γ分布	$\alpha\geqslant 0$ $\lambda>0$	$f(x)=\begin{cases}\frac{\lambda^\alpha}{\Gamma(\alpha)}x^{\alpha-1}e^{-\lambda x}, & x\geqslant 0\\ 0, & x<0\end{cases}$	$\frac{\alpha}{\lambda}$	$\frac{\alpha}{\lambda^2}$
χ^2分布	$n\geqslant 1$	$f(x)=\begin{cases}\frac{1}{2^{n/2}\Gamma(n/2)}x^{n/2-1}e^{-x/2}, & x\geqslant 0\\ 0, & x<0\end{cases}$	n	$2n$
柯西分布	μ $\lambda>0$	$f(x)=\frac{1}{\pi}\frac{1}{\lambda^2+(x-\mu)^2}$	不存在	不存在
t分布	$n\geqslant 1$	$f(x)=\frac{\Gamma((n+1)/2)}{\sqrt{n\pi}\Gamma(n/2)}\left(1+\frac{x^2}{n}\right)^{-(n+1)/2}$	0	$\frac{n}{n-2}$ $(n>2)$
β分布	$\alpha\geqslant 0$ $\beta>0$	$f(x)=\begin{cases}\frac{\Gamma(\alpha+\beta)}{\Gamma(\alpha)\Gamma(\beta)}x^{\alpha-1}(1-x)^{\beta-1}, & 0<x<1\\ 0, & \text{其他}\end{cases}$	$\frac{\alpha}{\alpha+\beta}$	$\frac{\alpha\beta}{(\alpha+\beta)^2(\alpha+\beta+1)}$
威布尔分布	$\beta\geqslant 0$ $\eta>0$	$f(x)=\begin{cases}\frac{\beta}{\eta}\left(\frac{x}{\eta}\right)^{\beta-1}e^{-\left(\frac{x}{\eta}\right)^\beta}, & 0<x<1\\ 0, & \text{其他}\end{cases}$	$\eta\Gamma\left(\frac{1}{\beta}+1\right)$	$\eta^2\left\{\Gamma\left(\frac{2}{\beta}+1\right)-\left[\Gamma\left(\frac{1}{\beta}+1\right)\right]^2\right\}$
F分布	m,n	$f(x)=\begin{cases}\frac{\Gamma[(m+n)/2]}{\Gamma(m/2)\Gamma(n/2)}\frac{m}{n}\left(\frac{m}{n}x\right)^{(m+n)/2}\left(1+\frac{m}{n}x\right)^{-(m+n)/2}, & x>0\\ 0, & \text{其他}\end{cases}$	$\frac{n}{n-2}(n>2)$	$\frac{2n^2(m+n-2)}{m(n-2)^2(n-4)}$ $(n>4)$

附表 2　标准正态分布表

$$\Phi(x)=\int_{-\infty}^{x}\frac{1}{\sqrt{2\pi}}\mathrm{e}^{-u^2/2}\mathrm{d}u=P(X\leqslant x)$$

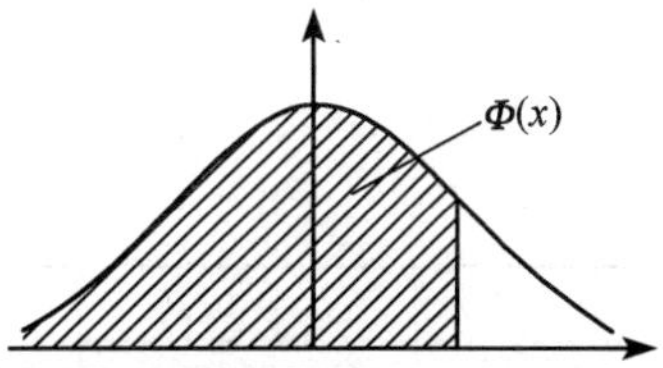

x	0.00	0.01	0.02	0.03	0.04	0.05	0.06	0.07	0.08	0.09
0.0	0.5000	0.5040	0.5080	0.5120	0.5160	0.5199	0.5239	0.5279	0.5319	0.5359
0.1	0.5398	0.5438	0.5478	0.5517	0.5557	0.5596	0.5636	0.5675	0.5714	0.5753
0.2	0.5793	0.5832	0.5871	0.5910	0.5948	0.5987	0.6026	0.6064	0.6103	0.6141
0.3	0.6179	0.6217	0.6255	0.6293	0.6331	0.6368	0.6406	0.6443	0.6480	0.6517
0.4	0.6554	0.6591	0.6628	0.6664	0.6700	0.6736	0.6772	0.6808	0.6844	0.6879
0.5	0.6915	0.6950	0.6985	0.7019	0.7054	0.7088	0.7123	0.7157	0.7190	0.7224
0.6	0.7257	0.7291	0.7324	0.7357	0.7389	0.7422	0.7454	0.7486	0.7517	0.7549
0.7	0.7580	0.7611	0.7642	0.7673	0.7703	0.7734	0.7764	0.7794	0.7823	0.7852
0.8	0.7881	0.7910	0.7939	0.7967	0.7995	0.8023	0.8051	0.8078	0.8106	0.8133
0.9	0.8159	0.8186	0.8212	0.8238	0.8264	0.8289	0.8315	0.8340	0.8365	0.8389
1.0	0.8413	0.8438	0.8461	0.8485	0.8508	0.8531	0.8554	0.8577	0.8599	0.8621
1.1	0.8643	0.8665	0.8686	0.8708	0.8729	0.8749	0.8770	0.8790	0.8810	0.8830
1.2	0.8849	0.8869	0.8888	0.8907	0.8925	0.8944	0.8962	0.8980	0.8997	0.9015
1.3	0.9032	0.9049	0.9066	0.9082	0.9099	0.9115	0.9131	0.9147	0.9162	0.9177
1.4	0.9192	0.9207	0.9222	0.9236	0.9251	0.9265	0.9278	0.9292	0.9306	0.9319
1.5	0.9332	0.9345	0.9357	0.9370	0.9382	0.9394	0.9406	0.9418	0.9430	0.9441
1.6	0.9452	0.9463	0.9474	0.9484	0.9495	0.9505	0.9515	0.9525	0.9535	0.9545
1.7	0.9554	0.9564	0.9573	0.9582	0.9591	0.9599	0.9608	0.9616	0.9625	0.9633
1.8	0.9641	0.9648	0.9656	0.9664	0.9671	0.9678	0.9686	0.9693	0.9700	0.9706
1.9	0.9713	0.9719	0.9726	0.9732	0.9738	0.9744	0.9750	0.9756	0.9762	0.9767
2.0	0.9772	0.9778	0.9783	0.9788	0.9793	0.9798	0.9803	0.9808	0.9812	0.9817
2.1	0.9821	0.9826	0.9830	0.9834	0.9838	0.9842	0.9846	0.9850	0.9854	0.9857
2.2	0.9861	0.9864	0.9868	0.9871	0.9874	0.9878	0.9881	0.9884	0.9887	0.9890
2.3	0.9893	0.9896	0.9898	0.9901	0.9904	0.9906	0.9909	0.9911	0.9913	0.9916
2.4	0.9918	0.9920	0.9922	0.9925	0.9927	0.9929	0.9931	0.9932	0.9934	0.9936
2.5	0.9938	0.9940	0.9941	0.9943	0.9945	0.9946	0.9948	0.9949	0.9951	0.9952
2.6	0.9953	0.9955	0.9956	0.9957	0.9959	0.9960	0.9961	0.9962	0.9963	0.9964
2.7	0.9965	0.9966	0.9967	0.9968	0.9969	0.9970	0.9971	0.9972	0.9973	0.9974
2.8	0.9974	0.9975	0.9976	0.9977	0.9977	0.9978	0.9979	0.9979	0.9980	0.9981
2.9	0.9981	0.9982	0.9982	0.9983	0.9984	0.9984	0.9985	0.9985	0.9986	0.9986
3.0	0.9987	0.9987	0.9987	0.9988	0.9988	0.9989	0.9989	0.9989	0.9990	0.9990
3.1	0.9990	0.9991	0.9991	0.9991	0.9992	0.9992	0.9992	0.9992	0.9993	0.9993
3.2	0.9993	0.9993	0.9994	0.9994	0.9994	0.9994	0.9994	0.9995	0.9995	0.9995
3.3	0.9995	0.9995	0.9995	0.9996	0.9996	0.9996	0.9996	0.9996	0.9996	0.9997
3.4	0.9997	0.9997	0.9997	0.9997	0.9997	0.9997	0.9997	0.9997	0.9997	0.9998

附表 3　泊松分布表

$$1-F(x-1)=\sum_{k=x}^{\infty}\frac{\lambda^k e^{-\lambda}}{k!}$$

x	$\lambda=0.1$	$\lambda=0.2$	$\lambda=0.3$	$\lambda=0.4$	$\lambda=0.5$
0	1.0000000	1.0000000	1.0000000	1.0000000	1.000000
1	0.0951623	0.1812692	0.2591818	0.3296800	0.323469
2	0.0046788	0.0175231	0.0369363	0.0615519	0.090204
3	0.0001547	0.0011485	0.0035995	0.0079263	0.014388
4	0.0000038	0.0000568	0.0002658	0.0007763	0.001752
5	0.0000001	0.0000023	0.0000158	0.0000612	0.000172
6		0.0000001	0.0000008	0.0000040	0.000014
7				0.0000002	0.000001

x	$\lambda=0.6$	$\lambda=0.7$	$\lambda=0.8$	$\lambda=0.9$	$\lambda=1.0$
0	1.000000	1.000000	1.000000	1.000000	1.000000
1	0.451188	0.503415	0.550671	0.593430	0.632121
2	0.121901	0.155805	0.191208	0.227518	0.264241
3	0.023115	0.034142	0.047423	0.062857	0.080301
4	0.003358	0.005753	0.009080	0.013459	0.018988
5	0.000394	0.000786	0.001411	0.002344	0.003660
6	0.000039	0.000090	0.000184	0.000343	0.000594
7	0.000003	0.000009	0.000021	0.000043	0.000083
8		0.000001	0.000002	0.000005	0.000010
9					0.000001

x	$\lambda=1.1$	$\lambda=1.2$	$\lambda=1.3$	$\lambda=1.4$	$\lambda=1.5$
0	1.000000	1.000000	1.000000	1.000000	1.000000
1	0.667129	0.698806	0.727468	0.753403	0.776870
2	0.300971	0.337373	0.373177	0.408167	0.442175
3	0.099584	0.120513	0.142888	0.166502	0.191153
4	0.025742	0.033769	0.043095	0.053725	0.065642
5	0.005435	0.007746	0.010663	0.014253	0.018576
6	0.000968	0.001500	0.002231	0.003201	0.004456
7	0.000149	0.000251	0.000404	0.000622	0.000926
8	0.000020	0.000037	0.000064	0.000107	0.000170
9	0.000002	0.000005	0.000009	0.000016	0.000028
10		0.000001	0.000001	0.000002	0.000004
11					0.000001

续表

x	$\lambda=1.6$	$\lambda=1.7$	$\lambda=1.8$	$\lambda=1.9$	$\lambda=2.0$
0	1.000000	1.000000	1.000000	1.000000	1.000000
1	0.798103	0.817317	0.834701	0.850431	0.864665
2	0.475069	0.506755	0.537163	0.566251	0.593994
3	0.216642	0.242777	0.269379	0.296280	0.323324
4	0.078813	0.093189	0.108708	0.125298	0.142877
5	0.023682	0.029615	0.036407	0.044081	0.052653
6	0.006040	0.007999	0.010378	0.013219	0.016564
7	0.001336	0.001875	0.002569	0.003446	0.004534
8	0.000260	0.000388	0.000562	0.000793	0.001097
9	0.000045	0.000072	0.000110	0.000163	0.000237
10	0.000007	0.000012	0.000019	0.000030	0.000046
11	0.000001	0.000002	0.000003	0.000005	0.000008
12				0.000001	0.000001

x	$\lambda=2.5$	$\lambda=3.0$	$\lambda=3.5$	$\lambda=4.0$	$\lambda=4.5$
0	1.000000	1.000000	1.000000	1.000000	1.000000
1	0.917915	0.950213	0.969803	0.981684	0.988891
2	0.712703	0.800852	0.864112	0.908422	0.938901
3	0.456187	0.576810	0.679153	0.761897	0.826422
4	0.242424	0.352768	0.463367	0.566530	0.657704
5	0.108822	0.184737	0.274555	0.371163	0.467869
6	0.042021	0.083918	0.142386	0.214870	0.297070
7	0.014187	0.033509	0.065288	0.110674	0.168949
8	0.004247	0.011905	0.026739	0.051134	0.086586
9	0.001140	0.003803	0.009874	0.021368	0.040257
10	0.000277	0.001102	0.003315	0.008132	0.017093
11	0.000062	0.000292	0.001019	0.002840	0.006669
12	0.000013	0.000071	0.000289	0.000915	0.002404
13	0.000002	0.000016	0.000076	0.000274	0.000805
14	0.000000	0.000003	0.000019	0.000076	0.000252
15		0.000001	0.000004	0.000020	0.000074
16			0.000001	0.000005	0.000020
17				0.000001	0.000005
18					0.000001

续表

x	$\lambda=5.0$	$\lambda=5.5$	$\lambda=6.0$	$\lambda=6.5$	$\lambda=7.0$	$\lambda=7.5$
0	1.000000	1.000000	1.000000	1.000000	1.000000	1.000000
1	0.993262	0.995913	0.997521	0.998497	0.999088	0.999447
2	0.959572	0.973436	0.982649	0.988724	0.992705	0.995299
3	0.875348	0.911624	0.938031	0.956964	0.970264	0.979743
4	0.734974	0.798301	0.848796	0.888150	0.918235	0.940855
5	0.559507	0.642482	0.714944	0.776328	0.827008	0.867938
6	0.384039	0.471081	0.554320	0.630959	0.699292	0.758564
7	0.237817	0.313964	0.393697	0.473476	0.550289	0.621845
8	0.133372	0.190515	0.256020	0.327242	0.401286	0.475362
9	0.068094	0.105643	0.152763	0.208427	0.270909	0.338033
10	0.031828	0.053777	0.083924	0.122616	0.169504	0.223592
11	0.013695	0.025251	0.042621	0.066839	0.098521	0.137762
12	0.005453	0.010988	0.020092	0.033880	0.053350	0.079241
13	0.002019	0.004451	0.008827	0.016027	0.027000	0.042666
14	0.000698	0.001685	0.003628	0.007100	0.012811	0.021565
15	0.000226	0.000599	0.001400	0.002956	0.005717	0.010260
16	0.000069	0.000200	0.000509	0.001160	0.002407	0.004608
17	0.000020	0.000063	0.000175	0.000430	0.000958	0.001959
18	0.000005	0.000019	0.000057	0.000151	0.000362	0.000790
19	0.000001	0.000005	0.000018	0.000051	0.000130	0.000303
20		0.000001	0.000005	0.000016	0.000044	0.000111
21			0.000001	0.000005	0.000014	0.000039
22				0.000001	0.00005	0.000013
23					0.000001	0.000004
24						0.000001

x	$\lambda=8.0$	$\lambda=8.5$	$\lambda=9.0$	$\lambda=9.5$	$\lambda=10.0$	
0	1.000000	1.000000	1.000000	1.000000	1.000000	
1	0.999665	0.999797	0.999877	0.999925	0.999955	
2	0.996981	0.998067	0.998766	0.999214	0.999501	
3	0.986246	0.990717	0.993768	0.995836	0.997231	
4	0.957620	0.969891	0.978774	0.985140	0.989664	
5	0.900368	0.925636	0.945036	0.959737	0.970747	

续表

x	$\lambda=8.0$	$\lambda=8.5$	$\lambda=9.0$	$\lambda=9.5$	$\lambda=10.0$	
6	0.808764	0.850403	0.884310	0.911472	0.932914	
7	0.686626	0.743822	0.793219	0.835051	0.869859	
8	0.547039	0.614403	0.676103	0.731337	0.779779	
9	0.407453	0.476895	0.544347	0.608177	0.667180	
10	0.283376	0.347026	0.412592	0.478174	0.542070	
11	0.184114	0.236638	0.294012	0.354672	0.416960	
12	0.111924	0.151338	0.196992	0.248010	0.303224	
13	0.063797	0.090917	0.124227	0.163570	0.208444	
14	0.034181	0.051411	0.73851	0.101864	0.135536	
15	0.017257	0.027425	0.041466	0.059992	0.083458	
16	0.008231	0.013833	0.022036	0.033473	0.048740	
17	0.003718	0.006613	0.011106	0.017727	0.027042	
18	0.001594	0.003002	0.005320	0.008928	0.014278	
19	0.000650	0.001297	0.002426	0.004284	0.007187	
20	0.000253	0.000535	0.001056	0.001962	0.003454	
21	0.000094	0.000211	0.000439	0.000859	0.001588	
22	0.000033	0.000079	0.000175	0.000361	0.000700	
23	0.000011	0.000029	0.000069	0.000145	0.000296	
24	0.000004	0.000010	0.000025	0.000056	0.000120	
25	0.000001	0.000003	0.000009	0.000021	0.000047	
26		0.000001	0.000003	0.000007	0.000018	
27			0.000001	0.000003	0.000006	
28				0.000001	0.000002	
29					0.000001	

附表4 t 分布表

$P\{T_n > t_\alpha(n)\} = \alpha$

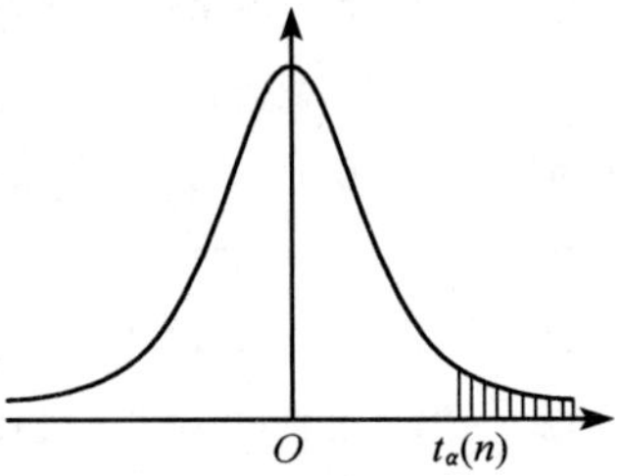

n	$\alpha=0.25$	$\alpha=0.10$	$\alpha=0.05$	$\alpha=0.025$	$\alpha=0.01$	$\alpha=0.005$
1	1.0000	3.0777	6.3138	12.7062	31.8207	63.6574
2	0.8165	1.8856	2.9200	4.3027	6.9646	9.9248
3	0.7649	1.6377	2.3534	3.1824	4.5407	5.8409
4	0.7407	1.5332	2.1318	2.7764	3.7469	4.6041
5	0.7267	1.4759	2.0150	2.5706	3.3649	4.0322
6	0.7176	1.4398	1.9432	2.4469	3.1427	3.7074
7	0.7111	1.4149	1.8946	2.3646	2.9980	3.4995
8	0.7064	1.3968	1.8595	2.3060	2.8965	3.3554
9	0.7027	1.3830	1.8331	2.2622	2.8214	3.2498
10	0.6998	1.3722	1.8125	2.2281	2.7638	3.1693
11	0.6974	1.3634	1.7959	2.2010	2.7181	3.1058
12	0.6955	1.3562	1.7823	2.1788	2.6810	3.0545
13	0.6938	1.3502	1.7709	2.1604	2.6503	3.0123
14	0.6924	1.3450	1.7613	2.1448	2.6245	2.9768
15	0.6912	1.3406	1.7531	2.1315	2.6025	2.9467
16	0.6901	1.3368	1.7459	2.1199	2.5835	2.9208
17	0.6892	1.3334	1.7396	2.1098	2.5669	2.8982
18	0.6884	1.3304	1.7341	2.1009	2.5524	2.8784
19	0.6876	1.3277	1.7291	2.0930	2.5395	2.8609
20	0.6870	1.3253	1.7247	2.0860	2.5280	2.8453
21	0.6864	1.3232	1.7207	2.0796	2.5177	2.8314
22	0.6858	1.3212	1.7171	2.0739	2.5083	2.8188
23	0.6853	1.3195	1.7139	2.0687	2.4999	2.8073
24	0.6848	1.3178	1.7109	2.0639	2.4922	2.7969
25	0.6844	1.3163	1.7081	2.0595	2.4851	2.7874

续表

n	α=0.25	α=0.10	α=0.05	α=0.025	α=0.01	α=0.005
26	0.6840	1.3150	1.7058	2.0555	2.4786	2.7787
27	0.6837	1.3137	1.7033	2.0518	2.4727	2.7707
28	0.6834	1.3125	1.7011	2.0484	2.4671	2.7633
29	0.6830	1.3114	1.6991	2.0452	2.4620	2.7564
30	0.6828	1.3104	1.6973	2.0423	2.4573	2.7500
31	0.6825	1.3095	1.6955	2.0395	2.4528	2.7440
32	0.6822	1.3086	1.6939	2.0369	2.4487	2.7385
33	0.6820	1.3077	1.6924	2.0345	2.4448	2.7333
34	0.6818	1.3070	1.6909	2.0322	2.4411	2.7284
35	0.6816	1.3062	1.6896	2.0301	2.4377	2.7238
36	0.6814	1.3055	1.6883	2.0281	2.4345	2.7195
37	0.6812	1.3049	1.6871	2.0262	2.4314	2.7154
38	0.6810	1.3042	1.6860	2.0244	2.4286	2.7116
39	0.6808	1.3036	1.6849	2.0227	2.4258	2.7079
40	0.6807	1.3031	1.6839	2.0211	2.4233	2.7045
41	0.6805	1.3025	1.6829	2.0195	2.4208	2.7012
42	0.6804	1.3020	1.6820	2.0181	2.4185	2.6981
43	0.6802	1.3016	1.6811	2.0167	2.4163	2.6951
44	0.6801	1.3011	1.6802	2.0154	2.4141	2.6923
45	0.6800	1.3006	1.6794	2.0141	2.4121	2.6806

附表5 χ^2分布表

$P\{\chi_n^2>\chi_\alpha^2(n)\}=\alpha$

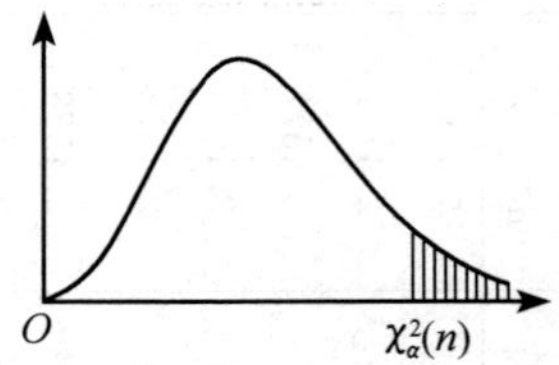

n	α=0.995	0.99	0.975	0.95	0.90	0.75	α=0.25	0.10	0.05	0.025	0.01	0.005
1	—	—	0.001	0.004	0.016	0.102	1.323	2.706	3.841	5.024	6.635	7.879
2	0.010	0.020	0.051	0.103	0.211	0.575	2.773	4.605	5.991	7.378	9.210	10.597
3	0.072	0.115	0.216	0.352	0.584	1.213	4.108	6.251	7.815	9.348	11.345	12.838
4	0.207	0.297	0.484	0.711	1.064	1.923	5.385	7.779	9.488	11.143	13.277	14.860
5	0.412	0.554	0.831	1.145	1.610	2.675	6.626	9.236	11.071	12.833	15.086	16.750
6	0.676	0.872	1.237	1.635	2.204	3.455	7.841	10.645	12.592	14.449	16.812	18.548
7	0.989	1.239	1.690	2.167	2.833	4.255	9.037	12.017	14.067	16.013	18.475	20.278
8	1.344	1.646	2.180	2.733	3.490	5.071	10.219	13.362	15.507	17.535	20.090	21.955
9	1.735	2.088	2.700	3.325	4.168	5.899	11.389	14.684	16.919	19.023	21.666	23.589
10	2.156	2.558	3.247	3.940	4.865	6.737	12.549	15.987	18.307	20.483	23.209	25.188
11	2.603	3.053	3.816	4.575	5.578	7.584	13.701	17.275	19.675	21.920	24.725	26.757
12	3.074	3.571	4.404	5.226	6.304	8.438	14.845	18.549	21.026	23.337	26.217	28.299
13	3.565	4.107	5.009	5.892	7.042	9.299	15.984	19.812	22.362	24.736	27.688	29.819
14	4.075	4.660	5.629	6.571	7.790	10.165	17.117	21.064	23.685	26.119	29.141	31.319
15	4.601	5.229	6.262	7.261	8.547	11.037	18.245	22.307	24.996	27.488	30.578	32.801
16	5.142	5.812	6.908	7.962	9.312	11.912	19.369	23.542	26.296	28.845	32.000	34.267
17	5.697	6.408	7.564	8.672	10.085	12.792	20.489	24.769	27.587	30.191	33.409	35.718
18	6.265	7.015	8.231	9.390	10.865	13.675	21.605	25.989	28.869	31.526	34.805	37.156
19	6.884	7.633	8.907	10.117	11.651	14.562	22.718	27.204	30.144	32.852	36.191	38.582
20	7.434	8.260	9.591	10.851	12.443	15.452	23.828	28.412	31.410	34.170	37.566	39.997

续表

n	$\alpha=0.995$	0.99	0.975	0.95	0.90	0.75	$\alpha=0.25$	0.10	0.05	0.025	0.01	0.005
21	8.034	8.897	10.283	11.591	13.240	16.344	24.935	29.615	32.671	35.479	38.932	41.401
22	8.643	9.542	10.982	12.338	14.042	17.240	26.039	30.813	33.924	36.781	40.289	42.796
23	9.260	10.196	11.689	13.091	14.848	18.137	27.141	32.007	35.172	38.076	41.638	44.181
24	9.886	10.856	12.401	13.848	15.659	19.037	28.241	33.196	36.415	39.364	42.980	45.559
25	10.520	11.524	13.120	14.611	16.473	19.939	29.339	34.382	37.652	40.646	44.314	46.928
26	11.160	12.198	13.844	15.379	17.292	20.843	30.435	35.563	38.885	41.923	45.642	48.290
27	11.808	12.879	14.573	16.151	18.114	21.749	31.528	36.741	40.113	43.194	46.963	49.645
28	12.461	13.565	15.308	16.928	18.939	22.657	32.620	37.916	41.337	44.461	48.278	50.993
29	13.121	14.257	16.047	17.708	19.768	23.567	33.711	39.087	42.557	45.722	49.588	52.336
30	13.787	14.954	16.791	18.493	20.599	24.478	34.800	40.256	43.773	46.979	50.892	53.672
31	14.458	15.655	17.539	19.281	21.431	25.390	35.887	41.422	44.985	48.232	52.191	55.003
32	15.131	16.362	18.291	20.072	22.271	26.304	36.973	42.585	46.194	49.480	53.486	56.328
33	15.815	17.074	19.047	20.867	23.110	27.219	38.053	43.745	47.400	50.725	54.776	57.648
34	16.501	17.789	19.806	21.664	23.952	28.136	39.141	44.903	48.602	51.966	56.061	58.964
35	17.192	18.509	20.569	22.465	24.797	29.054	40.223	46.059	49.802	53.203	57.342	60.275
36	17.887	19.233	21.336	23.269	25.643	29.973	41.304	47.212	50.998	54.437	58.619	61.581
37	18.586	19.960	22.106	24.075	26.492	30.893	42.383	48.363	52.192	55.668	59.892	62.883
38	19.289	20.691	22.878	24.884	270343	31.815	43.462	49.513	53.384	56.896	61.162	64.181
39	19.996	21.426	23.654	25.695	28.196	32.737	44.539	50.660	54.572	58.120	62.428	65.476
40	20.707	22.164	24.433	26.509	29.051	33.660	45.616	51.805	55.758	59.342	63.691	66.766
41	21.421	22.906	25.215	27.326	29.907	34.585	46.692	52.949	56.942	60.561	64.950	68.053
42	22.138	23.650	25.999	28.144	30.765	35.510	47.766	54.090	58.124	61.777	66.206	69.336
43	22.859	24.398	26.785	28.965	31.625	36.436	48.840	55.230	59.304	62.990	67.459	70.606
44	23.584	25.148	27.575	29.787	32.487	37.363	49.913	56.369	60.481	64.201	68.710	71.893
45	24.311	25.901	28.366	30.612	33.350	38.291	50.985	57.505	61.656	65.410	69.957	73.166

附表6 F 分布表

$$P\{F>F_\alpha(n_1,n_2)\}=\alpha$$

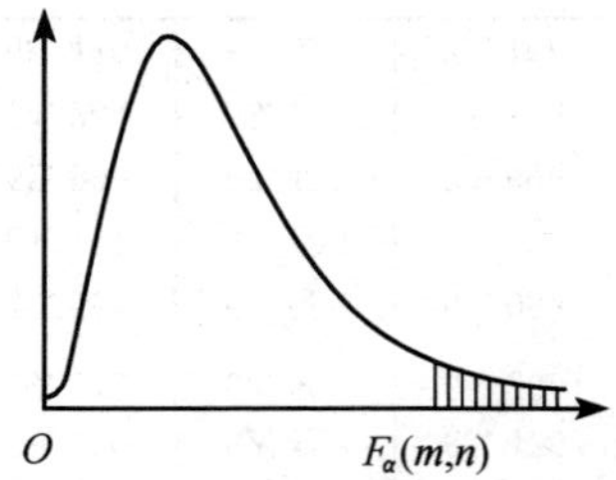

$\alpha=0.10$

n_2 \ n_1	1	2	3	4	5	6	7	8	9	10	12	15	20	24	30	40	60	120	∞
1	39.86	49.50	53.59	55.83	57.24	58.20	58.91	59.44	59.86	60.19	60.71	61.22	61.74	62.00	62.26	62.53	62.79	63.06	63.33
2	8.53	9.00	9.16	9.24	9.29	9.33	9.35	9.37	9.38	9.39	9.41	9.42	9.44	9.45	9.46	9.47	9.47	9.48	9.49
3	5.54	5.46	5.39	5.34	5.31	5.28	5.27	5.25	5.24	5.23	5.22	5.20	5.18	5.18	5.17	5.16	5.15	5.14	5.13
4	4.54	4.32	4.19	4.11	4.05	4.01	3.98	3.95	3.94	3.92	3.90	3.87	3.84	3.83	3.82	3.80	3.79	3.78	3.76
5	4.06	3.78	3.62	3.52	3.45	3.40	3.37	3.34	3.32	3.30	3.27	3.24	3.21	3.19	3.17	3.16	3.14	3.12	3.10
6	3.78	3.46	3.29	3.18	3.11	3.05	3.01	2.98	2.96	2.94	2.90	2.87	2.84	2.82	2.80	2.78	2.76	2.74	2.72
7	3.59	3.26	3.07	2.96	2.88	2.83	2.78	2.75	2.72	2.70	2.67	2.63	2.59	2.58	2.56	2.54	2.51	2.49	2.47
8	3.46	3.11	2.92	2.81	2.73	2.67	2.62	2.59	2.56	2.54	2.50	2.46	2.42	2.40	2.38	2.36	2.34	2.32	2.29
9	3.36	3.01	2.81	2.69	2.61	2.55	2.51	2.47	2.44	2.42	2.38	2.34	2.30	2.28	2.25	2.23	2.21	2.18	2.16
10	3.29	2.92	2.73	2.61	2.52	2.46	2.41	2.38	2.35	2.32	2.28	2.24	2.20	2.18	2.16	2.13	2.11	2.08	2.06
11	3.23	2.86	2.66	2.54	2.45	2.39	2.34	2.30	2.27	2.25	2.21	2.17	2.12	2.10	2.08	2.05	2.03	2.00	1.97
12	3.18	2.81	2.61	2.48	2.39	2.33	2.28	2.24	2.21	2.19	2.15	2.10	2.06	2.04	2.01	1.99	1.96	1.93	1.90
13	3.14	2.76	2.56	2.43	2.35	2.28	2.23	2.20	2.16	2.14	2.10	2.05	2.01	1.98	1.96	1.93	1.90	1.88	1.85
14	3.10	2.73	2.52	2.39	2.31	2.24	2.19	2.15	2.12	2.10	2.05	2.01	1.96	1.94	1.91	1.89	1.86	1.83	1.80
15	3.07	2.70	2.49	2.36	2.27	2.21	2.16	2.12	2.09	2.06	2.02	1.97	1.92	1.90	1.87	1.85	1.82	1.79	1.76

续表

$\alpha=0.10$

n_2 \ n_1	1	2	3	4	5	6	7	8	9	10	12	15	20	24	30	40	60	120	∞
16	3.05	2.67	2.46	2.33	2.24	2.18	2.13	2.09	2.06	2.03	1.99	1.94	1.89	1.87	1.84	1.81	1.78	1.75	1.72
17	3.03	2.64	2.44	2.31	2.22	2.15	2.10	2.06	2.03	2.00	1.96	1.91	1.86	1.84	1.81	1.78	1.75	1.72	1.69
18	3.01	2.62	2.42	2.29	2.20	2.13	2.08	2.04	2.00	1.98	1.93	1.89	1.84	1.81	1.78	1.75	1.72	1.69	1.66
19	2.99	2.61	2.40	2.27	2.18	2.11	2.06	2.02	1.98	1.96	1.91	1.86	1.81	1.79	1.76	1.73	1.70	1.67	1.63
20	2.97	2.59	2.38	2.25	2.16	2.09	2.04	2.00	1.96	1.94	1.89	1.84	1.79	1.77	1.74	1.71	1.68	1.64	1.61
21	2.96	2.57	2.36	2.23	2.14	2.08	2.02	1.98	1.95	1.92	1.87	1.83	1.78	1.75	1.72	1.69	1.66	1.62	1.59
22	2.95	2.56	2.35	2.22	2.13	2.06	2.01	1.97	1.93	1.90	1.86	1.81	1.76	1.73	1.70	1.67	1.64	1.60	1.57
23	2.94	2.55	2.34	2.21	2.11	2.05	1.99	1.95	1.92	1.89	1.84	1.80	1.74	1.72	1.69	1.66	1.62	1.59	1.55
24	2.93	2.54	2.33	2.19	2.10	2.04	1.98	1.94	1.91	1.88	1.83	1.78	1.73	1.70	1.67	1.64	1.61	1.57	1.53
25	2.92	2.53	2.32	2.18	2.09	2.02	1.97	1.93	1.89	1.87	1.82	1.77	1.72	1.69	1.66	1.63	1.59	1.56	1.52
26	2.91	2.52	2.31	2.17	2.08	2.01	1.96	1.92	1.88	1.86	1.81	1.76	1.71	1.68	1.65	1.61	1.58	1.54	1.50
27	2.90	2.51	2.30	2.17	2.07	2.00	1.95	1.91	1.87	1.85	1.80	1.75	1.70	1.67	1.64	1.60	1.57	1.53	1.49
28	2.89	2.50	2.29	2.16	2.06	2.00	1.94	1.90	1.87	1.84	1.79	1.74	1.69	1.66	1.63	1.59	1.56	1.52	1.48
29	2.89	2.50	2.28	2.15	2.06	1.99	1.93	1.89	1.86	1.83	1.78	1.73	1.68	1.65	1.62	1.58	1.55	1.51	1.47
30	2.88	2.49	2.28	2.14	2.05	1.98	1.93	1.88	1.85	1.82	1.77	1.72	1.67	1.64	1.61	1.57	1.54	1.50	1.46
40	2.84	2.44	2.23	2.09	2.00	1.93	1.87	1.83	1.79	1.76	1.71	1.66	1.61	1.57	1.54	1.51	1.47	1.42	1.38
60	2.79	2.39	2.18	2.04	1.95	1.87	1.82	1.77	1.74	1.71	1.66	1.60	1.54	1.51	1.48	1.44	1.40	1.35	1.29
120	2.75	2.35	2.13	1.99	1.90	1.82	1.77	1.72	1.68	1.65	1.60	1.55	1.48	1.45	1.41	1.37	1.32	1.26	1.19
∞	2.71	2.30	2.08	1.94	1.85	1.77	1.72	1.67	1.63	1.60	1.55	1.49	1.42	1.38	1.34	1.30	1.24	1.17	1.00

续表

$\alpha=0.05$

n_2 \ n_1	1	2	3	4	5	6	7	8	9	10	12	15	20	24	30	40	60	120	∞
1	161.4	199.5	215.7	224.6	230.2	234.0	236.8	238.9	240.5	241.9	243.9	245.9	248.0	249.1	250.1	251.1	252.2	253.3	254.3
2	18.51	19.00	19.16	19.25	19.30	19.33	19.35	19.37	19.38	19.40	19.41	19.43	19.45	19.45	19.46	19.47	19.48	19.49	19.50
3	10.13	9.55	9.28	9.12	9.01	8.94	8.89	8.85	8.81	8.79	8.74	8.70	8.66	8.64	8.62	8.59	8.57	8.55	8.53
4	7.71	6.94	6.59	6.39	6.26	6.16	6.09	6.04	6.00	5.96	5.91	5.86	5.80	5.77	5.75	5.72	5.69	5.66	5.63
5	6.61	5.79	5.41	5.19	5.05	4.95	4.88	4.82	4.77	4.74	4.68	4.62	4.56	4.53	4.50	4.46	4.43	4.40	4.36
6	5.99	5.14	4.76	4.53	4.39	4.28	4.21	4.15	4.10	4.06	4.00	3.94	3.87	3.84	3.81	3.77	3.74	3.70	3.67
7	5.59	4.74	4.35	4.12	3.97	3.87	3.79	3.73	3.68	3.64	3.57	3.51	3.44	3.41	3.38	3.34	3.30	3.27	3.23
8	5.32	4.46	4.07	3.84	3.69	3.58	3.50	3.44	3.39	3.35	3.28	3.22	3.15	3.12	3.08	3.04	3.01	2.97	2.93
9	5.12	4.26	3.86	3.63	3.48	3.37	3.29	3.23	3.18	3.14	3.07	3.01	2.94	2.90	2.86	2.80	2.79	2.75	2.71
10	4.96	4.10	3.71	3.48	3.33	3.22	3.14	3.07	3.02	2.98	2.91	2.85	2.77	2.74	2.70	2.66	2.62	2.58	2.54
11	4.84	3.98	3.59	3.36	3.20	3.09	3.01	2.95	2.90	2.85	2.79	2.72	2.65	2.61	2.57	2.53	2.49	2.45	2.40
12	4.75	3.89	3.49	3.26	3.11	3.00	2.91	2.85	2.80	2.75	2.69	2.62	2.54	2.51	2.47	2.43	2.38	2.34	2.30
13	4.67	3.81	3.41	3.18	3.03	2.92	2.83	2.77	2.71	2.67	2.60	2.53	2.46	2.42	2.38	2.34	2.30	2.25	2.21
14	4.60	3.74	3.34	3.11	2.96	2.85	2.76	2.70	2.65	2.60	2.53	2.46	2.39	2.35	2.31	2.27	2.22	2.18	2.13
15	4.54	3.68	3.29	3.06	2.90	2.79	2.71	2.64	2.59	2.54	2.48	2.40	2.33	2.29	2.25	2.20	2.16	2.11	2.07
16	4.49	3.63	3.24	3.01	2.85	2.74	2.66	2.59	2.54	2.49	2.42	2.35	2.28	2.24	2.19	2.15	2.11	2.06	2.01
17	4.45	3.59	3.20	2.96	2.81	2.70	2.61	2.55	2.49	2.45	2.38	2.31	2.23	2.19	2.15	2.10	2.06	2.01	1.96
18	4.41	3.55	3.16	2.93	2.77	2.66	2.58	2.51	2.46	2.41	2.34	2.27	2.19	2.15	2.11	2.06	2.02	1.97	1.93
19	4.38	3.52	3.13	2.90	2.74	2.63	2.54	2.48	2.42	2.38	2.31	2.23	2.16	2.11	2.07	2.03	1.98	1.93	1.88
20	4.35	3.49	3.10	2.87	2.71	2.60	2.51	2.45	2.39	2.35	2.28	2.20	2.12	2.08	2.04	1.99	1.95	1.90	1.84

续表

$\alpha=0.05$

n_2 \ n_1	1	2	3	4	5	6	7	8	9	10	12	15	20	24	30	40	60	120	∞
21	4.32	3.47	3.07	2.84	2.68	2.57	2.49	2.42	2.37	2.32	2.25	2.18	2.10	2.05	2.01	1.96	1.92	1.87	1.81
22	4.30	3.44	3.05	2.82	2.66	2.55	2.46	2.40	2.34	2.30	2.23	2.15	2.07	2.03	1.98	1.94	1.89	1.84	1.78
23	4.28	3.42	3.03	2.80	2.64	2.53	2.44	2.37	2.32	2.27	2.20	2.13	2.05	2.01	1.96	1.91	1.86	1.81	1.76
24	4.26	3.40	3.01	2.78	2.62	2.51	2.42	2.36	2.30	2.25	2.18	2.11	2.03	1.98	1.94	1.89	1.84	1.79	1.73
25	4.24	3.39	2.99	2.76	2.60	2.49	2.40	2.34	2.28	2.24	2.16	2.09	2.01	1.96	1.92	1.87	1.82	1.77	1.71
26	4.23	3.37	2.98	2.74	2.59	2.47	2.39	2.32	2.27	2.22	2.15	2.07	1.99	1.95	1.90	1.85	1.80	1.75	1.69
27	4.21	3.35	2.96	2.73	2.57	2.46	2.37	2.31	2.25	2.20	2.13	2.06	1.97	1.93	1.88	1.84	1.79	1.73	1.67
28	4.20	3.34	2.95	2.71	2.56	2.45	2.36	2.29	2.24	2.19	2.12	2.04	1.96	1.91	1.87	1.82	1.77	1.71	1.65
29	4.18	3.33	2.93	2.70	2.55	2.43	2.35	2.28	2.22	2.18	2.10	2.03	1.94	1.90	1.85	1.81	1.75	1.70	1.64
30	4.17	3.32	2.92	2.69	2.53	2.42	2.33	2.27	2.21	2.16	2.09	2.01	1.93	1.89	1.84	1.79	1.74	1.68	1.62
40	4.08	3.23	2.84	2.61	2.45	2.34	2.25	2.18	2.12	2.08	2.00	1.92	1.84	1.79	1.74	1.69	1.64	1.53	1.51
60	4.00	3.15	2.76	2.53	2.37	2.25	2.17	2.10	2.04	1.99	1.92	1.84	1.75	1.70	1.65	1.59	1.53	1.47	1.39
120	3.92	3.07	2.68	2.45	2.29	2.17	2.09	2.02	1.96	1.91	1.83	1.75	1.66	1.61	1.55	1.50	1.43	1.35	1.25
∞	3.84	3.00	2.60	2.37	2.21	2.10	2.01	1.94	1.88	1.83	1.75	1.67	1.57	1.52	1.46	1.39	1.32	1.22	1.00

续表

$\alpha=0.025$

n_2 \ n_1	1	2	3	4	5	6	7	8	9	10	12	15	20	24	30	40	60	120	∞
1	647.8	799.5	864.2	899.6	921.8	937.1	943.2	956.7	963.3	968.6	976.7	984.9	993.1	997.2	1001	1006	1010	1014	1018
2	38.51	39.00	39.17	39.25	39.30	39.33	39.36	39.37	39.39	39.40	39.41	39.43	39.45	39.46	39.46	39.47	39.48	39.49	39.50
3	17.44	16.04	15.44	15.10	14.88	14.73	14.62	14.54	14.47	14.42	14.34	14.25	14.17	14.12	14.08	14.04	13.99	13.95	13.90
4	12.22	10.65	9.98	9.60	9.36	9.20	9.07	8.98	8.90	8.84	8.75	8.66	8.56	8.51	8.46	8.41	8.36	8.31	8.26
5	10.01	8.43	7.76	7.39	7.15	6.98	6.85	6.76	6.68	6.62	6.52	6.43	6.33	6.28	6.23	6.18	6.12	6.07	6.02
6	8.81	7.26	6.60	6.23	5.99	5.82	5.70	5.60	5.52	5.46	5.37	5.27	5.17	5.12	5.07	5.01	4.96	4.90	4.85
7	8.07	6.54	5.89	5.52	5.29	5.12	4.99	4.90	4.82	4.76	4.67	4.57	4.47	4.42	4.36	4.31	4.25	4.20	4.14
8	7.57	6.06	5.42	5.05	4.82	4.65	4.53	4.43	4.36	4.30	4.20	4.10	4.00	3.95	3.89	3.84	3.78	3.73	3.67
9	7.21	5.71	5.08	4.72	4.48	4.23	4.20	4.10	4.03	3.96	3.87	3.77	3.67	3.61	3.56	3.51	3.45	3.39	3.33
10	6.94	5.46	4.83	4.47	4.24	4.07	3.95	3.85	3.78	3.72	3.62	3.52	3.42	3.37	3.31	3.26	3.20	3.14	3.08
11	6.72	5.26	4.63	4.28	4.04	3.88	3.76	3.66	3.59	3.53	3.43	3.33	3.23	3.17	3.12	3.06	3.00	2.94	2.88
12	6.55	5.10	4.47	4.12	3.89	3.73	3.61	3.51	3.44	3.37	3.28	3.18	3.07	3.02	2.96	2.91	2.85	2.79	2.72
13	6.41	4.97	4.35	4.00	3.77	3.60	3.48	3.39	3.31	3.25	3.15	3.05	2.95	2.89	2.84	2.78	2.72	2.66	2.60
14	6.30	4.86	4.24	3.89	3.66	3.50	3.38	3.29	3.21	3.15	3.05	2.95	2.84	2.79	2.73	2.67	2.61	2.55	2.49
15	6.20	4.77	4.15	3.80	3.58	3.41	3.29	3.20	3.12	3.06	2.96	2.86	2.76	2.70	2.64	2.59	2.52	2.46	2.40
16	6.12	4.69	4.08	3.73	3.50	3.34	3.22	3.12	3.05	2.99	2.89	2.79	2.68	2.63	2.57	2.51	2.45	2.38	2.32
17	6.04	4.62	4.01	3.66	3.44	3.28	3.16	3.06	2.98	2.92	2.82	2.72	2.62	2.56	2.50	2.44	2.38	2.32	2.25
18	5.98	4.56	3.95	3.61	3.38	3.22	3.10	3.01	2.93	2.87	2.77	2.67	2.56	2.50	2.44	2.38	2.32	2.26	2.19
19	5.92	4.51	3.90	3.56	3.33	3.17	3.05	2.96	2.88	2.82	2.72	2.62	2.51	2.45	2.39	2.33	2.27	2.20	2.13
20	5.87	4.46	3.86	3.51	3.29	3.13	3.01	2.91	2.84	2.77	2.68	2.57	2.46	2.41	2.35	2.29	2.22	2.16	2.09

续表

$\alpha=0.025$

n_2 \ n_1	1	2	3	4	5	6	7	8	9	10	12	15	20	24	30	40	60	120	∞
21	5.83	4.42	3.82	3.48	3.25	3.09	2.97	2.87	2.80	2.73	2.64	2.53	2.42	2.37	2.31	2.25	2.18	2.11	2.04
22	5.79	4.38	3.78	3.44	3.22	3.05	2.93	2.84	2.76	2.70	2.60	2.50	2.39	2.33	2.27	2.21	2.14	2.08	2.00
23	5.75	4.35	3.75	3.41	3.18	3.02	2.90	2.81	2.73	2.67	2.57	2.47	2.36	2.30	2.24	2.18	2.11	2.04	1.97
24	5.72	4.32	3.72	3.38	3.15	2.99	2.87	2.78	2.70	2.64	2.54	2.44	2.33	2.27	2.21	2.15	2.08	2.01	1.94
25	5.69	4.20	3.69	3.35	3.13	2.97	2.85	2.75	2.68	2.61	2.51	2.41	2.30	2.24	2.18	2.12	2.05	1.98	1.91
26	5.66	4.27	3.67	3.33	3.10	2.94	2.82	2.73	2.65	2.59	2.49	2.39	2.28	2.22	2.16	2.09	2.03	1.95	1.88
27	5.63	4.24	3.65	3.31	3.08	2.92	2.80	2.71	2.63	2.57	2.47	2.36	2.25	2.19	2.13	2.07	2.00	1.93	1.85
28	5.61	4.22	3.63	3.29	3.06	2.90	2.78	2.69	2.61	2.55	2.45	2.34	2.23	2.17	2.11	2.05	1.98	1.91	1.83
29	5.59	4.20	3.61	3.27	3.04	2.88	2.76	2.67	2.59	2.53	2.43	2.32	2.21	2.15	2.09	2.03	1.96	1.89	1.81
30	5.57	4.18	3.59	3.25	3.03	2.87	2.75	2.65	2.57	2.51	2.41	2.31	2.20	2.14	2.07	2.01	1.94	1.87	1.79
40	5.42	4.05	3.46	3.13	2.90	2.74	2.62	2.53	2.45	2.39	2.29	2.18	2.07	2.01	1.94	1.88	1.80	1.72	1.64
60	5.29	3.93	3.34	3.01	2.79	2.63	2.51	2.41	2.33	2.27	2.17	2.06	1.94	1.88	1.82	1.74	1.67	1.58	1.48
120	5.15	3.80	3.23	2.89	2.67	2.52	2.39	2.30	2.22	2.16	2.05	1.94	1.82	1.76	1.69	1.61	1.53	1.43	1.31
∞	5.02	3.69	3.12	2.79	2.57	2.41	2.29	2.19	2.11	2.05	1.94	1.83	1.71	1.64	1.57	1.48	1.39	1.27	1.00

续表

$\alpha=0.01$

n_2 \ n_1	1	2	3	4	5	6	7	8	9	10	12	15	20	24	30	40	60	120	∞
1	4052	5000	5403	5625	5764	5859	5928	5982	6022	6056	6106	6157	6209	6235	6261	6287	6313	6339	6366
2	98.50	99.00	99.17	99.25	99.30	99.33	99.36	99.37	99.39	99.40	99.42	99.43	99.45	99.46	99.47	99.47	99.48	99.49	99.50
3	34.12	30.82	29.46	28.71	28.24	27.91	27.67	27.49	27.35	27.23	27.05	26.87	26.69	26.60	26.50	26.41	26.32	26.22	26.13
4	21.20	18.00	16.69	15.98	15.52	15.21	14.98	14.80	14.66	14.55	14.37	14.20	14.02	13.93	13.84	13.75	13.65	13.56	13.46
5	16.26	13.37	12.06	11.39	10.97	10.67	10.46	10.29	10.16	10.05	9.89	9.72	9.55	9.47	9.38	9.29	9.20	9.11	9.02
6	13.75	10.92	9.78	9.15	8.75	8.47	8.26	8.10	7.98	7.87	7.72	7.56	7.40	7.31	7.23	7.14	7.06	6.97	6.88
7	12.25	9.55	8.45	7.85	7.46	7.19	6.99	6.84	6.72	6.62	6.47	6.31	6.16	6.07	5.99	5.91	5.82	5.74	5.65
8	11.26	8.65	7.59	7.01	6.63	6.37	6.18	6.03	5.91	5.81	5.67	5.52	5.36	5.28	5.20	5.12	5.03	4.95	4.86
9	10.56	8.02	6.99	6.42	6.06	5.80	5.61	5.47	5.35	5.26	5.11	4.96	4.81	4.73	4.65	4.57	4.48	4.40	4.31
10	10.04	7.56	6.55	5.99	5.64	5.39	5.20	5.06	4.94	4.85	4.71	4.56	4.41	4.33	4.25	4.17	4.08	4.00	3.91
11	9.65	7.21	6.22	5.67	5.32	5.07	4.89	4.74	4.63	4.54	4.40	4.25	4.10	4.02	3.94	3.86	3.78	3.69	3.60
12	9.33	6.93	5.95	5.41	5.06	4.82	4.64	4.50	4.39	4.30	4.16	4.01	3.86	3.78	3.70	3.62	3.54	3.45	3.36
13	9.07	6.70	5.74	5.21	4.86	4.62	4.44	4.30	4.19	4.10	3.96	3.82	3.66	3.59	3.51	3.43	3.34	3.25	3.17
14	8.86	6.51	5.56	5.04	4.69	4.46	4.28	4.14	4.03	3.94	3.80	3.66	3.51	3.43	3.35	3.27	3.18	3.09	3.00
15	8.68	6.36	5.42	4.89	4.56	4.32	4.14	4.00	3.89	3.80	3.67	3.52	3.37	3.29	3.21	3.13	3.05	2.96	2.87
16	8.53	6.23	5.29	4.77	4.44	4.20	4.03	3.89	3.78	3.69	3.55	3.41	3.26	3.18	3.10	3.02	2.93	2.84	2.75
17	8.40	6.11	5.18	4.67	4.34	4.10	3.93	3.79	3.68	3.59	3.46	3.31	3.16	3.08	3.00	2.92	2.83	2.75	2.65
18	8.29	6.01	5.09	4.58	4.25	4.01	3.84	3.71	3.60	3.51	3.37	3.23	3.08	3.00	2.92	2.84	2.75	2.66	2.57
19	8.18	5.93	5.01	4.50	4.17	3.94	3.77	3.63	3.52	3.43	3.30	3.15	3.00	2.92	2.84	2.76	2.67	2.58	2.49
20	8.10	5.85	4.94	4.43	4.10	3.87	3.70	3.56	3.46	3.37	3.23	3.09	2.94	2.86	2.78	2.69	2.61	2.52	2.42

续表

$\alpha=0.01$

n_2 \ n_1	1	2	3	4	5	6	7	8	9	10	12	15	20	24	30	40	60	120	∞
21	8.02	5.78	4.87	4.37	4.04	3.81	3.64	3.51	3.40	3.31	3.17	3.03	2.88	2.80	2.72	2.64	2.55	2.46	2.36
22	7.95	5.72	4.82	4.31	3.99	3.76	3.59	3.45	3.35	3.26	3.12	2.98	2.83	2.75	2.67	2.58	2.50	2.40	2.31
23	7.88	5.66	4.76	4.26	3.94	3.71	3.54	3.41	3.30	3.21	3.07	2.93	2.78	2.70	2.62	2.54	2.45	2.35	2.26
24	7.82	5.61	4.72	4.22	3.90	3.67	3.50	3.36	3.26	3.17	3.03	2.89	2.74	2.66	2.58	2.49	2.40	2.31	2.21
25	7.77	5.57	4.68	4.18	3.85	3.63	3.46	3.32	3.22	3.13	2.99	2.85	2.70	2.62	2.54	2.45	2.36	2.27	2.17
26	7.72	5.53	4.64	4.14	3.82	3.59	3.42	3.29	3.18	3.09	2.96	2.81	2.66	2.58	2.50	2.42	2.33	2.23	2.13
27	7.68	5.49	4.60	4.11	3.78	3.56	3.39	3.26	3.15	3.06	2.93	2.78	2.63	2.55	2.47	2.38	2.29	2.20	2.10
28	7.64	5.45	4.57	4.07	3.75	3.53	3.36	3.23	3.12	3.03	2.90	2.75	2.60	2.52	2.44	2.35	2.26	2.17	2.06
29	7.60	5.42	4.54	4.04	3.73	3.50	3.33	3.20	3.09	3.00	2.87	2.73	2.57	2.49	2.41	2.33	2.23	2.14	2.03
30	7.56	5.39	4.51	4.02	3.70	3.47	3.30	3.17	3.07	2.98	2.84	2.70	2.55	2.47	2.39	2.30	2.21	2.11	2.01
40	7.31	5.18	4.31	3.83	3.51	3.29	3.12	2.99	2.89	2.80	2.66	2.52	2.37	2.29	2.20	2.11	2.02	1.92	1.80
60	7.08	4.98	4.13	3.65	3.34	3.12	2.95	2.82	2.72	2.63	2.50	2.35	2.20	2.12	2.03	1.94	1.84	1.73	1.60
120	6.85	4.79	3.95	3.48	3.17	2.96	2.79	2.66	2.56	2.47	2.34	2.19	2.03	1.95	1.86	1.76	1.66	1.53	1.38
∞	6.63	4.61	3.78	3.32	3.02	2.80	2.64	2.51	2.41	2.32	2.18	2.04	1.88	1.79	1.70	1.59	1.47	1.32	1.00

续表

$\alpha=0.005$

n_2 \ n_1	1	2	3	4	5	6	7	8	9	10	12	15	20	24	30	40	60	120	∞
1	16211	20000	21615	22500	23056	23437	23715	23925	24091	24224	24426	24630	24836	24940	25044	25148	25253	25359	25465
2	198.5	199.0	199.2	199.2	199.3	199.3	199.4	199.4	199.4	199.4	199.4	199.4	199.4	199.5	199.5	199.5	199.5	199.5	199.5
3	55.55	49.80	47.47	46.19	45.39	44.84	44.43	44.13	43.88	43.69	43.39	43.08	42.78	42.62	42.47	42.31	42.15	41.99	41.83
4	31.33	26.28	24.26	23.15	22.46	21.97	21.62	21.35	21.14	20.97	20.70	20.44	20.17	20.03	19.89	19.75	19.61	19.47	19.32
5	22.78	18.31	16.53	15.56	14.94	14.51	14.20	13.96	13.77	13.62	13.38	13.15	12.90	12.78	12.66	12.53	12.40	12.27	12.14
6	18.63	14.54	12.92	12.03	11.46	11.07	10.79	10.57	10.39	10.25	10.03	9.81	9.59	9.47	9.36	9.24	9.12	9.00	8.88
7	16.24	12.40	10.88	10.05	9.52	9.16	8.89	8.68	8.51	8.38	8.18	7.97	7.75	7.65	7.53	7.42	7.31	7.19	7.08
8	14.69	11.04	9.60	8.81	8.30	7.95	7.69	7.50	7.34	7.21	7.01	6.81	6.61	6.50	6.40	6.29	6.18	6.06	5.95
9	13.61	10.11	8.72	7.96	7.47	7.13	6.88	6.69	6.54	6.42	6.23	6.03	5.83	5.73	5.62	5.52	5.41	5.30	5.19
10	12.83	9.43	8.08	7.34	6.87	6.54	6.30	6.12	5.97	5.85	5.66	5.47	5.27	5.17	5.07	4.97	4.86	4.75	4.64
11	12.23	8.91	7.60	6.88	6.42	6.10	5.86	5.68	5.54	5.42	5.24	5.05	4.86	4.76	4.65	4.55	4.44	4.34	4.23
12	11.75	8.51	7.23	6.52	6.07	5.76	5.52	5.35	5.20	5.09	4.91	4.72	4.53	4.43	4.33	4.23	4.12	4.01	3.90
13	11.37	8.19	6.93	6.23	5.79	5.48	5.25	5.08	4.94	4.82	4.64	4.46	4.27	4.17	4.07	3.97	3.87	3.76	3.65
14	11.06	7.92	6.68	6.00	5.56	5.26	5.03	4.86	4.72	4.60	4.43	4.25	4.06	3.96	3.86	3.76	3.66	3.55	3.44
15	10.80	7.70	6.48	5.80	5.37	5.07	4.85	4.67	4.54	4.42	4.25	4.07	3.88	3.79	3.69	3.58	3.48	3.37	3.26
16	10.58	7.51	6.30	5.64	5.21	4.91	4.69	4.52	4.38	4.27	4.10	3.92	3.73	3.64	3.54	3.44	3.33	3.22	3.11
17	10.38	7.35	6.16	5.50	5.07	4.78	4.56	4.39	4.25	4.14	3.97	3.79	3.61	3.51	3.41	3.321	3.21	3.10	2.98
18	10.22	7.21	6.03	5.37	4.96	4.66	4.44	4.28	4.14	4.03	3.86	3.68	3.50	3.40	3.30	3.20	3.10	2.99	2.87
19	10.07	7.019	5.92	5.27	4.85	4.56	4.34	4.18	4.04	3.93	3.76	3.59	3.40	3.31	3.21	3.11	3.00	2.89	2.78
20	9.94	6.99	5.82	5.17	4.76	4.47	4.26	4.09	3.96	3.85	3.68	3.50	3.32	3.22	3.12	3.02	2.92	2.81	2.69

续表

$\alpha=0.005$

n_2 \ n_1	1	2	3	4	5	6	7	8	9	10	12	15	20	24	30	40	60	120	∞
21	9.83	6.89	5.73	5.09	4.68	4.39	4.18	4.01	3.88	3.77	3.60	3.43	3.24	3.15	3.05	2.95	2.84	2.73	2.61
22	9.73	6.81	5.65	5.02	4.61	4.32	4.11	3.94	3.81	3.70	3.54	3.36	3.18	3.08	2.98	2.88	2.77	2.66	2.55
23	9.63	6.73	5.58	4.95	4.54	4.26	4.05	3.88	3.75	3.64	3.47	3.30	3.12	3.02	2.92	2.82	2.71	2.60	2.48
24	9.55	6.66	5.52	4.89	4.49	4.20	3.99	3.83	3.69	3.59	3.42	3.25	3.06	2.97	2.87	2.77	2.66	2.55	2.43
25	9.48	6.60	5.46	4.84	4.43	4.15	3.94	3.78	3.64	3.54	3.37	3.20	3.01	2.92	2.82	2.72	2.61	2.50	2.38
26	9.41	6.54	5.41	4.79	4.38	4.10	3.89	3.73	3.60	3.49	3.38	3.15	2.97	2.87	2.77	2.67	2.56	2.45	2.33
27	9.34	6.49	5.36	4.74	4.34	4.06	3.85	3.69	3.56	3.45	3.28	3.11	2.93	2.83	2.73	2.63	2.52	2.41	2.29
28	9.28	6.44	5.32	4.70	4.30	4.02	3.81	3.65	3.52	3.41	3.25	3.07	2.89	2.79	2.69	2.59	2.48	2.37	2.25
29	9.23	6.40	5.28	4.66	4.26	3.98	3.77	3.61	3.48	3.38	3.21	3.04	2.86	2.76	2.66	2.56	2.45	2.33	2.21
30	9.18	6.35	5.24	4.62	4.23	3.95	3.74	3.58	3.45	3.34	3.18	3.01	2.82	2.73	2.63	2.52	2.42	2.30	2.18
40	8.83	6.07	4.98	4.37	3.99	3.71	3.51	3.35	3.22	3.12	2.95	2.78	2.60	2.50	2.40	2.30	2.18	2.06	1.93
60	8.49	5.79	4.73	4.14	3.76	3.49	3.29	3.13	3.01	2.90	2.74	2.57	2.39	2.29	2.19	2.08	1.96	1.82	1.69
120	8.18	5.54	4.50	3.92	3.55	3.28	3.09	2.93	2.81	2.71	2.54	2.37	2.19	2.09	1.98	1.87	1.75	1.61	1.41
∞	7.88	5.30	4.28	3.72	3.35	3.09	2.90	2.74	2.62	2.52	2.36	2.19	2.00	1.90	1.79	1.67	1.53	1.36	1.00